Gustaf Schulz

Klasse 6a

W0016018

MATHEMATIK NEUE WEGE

ARBEITSBUCH FÜR GYMNASIEN

Niedersachsen

6. Schuljahr

Herausgegeben von
Arno Lergenmüller
Günter Schmidt

Schroedel

MATHEMATIK NEUE WEGE 6
ARBEITSBUCH FÜR GYMNASIEN
Niedersachsen

Herausgegeben von:
Arno Lergenmüller, Prof. Günter Schmidt

erarbeitet von:
Birgit Degener, Löhne
Dr. Nicola Haas, Aachen
Johanna Heitzer, Mönchengladbach
Klaus Kindinger, Lindenfels
Dr. Eberhard Lehmann, Berlin
Arno Lergenmüller, Roxheim
Kerstin Peuser, Roetgen
Barbara Ringel, Bielefeld
Michael Rüsing, Essen
Prof. Günter Schmidt, Stromberg
Dr. Günter Todt, Altenholz
Thomas Vogt, Bad Kreuznach
Martin Zacharias, Molfsee

für **Niedersachsen** bearbeitet von:
Henning Körner, Oldenburg
Christiane Paul, Bad Zwischenahn
Jan Schaper, Oldenburg
Reimund Vehling, Hannover

© 2005 Bildungshaus Schulbuchverlage
Westermann Schroedel Diesterweg Schöningh Winklers GmbH, Braunschweig
www.schroedel.de

Das Werk und seine Teile sind urheberrechtlich geschützt. Jede Nutzung in anderen als den
gesetzlich zugelassenen Fällen bedarf der vorherigen schriftlichen Einwilligung des Verlages.
Hinweis zu § 52a UrhG: Weder das Werk noch seine Teile dürfen ohne eine solche Einwilligung
gescannt und in ein Netzwerk eingestellt werden. Dies gilt auch für Intranets von Schulen und
sonstigen Bildungseinrichtungen.

Auf verschiedenen Seiten dieses Buches befinden sich Verweise (Links) auf Internet-Adressen.
Haftungshinweis: Trotz sorgfältiger inhaltlicher Kontrolle wird die Haftung für die Inhalte der
externen Seiten ausgeschlossen. Für den Inhalt dieser externen Seiten sind ausschließlich
deren Betreiber verantwortlich. Sollten Sie bei dem angegebenen Inhalt des Anbieters dieser
Seite auf kostenpflichtige, illegale oder anstößige Inhalte treffen, so bedauern wir dies aus-
drücklich und bitten Sie, uns umgehend per E-Mail davon in Kenntnis zu setzen, damit beim
Nachdruck der Verweis gelöscht wird.

Druck A [4] / Jahr 2009
Alle Drucke der Serie A sind im Unterricht parallel verwendbar.

Umschlagentwurf: Janssen Kahlert Design & Kommunikation GmbH, Hannover
Illustrationen: M. Pawle, München
techn. Zeichnungen: M. Wojczak, Barsinghausen
Satz: CMS - Cross Media Solutions GmbH, Würzburg
Druck und Bindung: westermann druck GmbH, Braunschweig

ISBN 978-3-507-**85502**-1

Inhalt

Kapitel 1 **Parkettierungen und Winkel**
1.1 Parkettierungen. 6
1.2 Winkelsätze an Geradenkreuzungen 12
1.3 Winkel an Vielecken und Körpern 19

CHECK UP 26

Kapitel 2 **Symmetrien**
2.1 Symmetrie in Ebene und Raum 27
2.2 Achsenspiegelung 33
2.3 Drehungen 39
2.4 Verschiebung 46
2.5 Verketten von Bewegungen 51
2.6 Raumvorstellung 57

CHECK UP 62

Kapitel 3 **Rechnen mit Brüchen**
3.1 Addieren und Subtrahieren von Brüchen 64
3.2 Multiplizieren von Brüchen 72
3.3 Dividieren von Brüchen 80
3.4 Rechenausdrücke mit Brüchen 86
3.5 Strategien zur Lösung von Problemen 92

CHECK UP 100

Kapitel 4 **Wahrscheinlichkeitsrechnung**
4.1 Voraussagen mit relativen Häufigkeiten. 102
4.2 Theoretische Wahrscheinlichkeiten 111

CHECK UP 120

Kapitel 5 **Rationale Zahlen**
5.1 Negative Zahlen beschreiben Situationen und Vorgänge . . . 122
5.2 Anordnung und Betrag an der Zahlengeraden 129
5.3 Addieren und Subtrahieren rationaler Zahlen 134
5.4 Multiplikation und Division rationaler Zahlen 141

CHECK UP 147

Kapitel 6 **Beschreiben von Zuordnungen in Graphen und Tabellen**
6.1 Graphen lesen und darstellen. 148
6.2 Graphen und Tabellen 156
6.3 Proportionale Zuordnungen. 161
6.4 Antiproportionale Zuordnungen. 169
6.5 Zuordnungen lösen Probleme 174

CHECK UP 178

Inhalt

Kapitel 7	**Prozent- und Zinsrechnung**

7.1 Relativer Vergleich:
Prozente in Tabellen und Diagrammen 180

7.2 Grundwert – Prozentsatz – Prozentwert 188

7.3 Geld und Prozente 196

7.4 Prozente im Alltag 202

CHECK UP 208

Lösungen zu den Check-ups 210

Stichwortverzeichnis 213

Fotoverzeichnis:

AKG, Berlin: 50, 112, 129, 154; Astrofoto, Leichlingen: 166; Bavaria, München: 96, 108, 167; Cinemaxx AG, Hamburg: 194; Cordon Art, Baarn (NL): 55; Deutsche Bahn AG, Berlin: 202 (Mantel); dpa Frankfurt a. M.: 46, 133, 149; Escher Foundation, Baarn (NL): 11, 51; FAG-Pressestelle, Frankfurt a. M.: 32 (S. Rebscher); Nicola Haas, Aachen: 6; Johanna Heitzer, Korschenbroich: 181; F. Küchenberg, Solingen: 157; W. Lambrecht GmbH, Göttingen: 186 oben; Mauritius, Mittenwald: 27 (Blüte, Rathaus Hannover), 29, 46, 58, 119, 167, 168, 176, 196; Michael Fabian, Hannover: 113; MOVADO e. V., Berlin: 207; NASA/JPL-Caltech: 174; Nobelstiftelsen, Stockholm: 199; Kerstin Peuser, Roetgen-Rott: 13, 15, 23; Picture Press, Hamburg: 126; Silvestris, Kastl: 177; Swiss-Image, Davos (CH): 195; Thomas Vogt, Bad Kreuznach: 135; VW AG, Wolfsburg: 97

Übrige Fotos: G. Schmidt, Stromberg

Es war uns nicht in allen Fällen möglich, die Inhaber der Bildrechte ausfindig zu machen. Berechtigte Ansprüche werden selbstverständlich im Rahmen der üblichen Konditionen abgegolten.

Zu diesem Buch

Die erste grüne Ebene

Was dich erwartet

In wenigen Sätzen erfährst du, worum es in dem Abschnitt geht.

Aufgaben

Mit diesen Aufgaben lernst du das Thema des Abschnitts kennen. Oft stößt du dabei auf Alltagsprobleme, die mithilfe der Mathematik gelöst werden.

Die weiße Ebene

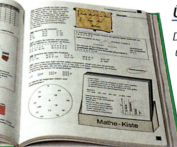

Basiswissen

Im roten Kasten findest du das wichtige mathematische Wissen kurz und bündig zusammengefasst.

Beispiele

Die Beispiele mit Musterlösungen helfen dir beim Lösen der Aufgaben.

Übungen

Damit kannst du dein Verständnis und dein Können trainieren.

Mathe-Kiste

Du findest sie manchmal unten auf einer weißen Seite. Sie garantiert das Auffrischen und Wiederholen deiner Kenntnisse.

Lösungshilfen

Beispiele und Tipps findest du bei vielen Aufgaben in dem blau-gestrichelten Kasten.

Kontrolle

Mit den Lösungen kannst du deine Ergebnisse selbst kontrollieren.

Die zweite grüne Ebene und Check-up

CHECK-UP

Dies sind Extraseiten nach einem oder mehreren Kapiteln. Sie fassen das Wichtigste des Kapitels übersichtlich zusammen. Mit zusätzlichen Übungsaufgaben kannst du dein Wissen festigen und für Klassenarbeiten trainieren. Die Lösungen zu den Aufgaben findest du am Ende des Buches.

Aufgaben

Du kannst dein Wissen in interessanten Zusammenhängen und neuen Situationen vertiefen. Oft lohnt sich die Zusammenarbeit in Gruppen.

1 Parkettierungen und Winkel

1.1 Parkettierungen

Was dich erwartet

Oft werden geometrische Formen benutzt, um eine Fläche auszulegen: Bei der Pflasterung von Bürgersteigen, Einfahrten und Plätzen, beim Fliesen in Badezimmern und auf Fußböden oder bei der kunstvollen Gestaltung an Gebäuden. Auch Künstler verwenden für ihre Bilder oft wunderschöne Muster aus Ornamenten, Tieren und Pflanzen. Wie erzeugt man solche interessanten Pflasterungen? Worauf muss man achten, damit alles genau passt? Welche Formen kann man benutzen?

Aufgaben

1 *Mathematik liegt auf der Straße*
Nils hat auf seinem Schulweg aufmerksam auf den Boden geachtet. Dabei sind ihm einige Plattenmuster aufgefallen.
a) Zeichne die Plattenmuster ab. Beschreibe die Formen.
b) Schau dich selbst draußen um. Kannst du weitere Plattenmuster finden? Mache von diesen eine Skizze.

2 *Sechserpack:* Sechseckpflasterungen kommen in der Natur vor, z. B. bei den Honigwaben der Bienen. Beim Fliesen der Wände und Fußböden ergeben Sechsecke besonders schöne Muster.

Isometriepapier kann man im Schreibwarenhandel kaufen. Eine Kopiervorlage findest du hinten auf der inneren Umschlagseite.

Papier mit nebenstehendem Dreiecksmuster nennt man Isometriepapier.
a) Zeichne eine farbige Pflasterung aus regelmäßigen Sechsecken.
b) Zeichne eine bunte Pflasterung aus Sechsecken und Dreiecken. Findest du mehrere Möglichkeiten?

1.1 Parkettierungen

Aufgaben

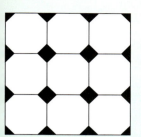

3 *Schwarz-weiß gemustert*
a) Hier siehst du ein beliebtes Fliesenmuster. Beschreibe die Form der weißen und schwarzen Kacheln. Zeichne das Muster in dein Heft. Auf Karopapier ist es einfach.
b) Denke dir ein eigenes Fliesenmuster aus zwei verschiedenen Kacheln aus und mache eine Zeichnung.

Vielleicht kannst du in einem Fliesengeschäft einen Prospekt besorgen.

4 *Rund ums Achteck*
Stelle eine Pflasterung aus regelmäßigen Achtecken und Quadraten her. Erstelle für das Achteck am besten eine Schablone. Wie groß sollte dann das Quadrat sein, damit alles passt?

5 *Ganz schön eckig*
a) Gibt es eine Pflasterung, die nur aus regelmäßigen Achtecken besteht?
b) Kann man mit einem Kreis eine Fläche ohne Lücken pflastern? Probiere es mit Münzen aus.

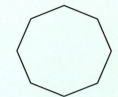

Herstellen eines regelmäßigen Achtecks

Methode mit zwei Quadraten:
- Schneide zwei gleich große Quadrate aus Pappe.
- Zeichne bei beiden Quadraten die vier Spiegelachsen ein.
- Klebe die Quadrate zusammen. Die Spiegelachsen liegen aufeinander.
- Verbinde die Ecken des entstandenen Sterns miteinander.

Methode mit Falten eines Kreises:
- Schneide einen Kreis aus.
- Falte so, dass die beiden Kreisteile deckungsgleich aufeinander fallen.
- Falte die entstehende Figur ein zweites und drittes Mal.
- Verbinde die Ecken miteinander und schneide die überflüssigen Kreisstücke ab.

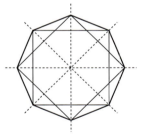
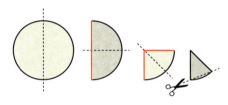

Basiswissen

Bereits vor Jahrtausenden benutzten die Menschen Pflasterungen. Die Fußböden von Gebäuden wurden mit Steinstückchen ausgelegt, die Wände mit kunstvollen Mosaiken verziert. Zuerst wurden die Steinchen zufällig angeordnet und die Lücken nachträglich gefüllt. Die Menschen kamen schnell darauf, dass es ohne Lücken geht, wenn man den Boden mit Steinen derselben Gestalt und Größe belegt. Die Mathematik hilft uns zu entscheiden, welche Steinformen dazu geeignet sind.

7

1 Parkettierungen und Winkel

Basiswissen

> **Parkettierungen**
> Legt man eine Fläche so mit Figuren aus, dass keine Lücken bleiben und die Figuren auch nicht übereinander liegen, so nennt man dies eine **Parkettierung** (oder auch Pflasterung). Beim Parkettieren gibt es viele Möglichkeiten:
>
> Man kann mit nur einer Sorte von Figuren parkettieren.
>
>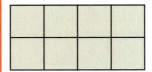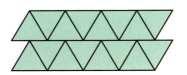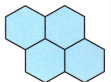
>
> Man kann aber auch verschiedene Typen benutzen.
>
>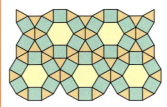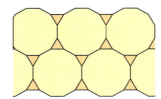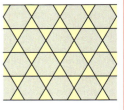

Übungen

6 Timos Eltern wollen einen neuen Parkettfußboden verlegen lassen. In einem Geschäft für Holzfußböden werden rechteckige Parketthölzer mit 40 cm Länge und 10 cm Breite angeboten. Die Hölzer können in verschiedenen Mustern verlegt werden. Rechts siehst du das Muster „Mosaik". Wie könnte man die Hölzer sonst noch verlegen? Wähle einen passenden Maßstab (z. B. 1:10) und zeichne verschiedene Muster.

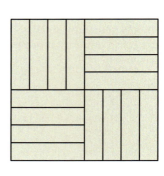

Am besten entwirfst du dein Muster auf kariertem Papier und überträgst es dann exakt auf unliniertes Papier.

7 Vater Fuge hat seinen Kindern ein kleines Gartenhaus gebaut. Jetzt wollen sich die Kinder dazu eine kleine Terrasse anlegen. Herr Fuge hat noch verschiedene Platten im Keller: quadratische Platten mit einer Seitenlänge von 10 cm und Platten mit einer Länge von 40 cm sowie Rechtecke, die 10 cm breit und 40 cm lang sind. Wie können die Platten gelegt werden? Zeichne verschiedene Vorschläge.

8 Kim hat sich ungewöhnliche Vielecke für ein Fliesenmuster überlegt.
a) Übertrage die Figur 1 [2, 3, 4] auf kariertes Papier und versuche mit ihr eine Pflasterung zu gestalten.
b) Kannst du eine Pflasterung finden, bei der mehrere dieser Formen zugleich vorkommen? Male sie bunt aus.

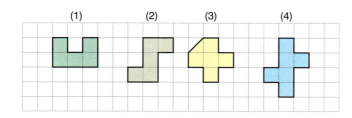

1.1 Parkettierungen

Übungen

9 Auch mit manchen Buchstaben unseres Alphabets lassen sich Pflasterungen legen, z. B. eine E-Pflasterung.
a) Zeichne das E-Muster ab. Du zeichnest am besten auf Karopapier. Füge noch sechs weitere E hinzu.
b) Zeichne eine weitere „Buchstabenpflasterung" mit dem Buchstaben F in dein Heft.
c) Welche Buchstaben sind noch für eine Buchstabenpflasterung geeignet?

10 Im Bild siehst du Rauten, die zusammen aussehen wie ein Würfelturm. Das klingt seltsam. Du kannst dieses bekannte Muster aber gut selbst zeichnen. Mit dem isometrischen Papier ist es leicht, die Grundfigur Raute herzustellen. Der räumliche Eindruck von Würfeln entsteht erst durch das farbige Anmalen. Probiere es aus. Zeichne das Muster ab. Finde ein weiteres Muster aus Rauten.

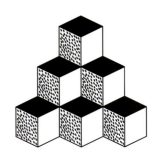

11 *Vom Rechteck zum Pfeil:* Kannst du dir vorstellen, selbst ein originelles Muster zu zeichnen? Es gibt eine verblüffend einfache Strategie.

Aufgaben

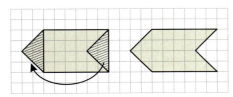

Schneide ein Rechteck aus. Schneide das Dreieck hinten aus und setze es vorne wieder an. Es entsteht ein sechseckiger Pfeil.

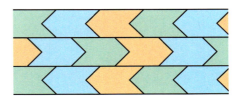

Schneide mehrere (mindestens 10) solcher Pfeile aus, füge sie zu einem Pflaster zusammen und male dieses bunt aus.

12 Nun trauen wir uns an eine komplizierte Figur, die wie ein Fisch aussieht. Zeichne einen Pfeil wie in Aufgabe 11.

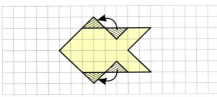

Schneide die kleinen schraffierten Dreiecke aus und setze sie wieder an.

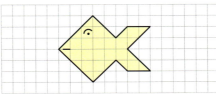

Wenn du nun den Mund und das Auge malst, so hast du deinen Fisch.

Mit mehreren Fischen kannst du nun ein Parkett zusammenstellen. Probiere es aus. Wenn du Erfolg hast, klebe dein Parkett auf Papier und male es bunt aus.

1 Parkettierungen und Winkel

Projekt

Planung

Ausführung

13 *Originelle Pflasterungen*

Ziel des Projekts ist eine Ausstellung mit selbst erstellten originellen Parkettierungen.

- Der Arbeitsaufwand beim Zeichnen, Ausschneiden, Zusammenpuzzeln und bei der farbigen Gestaltung lässt sich am besten in Gruppenarbeit bewältigen. Außerdem können in einzelnen Gruppen verschiedene Bilder entworfen werden.

- Jede Gruppe entscheidet sich für *ihre* Figur. Es kann eines der abgebildeten Muster gewählt werden oder die Gruppe entwirft selbst eine Figur nach der Methode aus Aufgabe 11 und 12 auf der vorigen Seite. Das ist nicht ganz einfach.

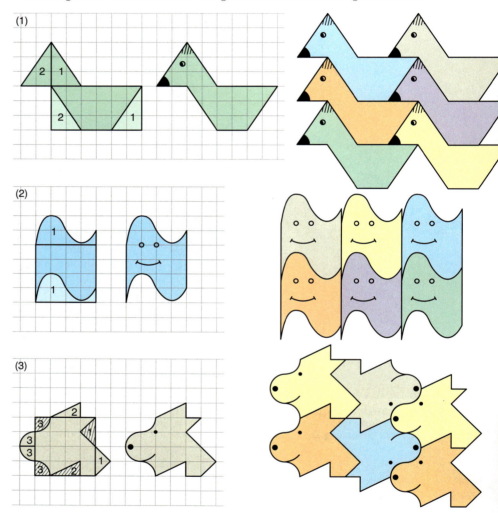

- Die sorgfältig gezeichneten und ausgeschnittenen Figuren werden nun zu einem Pflasterbild zusammengefügt und aufgeklebt. Für die geplante Ausstellung sollten die Figuren nicht zu klein sein, das Pflaster sollte möglichst ein DIN-A4-Blatt füllen.

- Um die Ausstellungsbesucher zu begeistern, muss in das anschließende Buntmalen viel Sorgfalt und Einfallsreichtum gelegt werden. Vielleicht lässt sich der Kunstlehrer/die Kunstlehrerin für das Projekt gewinnen. Damit kommen noch ein paar Unterrichtsstunden hinzu und das Projekt wird zu einem gemeinsamen Unternehmen in den Fächern Mathematik und Kunst.

1.1 Parkettierungen

Ausstellung

- Für die Besucher der Ausstellung ist es sicher interessant, wenn auch etwas über die Konstruktionsmethode verraten wird. Am besten können die Stufen der Konstruktion und der Pflasterung schrittweise auf einem Poster dargestellt werden.

- Schließlich können neben den eigenen Werken auch einige Bilder des niederländischen Künstlers Maurits Cornelis Escher (1898–1972) in die Ausstellung aufgenommen werden. Zu den Werken von Escher gibt es viele interessante Bücher, auch Poster und Postkarten. Sicher wird auch die Suche im Internet erfolgreich sein.

- Einige Beispiele sind auf dieser Seite zu sehen. Wenn die Bilder in die Ausstellung kommen sollen, so benötigen sie einen treffenden Namen und die Besucher sollten Zusatzinformationen (z. B. auf Karteikarten) erhalten: Welche Figuren hat Escher benutzt? Auf welche Weise hat er das Pflaster zusammengefügt?

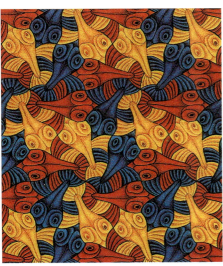

1.2 Winkelsätze an Geradenkreuzungen

Was dich erwartet

Gerade Linien begegnen uns überall. Wenn sich gerade Linien schneiden, bilden sie Winkel miteinander. Zwischen diesen Winkeln bestehen interessante Zusammenhänge. Die kann man sich z. B. bei der Straßenplanung zunutze machen. Besondere Winkel entstehen, wenn eine Gerade zwei oder mehrere Parallelen schneidet. Worin bestehen diese Besonderheiten und was kann man damit anfangen?

Aufgaben

1 Winkel in Parkettierungen
Parallelogramme eignen sich für Parkettierungen. Dabei wiederholt sich immer wieder das gleiche Parallelogramm.
a) Zeichne mit dem abgebildeten Parallelogramm eine Parkettierung aus 16 Parallelogrammen.

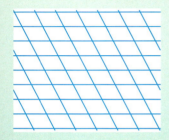

Schneiden sich zwei Geraden, so spricht man von einer **Geradenkreuzung**.

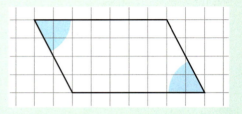

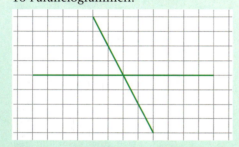

Wie viele verschiedene Winkel findest du? Markiere alle gleich großen Winkel mit der gleichen Farbe.
b) Schaue dir nun eine „Geradenkreuzung" näher an. Suche eine Stelle in deiner Parkettierung, die dem Ausschnitt entspricht, und markiere sie grün. Übertrage den Ausschnitt in dein Heft und markiere gleiche Winkel in der gleichen Farbe.

2 Geradenkreuzungen findest du auf Stadtplänen und Straßenkarten. Dort werden Straßen und Wege oft als Geraden dargestellt.

a) Der rot markierte Feldweg trifft in einem Winkel von 49° auf die Bundesstraße. Wie groß ist der andere Winkel, den Straße und Weg miteinander einschließen? Der Feldweg soll geradlinig über die Bundesstraße hinaus verlängert werden, so dass er den blau gepunkteten Weg trifft. Gib dem Straßenbauer an, welche Winkel die Verlängerung mit der Bundesstraße einschließt. Kannst du das ohne Messen?
b) Die Hauptstraße und die Poststraße sollen jeweils von zwei weiteren Straßen gekreuzt werden. Reichen die Angaben jeweils, um die Richtung der Straßen festzulegen?

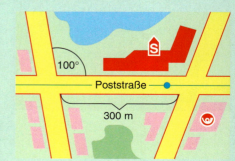

1.2 Winkelsätze an Geradenkreuzungen

Aufgaben

3 *Bewegtes Parallelogramm*
Baue aus Pappstreifen und Klammern ein Parallelogramm. Das Parallelogramm ist nicht stabil. Verändere es durch Bewegung. Welche besonderen Vierecke können entstehen? Welche Winkel erscheinen dir gleich? Wie verändern sich die Winkel? Welche Zusammenhänge zwischen den Winkeln verändern sich nicht?

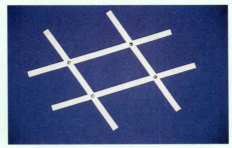

4 *Orientierung auf dem Meer*
Schiffe orientieren sich auf dem Meer, indem sie die Abweichung bestimmter Punkte von der Nord- bzw. Südrichtung als Winkelgrößen angeben. Übertrage die Karte in dein Heft und bestimme die folgenden Richtungen:
a) Das Frachtschiff (F) wird von der Windmühle (M) unter dem Winkel α nach Osten gegen die Südrichtung (S α O) gesehen. Bestimme α.
b) In welcher Richtung sieht man vom Frachtschiff aus den Leuchtturm (L)?
c) In welcher Richtung wird das Frachtschiff vom Segelboot (B) und vom Leuchtturm aus gesehen?

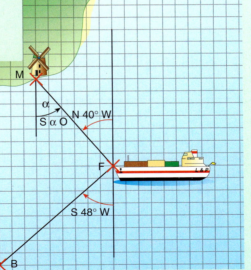

N 40° W bedeutet, dass die Richtung 40° in Westrichtung von Norden abweicht.

13

1 Parkettierungen und Winkel

Basiswissen

An Geradenkreuzungen entstehen Winkel. Bestimmte Winkel sind dort gleich groß. Besonders viele gleich große Winkel findet man bei „Doppelkreuzungen an Parallelen".

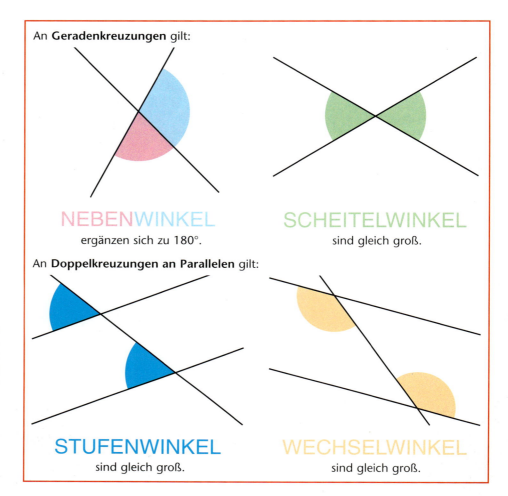

An **Geradenkreuzungen** gilt:

NEBENWINKEL ergänzen sich zu 180°.

SCHEITELWINKEL sind gleich groß.

An **Doppelkreuzungen an Parallelen** gilt:

Schneidet eine Gerade zwei parallele Geraden, so spricht man von einer **Doppelkreuzung an Parallelen**.

STUFENWINKEL sind gleich groß.

WECHSELWINKEL sind gleich groß.

Beispiele

A Die gleichfarbigen Geraden sind parallel. Markiere je ein Paar von Scheitelwinkeln (grün), Nebenwinkeln (rot), Stufenwinkeln (blau) und Wechselwinkeln (orange).

Zur Erinnerung: Winkel bezeichnen wir mit griechischen Buchstaben.
α β γ
alpha beta gamma
δ ε
delta epsilon

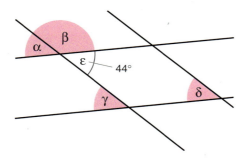

B Berechne α, β, γ und δ für $\varepsilon = 44°$.
α ist Scheitelwinkel zu ε, also $\alpha = 44°$.
β ist Nebenwinkel zu ε,
    also $\beta = 180° - 44° = 136°$.
γ ist Wechselwinkel zu ε, also $\gamma = 44°$.
δ ist Stufenwinkel zu γ, also $\delta = 44°$.

14

1.2 Winkelsätze an Geradenkreuzungen

Übungen

5 *Warum Scheitelwinkel gleich groß sind.*
Gib die Größe von α, β und γ ohne Messung an und begründe dein Ergebnis.

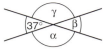

6 *Warum es im Parallelogramm gleich große Winkel gibt.*
Zeichne ein Parallelogramm mit verlängerten Seiten in dein Heft. Markiere alle gleich großen Winkel in der gleichen Farbe. Begründe, warum gegenüberliegende Winkel im Parallelogramm gleich groß sind.

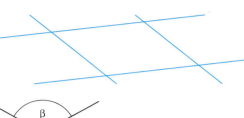

7 Ein Winkel β ist doppelt (dreimal, fünfmal) so groß wie sein Nebenwinkel α. Wie groß sind α und β?

8 *Der Winkeldetektiv ist unterwegs.*
In den Figuren sind die roten Geraden parallel. Berechne alle eingezeichneten Winkel.

a) 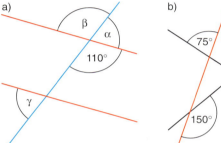   b) 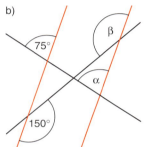   c)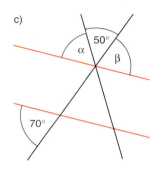

9 *Geradenkreuzungen in unserer Umgebung*

a) Skizziere das Holzschnitzwerk, das Tor und das Gebälk des Fachwerkhauses in dein Heft oder übertrage sie auf ein Stück Transparentpapier. Markiere in jeder Skizze ein Paar Scheitelwinkel (grün), ein Paar Nebenwinkel (rot), ein Paar Stufenwinkel (blau) und ein Paar Wechselwinkel (orange).
b) Skizziere weitere Gegenstände aus deiner Umgebung, an denen Doppelkreuzungen an Parallelen zu finden sind.

10 Durch die Punkte A(1|5) und B(5|7) verläuft die Gerade g.
a) Zeichne g in ein Koordinatensystem.
b) Zeichne eine Parallele zu g durch C(2|2).
c) Zeichne eine Gerade durch B und C. Bestimme alle entstehenden Winkel.
Miss möglichst wenig. Mit wie vielen Messungen kommst du aus?

Übungen

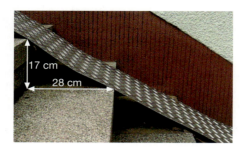

11 Die Schiene auf der Treppe dient dazu, ein Fahrrad oder einen Kinderwagen hinaufzuschieben. Der Winkel zwischen der Schiene und der Trittfläche der Stufe ist der Steigungswinkel der Treppe. Übertrage Treppe und Schiene auf ein Stück Transparentpapier und bestimme den Steigungswinkel. Markiere außerdem verschiedene Stufenwinkel.

12 F-Winkel und Z-Winkel
a) Stufenwinkel bezeichnet man oft als F-Winkel, Wechselwinkel als Z-Winkel. Kannst du das erklären?
b) Welcher Buchstabe eignet sich noch zur Beschreibung von Wechselwinkeln?

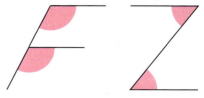

Benötigst du Namen für mehr als fünf Winkel, so kannst du unten an den griechischen Buchstaben eine kleine Zahl anhängen, z. B. $\alpha_1, \alpha_2, \alpha_3$ usw.

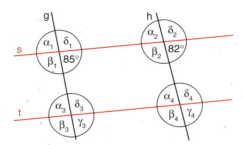

13 Die Geraden s und t sind parallel. Welche Aussagen sind richtig? Begründe deine Entscheidung.
a) $\alpha_1 = 85°$
b) $\delta_3 = 95°$
c) $\delta_4 = 82°$
d) $\beta_2 + \alpha_4 = 180°$
e) $\alpha_4 = \alpha_3$
f) Die Geraden g und h sind parallel.

Basiswissen

Mit Stufen- und Wechselwinkeln an Doppelkreuzungen kannst du entscheiden, ob zwei Geraden parallel sind.

> Sind an einer Doppelkreuzung Stufen- und Wechselwinkel gleich groß, so sind die Geraden parallel. Sind sie es nicht, so sind die Geraden nicht parallel.
>
>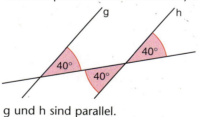
>
> g und h sind parallel.
>
>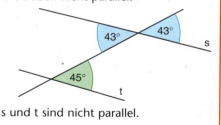
>
> s und t sind nicht parallel.

Übungen

Zur Erinnerung:

rechter Winkel 90°

14 Sind in der Figur die Strecken $\overline{AB}$ und $\overline{CD}$ parallel? Begründe.

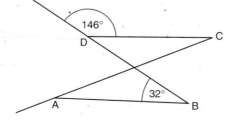

15 Wie groß muß der Winkel γ sein, damit die Geraden g und h parallel sind?

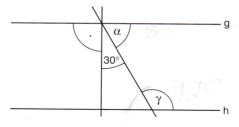

1.2 Winkelsätze an Geradenkreuzungen

Übungen

16 Die Gerade g_1 verläuft durch die Punkte A(1|1) und B(10|3), die Gerade g_2 durch die Punkte C(3|3) und D(15|6). Zeichne die beiden Geraden in ein Koordinatensystem. Sind die beiden Geraden parallel? Begründe.

17 Welches der folgenden Vierecke ist ein Parallelogramm? Begründe.

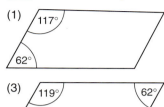

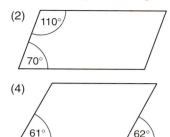

Aufgaben

18 Bettina hat ein Zimmer unter dem Dach. Sie möchte sich selbst ein Bücherregal in die Dachschräge bauen. Dazu muss sie die Längsbalken (rot) entsprechend abschrägen. Sie weiß, dass die Dachneigung 38° beträgt. Kannst du ihr helfen, den Winkel α zu bestimmen, in dem sie die Balken absägen muss?

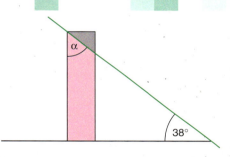

19 Herr Meier baut sich selbst ein Gartenhäuschen. Um die Dachbalken auf das Haus aufsetzen zu können, muss er sie wie in der Skizze aussägen. Leider kennt er die Winkel α und β nicht, sondern nur die Dachneigung $\gamma = 34°$. Kannst du die Größe der Winkel α und β bestimmen?

20 Die beiden blauen Geraden sind parallel. Wie groß ist β?

21 Die beiden roten Geraden sind parallel. Berechne δ. Eine Parallele zu g kann dir helfen.

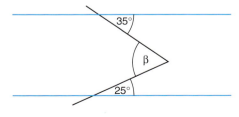

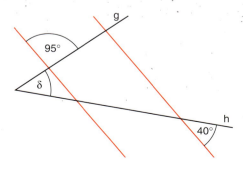

1 Parkettierungen und Winkel

Aufgaben

Projekt

„Einschiebemethode"

Konstruktion

22 *Wo befindet sich das Segelboot?*
Übertrage die Karte ins Heft und bestimme die Position des Bootes.
Von dem Segelboot aus sieht man die Kirche (K) unter einem Winkel von N 33° O (33° von der Nordrichtung nach Osten) und den Leuchtturm unter N 45° W (45° von der Nordrichtung nach Westen).
a) Übertrage die Hilfsfigur auf Transparentfolie und schiebe diese passend über die Seekarte.
b) Hier helfen uns unsere Kenntnisse über Wechselwinkel. Überlege dazu, unter welchem Winkel S α W das Segelboot von K aus gesehen wird und unter welchem Winkel S β O von L aus (siehe Abbildung Seite 13).

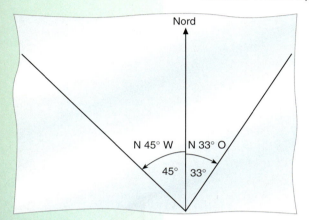
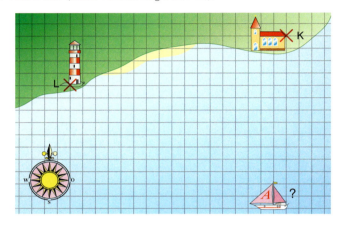

Navigations-wettbewerb

Punktewertung

23 Mithilfe einer selbstgezeichneten Seekarte könnt ihr einen Wettbewerb in der Klasse veranstalten:
Verschiedene Gruppen entwerfen eigene Aufgaben zur Positionsbestimmung. Dazu werden eine Seekarte (nach der Vorlage oder eigenem Entwurf) und die notwendigen Winkel vorgegeben. Diese werden dann den anderen Gruppen zur Lösung vorgelegt.
Für die einfachere Positionsbestimmung von Land aus gibt es 1 Punkt, für die Positionsbestimmung von See aus 2 Punkte. Die Schiebemethode mit Folie ist erlaubt, für die Lösung mit Konstruktion gibt es einen Zusatzpunkt.

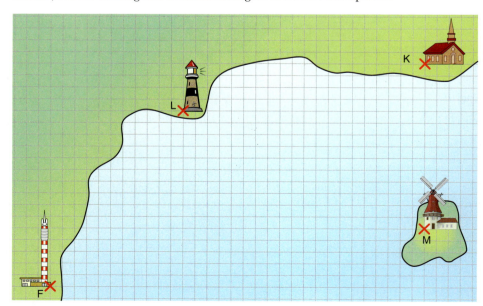

1.3 Winkel an Vielecken und Körpern

■ In eckigen Figuren und Körpern treten Winkel auf. Hast du dir schon einmal Gedanken über ihre Größe gemacht? In Rechtecken sind alle Winkel 90° groß, in gleichseitigen Dreiecken sind alle Winkel gleich. Aber wie sieht es bei „gewöhnlichen" Dreiecken und Vierecken oder bei anderen Vielecken aus? Gibt es auch hier Gesetzmäßigkeiten? Warum eignen sich nur bestimmte Vielecke für Parkettierungen? Und warum gibt es eigentlich nur fünf platonische Körper? Viele Antworten findest du mithilfe der Winkel.

Was dich erwartet

1 Folge den Anweisungen und du wirst eine interessante Entdeckung machen. Schreibe deine „Entdeckung" auf.

Aufgaben

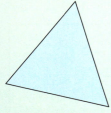
Zeichne ein Dreieck mit einem Lineal und schneide es aus.

Reiße die Ecken ab.

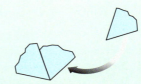
Lege die Ecken so aneinander, dass sie mit den Spitzen zusammenstoßen.

2 *Entdeckungen an Dreiecksparkettierungen*
Untersuche die Dreieckspflasterung:
- Findest du Stufen- oder Wechselwinkel?
- Wie sieht es mit Nebenwinkeln aus?
- Welche Winkel sind gleich groß?
- Welche Winkel ergeben zusammen einen gestreckten Winkel?
- Wie groß ist die Summe der Winkel eines einzelnen Dreiecks? Kannst du sie ohne Messen bestimmen? Begründe.

Es lohnt sich, die Pflasterung abzuzeichnen. Messen und Probieren ist erlaubt. Kannst Du auch selbst eine Dreiecksparkettierung entwerfen und daran forschen?

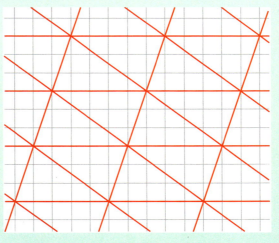

3 *Größte Winkelsumme gesucht*
Dreieck 1: A(1|1)　B(5|1)　C(1|8)　　Dreieck 3: A(9|2)　B(9|8)　C(3|5)
Dreieck 2: A(12|1) B(16|7) C(10|6)　　Dreieck 4: A(3|8) B(11|10) C(6|11)
Zeichne die Dreiecke in ein Koordinatensystem. Wähle 1 cm für eine Längeneinheit. Schätze nun in jedem Dreieck die Größe der drei Innenwinkel α, β und γ. Welches Dreieck hat die größte Winkelsumme? Überprüfe deine Schätzung durch Nachmessen. Vergleiche mit deinen Nachbarn.

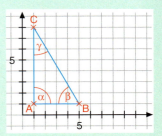

1 Parkettierungen und Winkel

Aufgaben

Experiment auf der Pinnwand mit Gummidreiecken

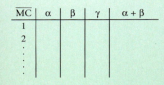

4 *Ein bewegtes Dreieck*
Die Ecke C des gleichschenkligen Dreiecks bewegt sich auf der Spiegelachse von M aus nach oben.
a) Wie verändern sich dabei die Winkel α, β und γ? Beschreibe mit deinen Worten.
b) In einer Tabelle können wir die Beobachtungen genauer festhalten. Miss für die Positionen 1 bis 10 jeweils die Winkel α, β und γ und trage die Werte in die Tabelle ein. Fällt dir etwas auf?

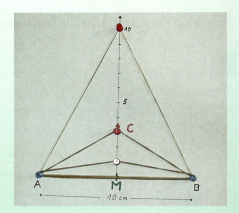

Basiswissen

Griechischer Buchstabe:
ω
omega

Die Winkelsumme im Dreieck beträgt 180°.

Beweis:
Die blaue Gerade ist parallel zur gegenüberliegenden Dreiecksseite.
Also ist ω₁ Wechselwinkel zu α und ω₂ Wechselwinkel zu β.
Da ω₁ + ω₂ + γ = 180°, gilt also auch: α + β + γ = 180°.

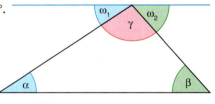

Wozu ein Beweis?

Die Feststellung, dass die Winkelsumme im Dreieck 180° beträgt, kannst du nur an einzelnen Dreiecken nachmessen. Mathematiker möchten solche Aussagen deshalb gerne beweisen. Beweisen heißt: Begründen durch Nachdenken.
Dabei darf man auf Kenntnisse zurückgreifen, die man schon erworben und nach Möglichkeit auch begründet hat. In unserem Beispiel kann man den Winkelsummensatz mithilfe des bekannten Wechselwinkelsatzes allein durch Nachdenken ohne Messen begründen. Die Begründung gilt dann für jedes Dreieck!

Beispiele

A Wie groß ist der Winkel α?
Du weißt: α + 24° + 89° = 180°
Also ist α = 67°.

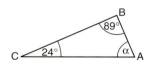

Zur Erinnerung:
Bei gleichschenkligen Dreiecken sind die Basiswinkel gleich groß.

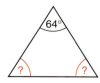

B Von einem gleichschenkligen Dreieck kennt man den Scheitelwinkel. Wie groß sind die Basiswinkel?
Für die beiden Basiswinkel bleiben noch 116° übrig. Ein Basiswinkel hat also die Größe 116° : 2 = 58°.

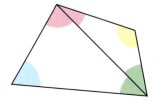

C Wie groß ist die Winkelsumme im Viereck?
Jedes Viereck kann man in zwei Dreiecke teilen, indem man zwei gegenüberliegende Ecken miteinander verbindet. Die vier Winkel des Vierecks setzen sich zusammen aus den sechs Winkeln der zwei Dreiecke, also gilt für jedes Viereck: Die Winkelsumme im Viereck beträgt 2 · 180° = 360°.

5 Bestimme jeweils (ohne zu messen) die fehlenden Winkelgrößen.

Übungen

Quadrat

Rechteck

gleichschenklig

gleichseitig

6 Zeichne eine Strecke $\overline{AB}$ von 10 cm Länge. Trage in A den Winkel α, in B den Winkel β ab. Die beiden Schenkel schneiden sich in dem Punkt C unter dem Winkel γ. Berechne jeweils γ und überprüfe durch Messen. Wie genau hast du gezeichnet?

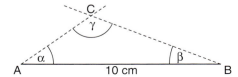

a) α = 30°, β = 60°
b) α = 40°, β = 30°
c) α = 100°, β = 20°

7 Übertrage die Dreiecke in dein Heft und miss die Größe von zwei Winkeln. Ermittle den dritten durch Rechnung. Überprüfe dein Ergebnis durch Nachmessen.

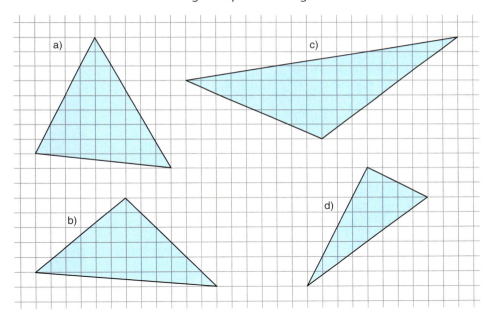

8 Mirko findet die bisherigen Begründungen für den Winkelsummensatz umständlich. „Es geht doch viel leichter", meint er.

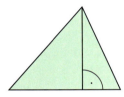

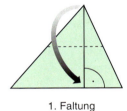
1. Faltung

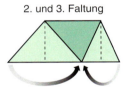
2. und 3. Faltung

Schneide ein Dreieck aus und falte es wie Mirko entlang den gestrichelten Linien. Was hat diese Faltung mit dem Winkelsummensatz zu tun?

1 Parkettierungen und Winkel

Übungen

Eine **Planfigur** ist eine Skizze, in der die Lage einzelner Größen zueinander dargestellt wird. Sie muss nicht maßstabsgetreu sein.

9 *Der Winkeldetektiv*
Bestimme in den Planfiguren jeweils die Größe des Winkels α.

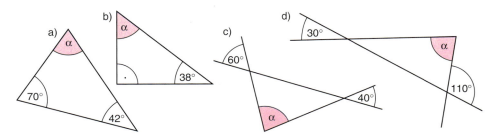

10 Guido möchte den Winkel unter dem Dachfirst seines Hauses messen. Da er keine Leiter besitzt, die bis in den First hineinreicht, überlegt er sich etwas anderes. Er misst den Neigungswinkel zwischen dem Dach und dem Fußboden des Speichers. Was hat Guido sich dabei gedacht?

11 Maja, Lutz und Britta zeichnen Dreiecke.
Maja: „Bei meinem Dreieck sind alle Winkel gleich groß."
Lutz: „Mein Dreieck hat einen stumpfen und zwei spitze Winkel."
Britta: „Mein Dreieck hat zwei stumpfe und einen spitzen Winkel."
Weißt du, wie groß die Winkel von Majas Dreieck sind?
Zeichne ein Dreieck, auf das Lutz' Beschreibung zutrifft.
Was sagst du zu Brittas Behauptung?

12 In einem rechtwinkligen Dreieck ist der größte Winkel neunmal so groß, wie der kleinste. Zeichne ein solches Dreieck. Gibt es mehrere?

13 Wie kommt Martin zu dieser Behauptung?

14 Tino soll den Schnittwinkel der Geraden g und h bestimmen. Leider ist sein Papier zu klein, um die Geraden zu verlängern und den Winkel zu messen.

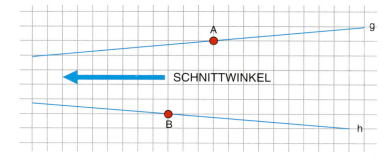

a) Tino überlegt: „Die Summe der Winkel eines Dreiecks beträgt 180°. Also brauche ich nur einen Punkt A auf g mit einem Punkt B auf h zu verbinden."
Wie macht Tino weiter?
Übertrage die Geraden in dein Heft und bestimme den Schnittwinkel nach Tinos Strategie.
b) Findest du noch eine andere Strategie? Führe sie aus und begründe.

1.3 Winkel an Vielecken und Körpern

Übungen

15 Aus Vierecken kann man Parkettierungen herstellen. Vier Beispiele sind hier abgebildet. Gleiche Farben markieren gleiche Winkel.
a) Zeichne die Pflasterungen ab und markiere weitere Winkel in den passenden Farben.
b) Bestimme für jedes Parkett die Summe der Winkel des zugrunde liegenden Vierecks. Was stellst du fest? Schau dir nochmal das Beispiel C auf Seite 20 an.

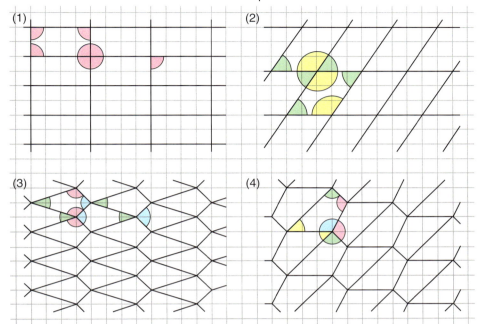

16 *Winkelsummensatz für Fünfecke*
Begründe mithilfe der Abbildung, dass die Winkelsumme im Fünfeck 540° beträgt.

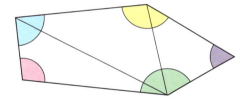

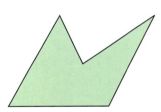

Ist auch bei diesem Fünfeck die Winkelsumme 540°?

17 a) In einem regelmäßigen Fünfeck sind alle Winkel gleich groß und alle Seiten gleich lang. Zeichne ein regelmäßiges Fünfeck mit 4 cm Seitenlänge. Wer findet die schnellste und sicherste Methode?
b) Gregor möchte eine Parkettierung aus regelmäßigen Fünfecken zeichnen. Ist das möglich? Begründe deine Antwort.

18 *Winkelsumme bei Sechsecken*

a) Bei der Pflasterung sind die Winkel der regelmäßigen Sechsecke alle gleich groß. Überlege dir die Größe dieser Winkel. Wie groß ist die Winkelsumme eines Sechsecks?
b) Bei dem Maschendrahtzaun sind die Sechsecke nicht so regelmäßig wie bei der Pflasterung. Kannst du trotzdem jeweils die Winkelsumme bestimmen?

1 Parkettierungen und Winkel

Übungen

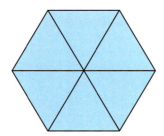

19 Marlene überlegt sich, dass man die Winkelsumme eines Sechsecks durch Zerlegung in sechs Dreiecke bestimmen kann. Sie behauptet: „Die Winkelsumme im Sechseck beträgt 6 · 180° = 1080°."
Was sagst du dazu?
Findest du eine andere Zerlegung des Sechsecks in Dreiecke?

20 *Eine Formel für die Winkelsumme in Vielecken anpassen.*
In Beispiel C (Seite 20) wurde durch Zerlegen eines Vierecks in zwei Dreiecke gezeigt, dass die Winkelsumme im Viereck 360° beträgt. Dieses Zerlegungsverfahren kann man auch für die Winkelsummenbestimmung anderer Vielecke benutzen.
a) Übertrage die Tabelle in dein Heft und ergänze sie bis zum Zehneck.

Achte beim Anlegen der Tabelle darauf, dass du genug Platz für die Skizzen hast.

Figur	Skizze	Summe aller Winkel
Viereck		2 · 180° = 360°
Fünfeck		3 · 180° = …
Sechseck ⋮		… · 180° = … ⋮

b) Beschreibe die Regelmäßigkeit, die du bei der Winkelsumme beobachten kannst, in Worten.

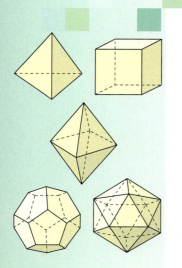

Warum es nur fünf platonische Körper gibt

Kannst du dich noch an die platonischen Körper erinnern? Das sind die Körper, die von gleichen regelmäßigen Vielecken begrenzt werden.
An jeder Ecke des Körpers stoßen die Ecken der Begrenzungsflächen zusammen. Damit sich ein Körper ergibt, müssen mindestens drei Vielecke zusammenstoßen. Außerdem muss die Summe der aneinander stoßenden Winkel kleiner als 360° sein, da man sonst kein räumliches Gebilde erhält. Deshalb gibt es auch keine platonischen Körper aus Sechsecken. Drei Sechseckwinkel ergeben nämlich schon 360°. Man kann also drei, vier oder fünf gleichseitige Dreiecke aneinander stoßen lassen (Tetraeder, Oktaeder und Ikosaeder), oder drei Quadrate (Würfel) oder drei regelmäßige Fünfecke (Dodekaeder). Andere Möglichkeiten gibt es nicht.

1.3 Winkel an Vielecken und Körpern

21 Da du mittlerweile die Winkel in regelmäßigen Vielecken kennst, kannst du selbst Kantenmodelle platonischer Körper bauen. Du brauchst dazu nur farbigen Tonkarton, Klebstoff und eine Schere.

Aufgaben

Projekt

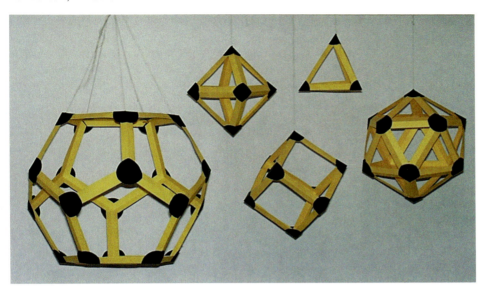

Überlege dir, welchen platonischen Körper du herstellen willst. Der Tabelle kannst du entnehmen, wie viele Kanten und Ecken du dafür benötigst.

Planung

Körper	Fläche	Eckenzahl	Kantenzahl	Kanten pro Ecke
Tetraeder	4 Dreiecke	4	6	3
Würfel	6 Quadrate	8	12	3
Oktaeder	8 Dreiecke	6	12	4
Dodekaeder	12 Fünfecke	20	30	3
Ikosaeder	20 Dreiecke	12	30	5

Beispiel: Oktaeder

Schneide 12 gleich lange Kartonstreifen (10 cm lang, 2 cm breit) und falte sie der Länge nach. Schneide die Enden spitz.

Schneide 6 Kartonkreise (1–2 cm Radius) und zeichne auf jeden Kreis Winkel wie in der Abbildung.
Schneide die grüne Fläche weg und falte entlang der gestrichelten Linien. Verwende die rote Fläche als Klebelasche und klebe die blaue Fläche auf die rote.

Wenn die Ecken trocken sind, verbinde Kanten und Ecken. Dazu musst du die Knickstellen der Kanten in die Knickstellen der Ecken kleben.

Ausführung

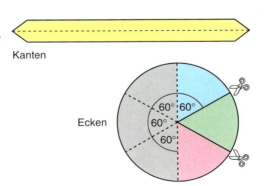

Du kannst dich mit deinen Mitschülern zusammentun und ein Mobile mit verschiedenen platonischen Körpern basteln. Das könnt ihr dann in eurer Klasse oder im Schulgebäude aufhängen.

Präsentation

25

Erinnern, Können, Gebrauchen

CHECK-UP

Winkel und besondere Linien

An Geradenkreuzungen findet man viele gleich große Winkel. Das hilft beim Bestimmen von Winkelgrößen, denn Rechnen geht meist schneller als Messen.

Nebenwinkel ergänzen sich zu 180°.   Scheitelwinkel sind gleich groß.

 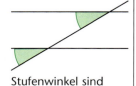

Wechselwinkel sind gleich groß.   Stufenwinkel sind gleich groß.

Im Dreieck gilt:

Die Summe der Innenwinkel beträgt 180°.

Für jedes Vieleck lässt sich die Winkelsumme folgendermaßen berechnen:

Man zieht von der Anzahl der Ecken zwei ab und multipliziert das Ergebnis mit 180°.

Kennt man die Winkelsumme eines Vielecks, so lassen sich viele Winkel in Figuren berechnen.

1 Übertrage das Geradenmuster in dein Heft. Markiere je ein Paar Stufenwinkel, Wechselwinkel, Nebenwinkel und Scheitelwinkel. Bestimme dann die Größe aller auftretenden Winkel. Wie viele Winkel musst du mindestens messen, um alle anderen berechnen zu können?

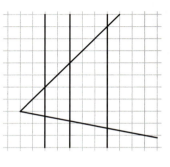

2 Berechne die Größe aller farbigen Winkel.

a) 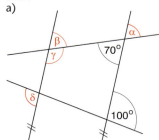   b)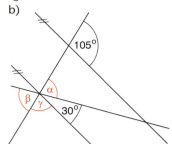

3 Warum kann der Winkel α nicht 110° betragen?

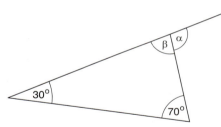

4 Wie viele rechte Winkel kann ein Dreieck höchstens besitzen? Begründe.

5 Berechne alle markierten Winkel.

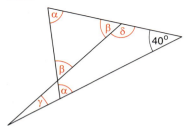 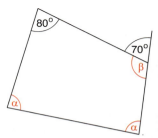

6 Zeichne ein Fünfeck mit so vielen rechten Winkeln, wie möglich. Wie viele rechte Winkel hast du gezeichnet? Begründe.

7 Wie groß ist die Winkelsumme im Siebeneck? Zeichne ein regelmäßiges Siebeneck. Kann man damit eine Ebene pflastern? Begründe.

2 Symmetrien

2.1 Symmetrie in Ebene und Raum

Die Welt um dich herum steckt voller Symmetrie. Tiere und Pflanzen haben häufig regelmäßige Formen und Muster, aber auch in der Kunst und der Technik kannst du viele regelmäßige Formen beobachten. Neben der Spiegelsymmetrie, die du vielleicht schon kennst, gibt es noch weitere Arten von Symmetrie zu entdecken.

Was dich erwartet

1 *Regelmäßig! Regelmäßig?*
a) Beschreibe die Bilder und nenne Regelmäßigkeiten, die dir auffallen.
b) Manche *Typen* von Regelmäßigkeiten sind in mehreren Bildern zu finden. Sortiere die Bilder in Gruppen mit jeweils der gleichen Regelmäßigkeit.
c) Wie kann man den jeweiligen *Typ* von Regelmäßigkeit nachprüfen?

Aufgaben

2 Symmetrien

Aufgaben

2 Suche eigene Beispiele für spiegelsymmetrische und drehsymmetrische Formen. Bringe solche Gegenstände oder Bilder mit. Beschreibe jeweils die Symmetrien möglichst genau.

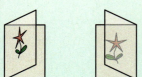

3 Falte ein Blatt Transparentpapier zu einer Doppelkarte. Male mit einem Filzstift eine einfache Figur (z. B. eine Blume) auf die Vorderseite. Drehe nun die Karte um und male die Ränder der Figur auf der Rückseite nach. Falte dann auseinander. Beschreibe, was du siehst.

4 Auf dem Schiff von Kapitän Blaubart gibt es Ärger. Der Maat zum Kapitän: Der Schiffsjunge hat den Kurs geändert! Er hat heimlich am Steuer gedreht! Darauf brummt der Kapitän zurück: Quatsch! Das Steuerrad stand vorhin genauso. Ich kann keinen Unterschied sehen. Was meinst du dazu?

Basiswissen

Spiegelsymmetrische Figuren

Bei manchen Figuren ist die eine Hälfte das genaue Spiegelbild der anderen. Diese Figuren nennt man **spiegelsymmetrisch**.
Wenn man einen Spiegel auf die Spiegelachse stellt, kann man die vollständige Figur sehen.

nicht spiegelsymmetrisch: Buchstabe R

spiegelsymmetrisch: Buchstabe B

Drehsymmetrische Figuren

Manche Figuren kann man um einen Winkel kleiner als 360° drehen, so dass sie danach wieder aussehen wie vor der Drehung. Diese Figuren nennt man **drehsymmetrisch**.

drehsymmetrisch   nicht drehsymmetrisch

Beispiele   **A** Sind die eingezeichneten Linien Spiegelachsen?

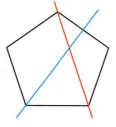

Nein   Nein / Ja

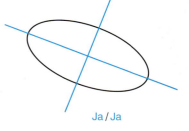

Ja / Ja

28

2.1 Symmetrie in Ebene und Raum

B Ein Eiskristall ist eine drehsymmetrische Figur. Um welche Winkel kann man den Kristall drehen, so dass er nach der Drehung unverändert aussieht? Man kann ihn um 60°, 120°, 180°, 240° und 300° drehen, ohne dass das Bild anschließend anders aussieht.
Außerdem ist der Eiskristall auch eine spiegelsymmetrische Figur. Es gibt insgesamt sechs Spiegelachsen.

5 *Symmetrie im Schilderwald*
a) Gib für jedes Verkehrszeichen an, wie viele Spiegelachsen es besitzt.
b) Manche Zeichen sind auch drehsymmetrisch. Um welche Winkel kann man diese Schilder drehen, ohne dass sich ihr Aussehen verändert?

Übungen

Welche Bedeutung haben die einzelnen Verkehrszeichen?

6 Übertrage die Figur für jede der folgenden Aufgaben einmal in dein Heft. Färbe die Felder der Figur danach jeweils so ein, dass sie
a) spiegelsymmetrisch und drehsymmetrisch;
b) spiegelsymmetrisch und nicht drehsymmetrisch;
c) drehsymmetrisch und nicht spiegelsymmetrisch;
d) weder drehsymmetrisch noch spiegelsymmetrisch ist.

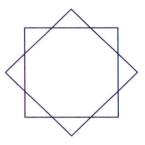

7 Das Wort KOCH hat eine waagerechte Spiegelachse, denn die obere Hälfte des Wortes ist das genaue Spiegelbild der unteren Hälfte. Das Wort AUTO dagegen hat eine senkrechte Spiegelachse, wenn man die Buchstaben untereinander schreibt. Versuche selbst möglichst lange Worte zu finden, die eine senkrechte oder waagerechte Spiegelachse besitzen.
Gibt es Buchstaben, die sowohl senkrecht als auch waagerecht spiegelsymmetrisch sind? Gibt es drehsymmetrische Buchstaben?

8 In der Kunst vieler Völker spielen symmetrische Formen und Muster eine große Rolle. Hier siehst du eine Decke in *Patchwork*-Arbeit hergestellt. Patchwork bedeutet Flickwerk.
Findest du alle Symmetrien, die in ihm verborgen sind?

2 Symmetrien

Übungen

9
Möglich sind
3-mal spiegeln,
2-mal verschieben,
5-mal drehen
1-mal „gar nichts".

Führt den Test auch zu zweit durch: Einer löst die Aufgaben, der Partner/die Partnerin stoppt die Zeit (etwa 15–30 Sekunden pro Aufgabe) und notiert die Antworten. Ausgewertet wird zusammen.

9 Bei Intelligenztests kommt es manchmal darauf an, wie gut man den Zusammenhang zwischen zwei Figuren erkennen kann. Versuche bei den folgenden Paaren zu erkennen, ob man die rechte Figur durch drehen, spiegeln oder verschieben aus der linken erhalten kann.

a)   b)

c)   d)

e)   f)

Schwerer wird der Test, wenn du auch erkennen musst, wie viele Möglichkeiten es für die Spiegelachse gibt und um welche Winkel die linke Figur gedreht wurde.

10 Betrachte die Bildreihe. Zeichne die beiden nächsten Figuren in dein Heft. Beschreibe, wie jedes Feld der Figur aus dem vorigen hervorgeht.

a)

b)

11 Übertrage die Figur in dein Heft und ergänze sie dann so, dass folgende Symmetrien entstehen:
a) spiegelsymmetrisch zu genau einer Spiegelachse,
b) spiegelsymmetrisch zu genau zwei Spiegelachsen,
c) drehsymmetrisch für einen Drehwinkel von 180° und nicht spiegelsymmetrisch,
d) spiegelsymmetrisch und nicht drehsymmetrisch,
e) spiegelsymmetrisch zu genau drei Spiegelachsen.

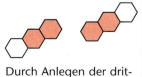

Durch Anlegen der dritten (hellen) Wabe entstehen zwei gleiche Figuren.

12 Die Figur besteht aus zwei regelmäßigen Sechsecken, die wie in einem Honigwabenmuster aneinander liegen.
a) Welche Symmetrien hat diese Figur? Bestimme alle möglichen Symmetrieachsen und Drehwinkel.

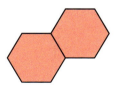

b) Füge nun an die Figur noch eine weitere Wabe an. Die Wabe soll die Figur mit mindestens einer Seite berühren. Wie viele *verschiedene* neue Figuren kann man so aus der Ausgangsfigur erhalten?
Warum ergeben sich manchmal gleich aussehende Figuren, obwohl die dritte Wabe an unterschiedlichen Stellen an die Ausgangsfigur angelegt wurde?
c) Bestimme für jede der neuen Figuren alle möglichen Spiegelachsen und Drehwinkel.

30

2.1 Symmetrie in Ebene und Raum

Auch wenn man Gegenstände räumlich betrachtet, kann man Symmetrien entdecken. Oft sind diese aber nicht praktisch nachprüfbar. Hier ist die räumliche Vorstellungskraft gefragt!

Basiswissen

Symmetrie im Raum

spiegelsymmetrische Körper

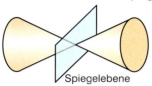
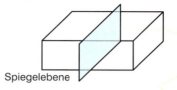

Bei spiegelsymmetrischen Körpern ist die eine Hälfte das genaue Spiegelbild der anderen. Die Grenze zwischen beiden Hälften bildet die Spiegelebene.

drehsymmetrische Körper

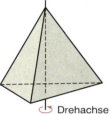
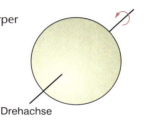

Drehsymmetrische Körper kann man um einen Winkel kleiner als 360° um ihre Drehachse rotieren lassen, so dass sie danach wieder genau so aussehen wie vorher.

Beispiele

C Ein Quader besitzt genau drei Spiegelebenen.

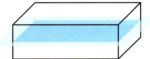

D Ein Quader ist drehsymmetrisch; er hat drei Drehachsen. Dreht man den Quader um eine Drehachse um 180°, so sieht er danach genau so aus wie vor der Drehung.

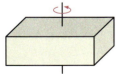
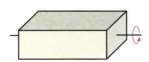
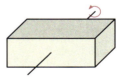

Übungen

13 Untersuche die Körper (Würfel, Quader, Pyramide, Prisma, Zylinder, Kegel und Kugel) auf Symmetrie. Versuche jeweils alle Spiegelebenen und Drehachsen zu finden.

2 Symmetrien

Bedeutung von Symmetrien – Störung von Symmetrie

Hast du schon einmal darüber nachgedacht, warum so viele Dinge symmetrisch sind? Stell dir vor, ein Fußball wäre nicht symmetrisch oder die Flügel beim Flugzeug wären nicht symmetrisch. Viele Dinge sind auch nur auf den ersten Blick exakt symmetrisch. Wenn man genau hinschaut, sieht man die Symmetrie in manchen Details gestört, oft ist gerade diese kleine Abweichung von wichtiger Bedeutung.

Aufgaben

14 Sicher hast du schon große Windräder gesehen, mit denen Strom erzeugt wird. Aber nur eines der abgebildeten Windräder gibt es wirklich, die anderen werden nicht gebaut.

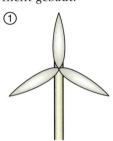
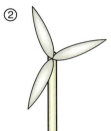

a) Worin unterscheidet sich das „richtige" Windrad von den falschen?
b) Warum werden die beiden anderen Windräder nicht gebaut?
c) Zeichne ein Windrad mit 5 Flügeln. Wie müßten die Flügel angeordnet sein?

15 a) Wenn du ein Auto von außen betrachtest, so sieht es auf den ersten Blick symmetrisch aus. Wo liegt die Spiegelebene? Findest du einige Details, die die Symmetrie zerstören?
b) Auch im Innenraum des Autos ist vieles spiegelsymmetrisch angeordnet, die Abweichungen sind hier aber größer und zahlreicher. Beschreibe, wie dies bei eurem Auto aussieht. Was würde es bedeuten, wenn man hier alles genau symmetrisch anordnen wollte?

16 *Symmetrie bei Flugzeugen*

Wenn du in der Aussichtshalle eines Flughafens das Flugzeug von oben betrachtest, so sieht es exakt symmetrisch aus. Wie verläuft die Symmetrieebene? Während des Fluges wird die Symmetrie in manchen Teilen verletzt, so z. B. durch die Stellung des Seitenleitwerks. Welche Auswirkung hat diese Veränderung der Symmetrie?

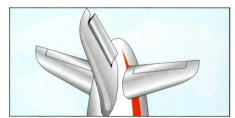

2.2 Achsenspiegelung

Du hast gesehen, dass Vieles in der Welt spiegelsymmetrisch ist. Durch Falten kann man erkennen, ob eine Figur spiegelsymmetrisch ist oder man kann sie auch dadurch erzeugen. Aber wie faltet man einen Billardtisch, wenn man beschreiben will, wie eine Kugel rollt? Und, was hat das mit Symmetrie zu tun?

Was dich erwartet

1 Versuche den Schmetterling vollständig in dein Heft zu zeichnen. Beschreibe dabei, wie du vorgehst und wo du eventuell Schwierigkeiten hast.

Aufgaben

2 Spiegele einen Punkt P an einer Geraden g. Nenne den Bildpunkt P'.
a) Bewege P und beobachte, wie sich P' bewegt.
b) Nun soll der Weg von P' aufgezeichnet werden; das ist die Bahn von P', wenn P bewegt wird.
(1) *Schreibe* mit P deinen Namen und beobachte P'.
(2) Bewege P so, dass P' deinen Namen *schreibt*.
(3) Denke dir ein Wort aus und bewege P so, dass P' das Wort *schreibt*; dein Nachbar soll es erraten.

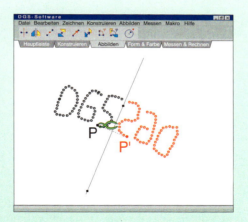

DGS

Dieses Zeichen zeigt dir, dass die Aufgabe gut mit einer **D**ynamischen **G**eometrie **S**oftware (DGS) zu bearbeiten ist. Du findest das Zeichen häufig in diesem Kapitel. Mit einem DGS-Programm kannst du Punkte spiegeln aber auch Dreiecke und andere Figuren.
Die Punkte können auch Spuren hinterlassen (Ortslinien), wenn du an ihnen ziehst. Du kannst auch an P ziehen und dir die Spur von P' zeichnen lassen.

3 *Lebendige Spiegelbilder:* Probiert einmal aus, wie gut ihr euch in euer Spiegelbild hineinversetzen könnt. Spielt zu zweit und schlüpft abwechselnd in die Spiegelbildrolle.

Spielregeln:
Eine von euch spielt das **Original**. Sie hat die Aufgabe, sich irgendwie zu bewegen. Sie kann z. B. das Bein heben oder sich an der Nase kratzen. Die andere von euch spielt das **Spiegelbild**. Sie muss sich dem Original gegenüber stellen und soll sich so bewegen, als ob sie das Spiegelbild ist. Achtet beim Spielen darauf, was euch besonders schwer fällt. Könnt ihr nützliche Hilfen formulieren?

Markiert die Lage des Spiegels mit einer Kreidelinie oder einem Faden. Achtet auf die Abstände von Original und Spiegelbild zu dieser Linie.

2 Symmetrien

Basiswissen   Spiegelbilder und spiegelsymmetrische Figuren können auch mit dem Geodreieck konstruiert werden.

Heißt ein Punkt in der Ausgangsfigur A (B, C, ...), so bezeichnet man den Bildpunkt mit A' (B', C', ...).

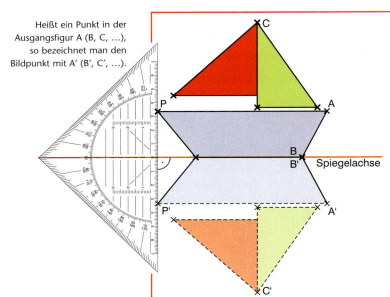

Achsenspiegelung

(1) Lege eine Gerade (Spiegelachse) fest, an der gespiegelt werden soll.

(2) Wähle einen Ausgangspunkt P und zeichne eine Senkrechte zur Spiegelachse durch P.

(3) Markiere auf der Senkrechten den Bildpunkt P' im gleichen Abstand zur Spiegelachse wie P.

Eine solche Konstruktion heißt **Achsenspiegelung**.

Spiegeln einer geradlinigen Figur:

(4) Spiegele die Eckpunkte und verbinde die Spiegelpunkte in gleicher Weise wie die Punkte der Ausgangsfigur.

Beispiele

A Das Dreieck ABC soll an der Achse a gespiegelt werden. Dazu werden die Punkte A, B und C gespiegelt, die Bildpunkte dann verbunden. Die Seitenlängen und Winkel in Grundfigur und Bildfigur sind gleich.

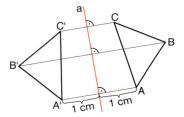

B Einfach ist die Achsenspiegelung auf Kästchenpapier, wenn die Spiegelachse auf einer der Gitterlinien liegt und die Eckpunkte der Figur auf den Gitterpunkten liegen. Die senkrechten Hilfslinien sind dann bereits vorhanden, die Abstände können durch Abzählen der Kästchen bestimmt werden.

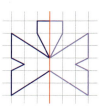

Übungen

4 Zeichne die Figuren mit den Spiegelachsen in dein Heft und konstruiere das Spiegelbild.

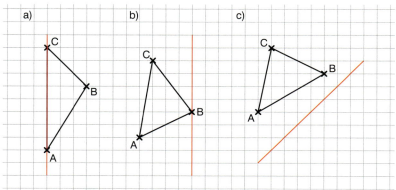

2.2 Achsenspiegelung

Übungen

5 Übertrage die Rechtecke und die Spiegelachsen in dein Heft und konstruiere das Spiegelbild.

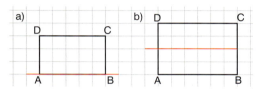
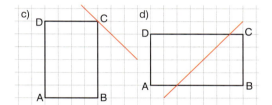

6 Spannt auf einem Geobrett die abgebildete Figur. Legt dann ein zweites Geobrett daneben und spannt das Spiegelbild, das sich nach Spiegelung an der roten Achse ergibt.

Partnerarbeit

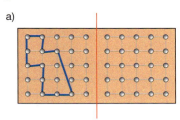
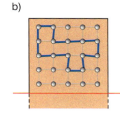
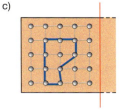

Wenn du kein Geobrett zur Verfügung hast, kannst du auf Karopapier zeichnen. Die Punkte auf dem Geobrett sind dann die Gitterpunkte.

7 Spanne die abgebildeten Figuren auf deinem Geobrett. Ändere dann einen Eckpunkt so, dass eine achsensymmetrische Figur entsteht. Wie viele Möglichkeiten findest du jeweils?

Beispiel:

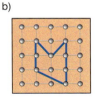
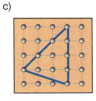

8 Bei der Achsenspiegelung wird die links der Achse liegenden Figur nach rechts gespiegelt und die rechts liegende nach links. Bei den folgenden Bildern führt dies zu interessanten achsensymmetrischen Figuren. Übertrage die Zeichnungen in dein Heft und spiegele dann an der roten Achse.

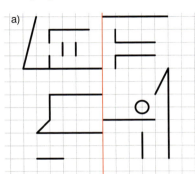
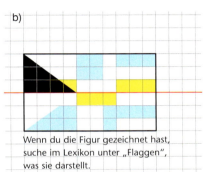
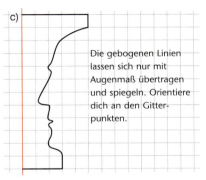

Wenn du die Figur gezeichnet hast, suche im Lexikon unter „Flaggen", was sie darstellt.

Die gebogenen Linien lassen sich nur mit Augenmaß übertragen und spiegeln. Orientiere dich an den Gitterpunkten.

2 Symmetrien

Übungen

Die Gerade durch die Punkte (0|0), (1|1), (2|2), usw. heißt **1. Winkelhalbierende**.

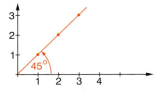

9 *Spiegeln im Koordinatensystem*

a) Spiegele das Dreieck ABC mit A(8|12), B(12|15) und C(9|17)
  (1) an der Parallelen zur Rechtsachse durch den Punkt P(0|9);
  (2) an der Parallelen zur Hochachse durch den Punkt Q(7|0);
  (3) an der 1. Winkelhalbierenden.

Vergleiche jeweils die Koordinaten der Punkte von Grunddreieck und Bilddreieck. Fällt dir etwas auf? Hättest du die Koordinaten der Bildpunkte auch berechnen können?

b) Bestimme die Koordinaten der Punkte A', B', C' und D' nach Spiegelung des Vierecks ABCD mit A(3|2), B(5|1), C(8|3) und D(6|5).
  (1) an der Parallelen zur Rechtsachse durch P(0|6);
  (2) an der Parallelen zur Hochachse durch Q(10|0);
  (3) an der 1. Winkelhalbierenden.

10 *Wo liegt die Spiegelachse?*

Kalle und Marvin machen zusammen Hausaufgaben. Sie sollen das Dreieck ABC mit A(1|11), B(12|13) und C(8|20) spiegeln. Leider haben beide vergessen, die Spiegelachse zu notieren. Sie kennen aber die Koordinaten des Bildpunktes A', nämlich A'(21|1). Nun überlegen beide, ob sie damit die Spiegelachse bestimmen können.

Den Aufgabenteil a) löst du am besten auf Transparentpapier. Zum Einzeichnen des Dreiecks ABC und des Punktes A' legst du es auf ein kariertes DIN-A4-Blatt.

a) Kalle zeichnet das Dreieck ABC und den Bildpunkt A' auf ein Blatt Papier. Dann faltet er das Blatt so, das A auf A' liegt. Mache es ihm nach. Ist die Faltachse nun die Spiegelachse? Wie kannst du dies überprüfen.

b) Marvin konstruiert die Spiegelachse. Dazu zeichnet auch er zunächst das Dreieck ABC und den Punkt A' in sein Heft. Dann verbindet er A mit A'. Und nun?

c) Bestimme durch Spiegelung die Koordinaten von B' und C' und zeichne das Bilddreieck A'B'C'.

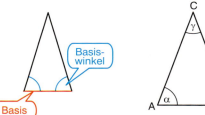

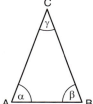

11 *Achsensymmetrische Dreiecke*

Links siehst du ein achsensymmetrisches Dreieck.

a) Wo ist die Spiegelachse? Beschreibe, was beim Spiegeln mit den Eckpunkten passiert.

b) Wie lassen sich achsensymmetrische Dreiecke durch Spiegelung konstruieren?

Beschreibe die Ausgangsfigur.

12 Kennst du noch die Bezeichnungen für die verschiedenen Vierecke?

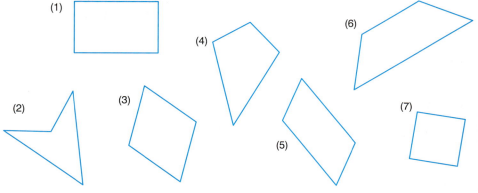

Die Bezeichnungen für die Vierecke sind:
Rechteck
Quadrat
Drachenviereck
Raute
Trapez
Parallelogramm.
Zwei Vierecke tragen dieselbe Bezeichnung.

Es kann verschiedene Ausgangsfiguren geben.

a) Welche Vierecke sind achsensymmetrisch? Ordne nach der Anzahl der Spiegelachsen.

b) Wie lassen sich achsensymmetrische Vierecke durch Spiegelungen konstruieren? Beschreibe jeweils die Ausgangsfigur.

c) Wenn du die Anzahl der Spiegelachsen und die Art der Ausgangsfigur berücksichtigst, lassen sich Vierecke eindeutig nach ihren Symmetrieeigenschaften ordnen. Beschreibe eine Familiendynastie der Vierecke.

2.2 Achsenspiegelung

Übungen

13 Spiegele die Uhr an s. Was fällt dir auf?

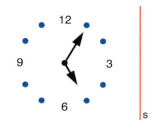

14 Leo hat das Dreieck ABC an s gespiegelt und das Dreieck A′B′C′ erhalten.
Milena meint: „Das ist falsch, weil …"
Marco überlegt: „Wenn du …"
Ergänze beide Aussagen so, dass Milena und Marco Recht haben.

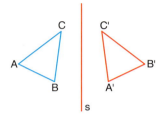

15 Wo steckt der Fehler?

a) 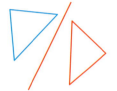   b)    c)

Aufgaben

16 Tim soll in einer Hausaufgabe die drei Figuren an ein und derselben Achse spiegeln. Als er mit der ersten Figur fertig ist, ruft sein Freund Tjark an. Während er telefoniert radiert seine kleine Schwester Neele die Achse weg. Was nun?

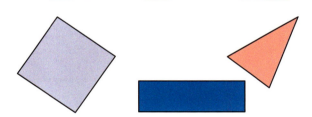

DGS

17 Zeichne ein beliebiges Dreieck ABC.
a) Spiegele das Dreieck an jeder Dreieckseite und beantworte folgende Fragen:
• Kann die Gesamtfigur wieder ein Dreieck sein?
• Können die Bilddreiecke aneinander liegende Seiten haben?
• Wann treten Überlappungen auf?
b) Verbinde die Eckpunkte A, B und C jeweils mit ihren Bildpunkten A′, B′ und C′.
Ändere nun durch Verschieben der Eckpunkte die Form des Dreiecks. Was fällt auf?

37

2 Symmetrien

Mathematik und Billard

Sicher hast du schon einmal Billard-Spiele im Fernsehen oder sogar in Wirklichkeit beobachten können. Beim Pool-Billard werden die Kugeln durch Zusammenstöße in die Randlöcher versenkt, beim wettkampfmäßigen Karambolage-Billard geht es um festgelegte Zusammenstöße zwischen drei Kugeln.

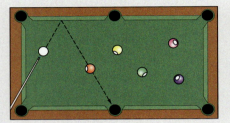
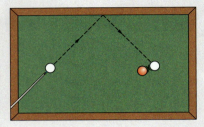

Es gehört viel Geschick und Training dazu, damit die Kugeln auf ausgeklügelten Bahnen mit Zusammenstößen und Abprallen von den Banden das gewünschte Ziel erreichen. Ein Teil des Erfolges beruht auf Mathematik, nämlich der geschickten Anwendung der Achsenspiegelung.
Ein Beispiel: Die weiße Kugel soll über die Bande so gespielt werden, dass sie die rote Kugel trifft. Welchen Punkt auf der Bande soll man anpeilen?

Wir finden den Punkt mit Hilfe einer Achsenspiegelung:

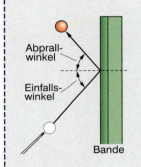

1. Spiegle die Kugel, die getroffen werden soll, an der Bande
2. Verbinde die weiße Kugel mit der gespiegelten Kugel, der Schnittpunkt dieser Linie mit der Bande ist der Punkt, der angespielt werden muss.

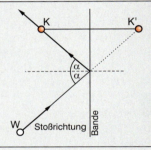

Wer kann die Regeln für Pool-Billard und Karambolage-Billard beschreiben? Suche im Lexikon oder im Internet.

Beim schrägen Bandenstoß gilt immer: Einfallswinkel gleich Abprallwinkel.

Aufgaben

18 Übertrage den Plan in dein Heft, am besten in die Mitte einer Seite. Die weiße Kugel soll über Bande gestoßen werden, so dass sie die rote Kugel trifft. Konstruiere den Anspielpunkt auf einer Bande und zeichne den Weg der Kugel ein. Findest du mehrere Möglichkeiten auf verschiedenen Banden?

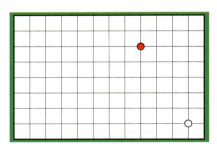

Vielleicht könnt ihr euch ein kleines Billard-Spiel besorgen, dann könnt ihr den Erfolg ausprobieren.

19 *Minigolf statt Billard*
Was hat Manuela sich überlegt? Übertrage die Minigolfbahn maßstabsgetreu in dein Heft (Maßstab 1 : 100). Konstruiere den Abprallpunkt auf einer Bande und zeichne den möglichen Lauf des Minigolfballes ein. Gibt es verschiedene Möglichkeiten?
Wie wär's mit einer experimentellen Mathestunde auf dem Minigolfplatz?

2.3 Drehungen

■ Im Zusammenhang mit Winkeln hast du schon einiges über Drehungen erfahren. Du weißt mittlerweile auch, was Drehsymmetrie ist. Viele interessante Muster sind drehsymmetrisch. Aber wie zeichnet man solche Muster? Hast du es schon einmal probiert? Es ist gar nicht so schwer. Und hast du schon einmal gesehen, was sich am Himmel so alles dreht? Da gibt es einiges zu beobachten.

Was dich erwartet

Aufgaben

1 Onkel Dagobert hat wieder einmal eine neue Tür bekommen um seine Billionen vor den Panzerknackern zu schützen. Die Tür öffnet sich, wenn man mit den drei Drehknöpfen die richtige Zahlenkombination einstellt. Onkel Dagobert merkt sich die Zahlenkombination mit Hilfe von Drehungen.

äußeres Rad: 60° rechts
mittleres Rad: 90° links
inneres Rad: 150° rechts

a) Bei welcher Zahlenkombination öffnet sich das Schloss?
b) Da Dagobert immer vergesslicher wird, hat er seine Zahlenkombination den vertrauenswürdigen Neffen Tick, Trick und Track verraten. Diese merken sich: Wir drehen immer nach links, also entgegen dem Uhrzeigersinn.
äußeres Rad: 300°
mittleres Rad: 90°
inneres Rad: 210°
Lässt sich das Schloss mit zwei verschiedenen Zahlenkombinationen öffnen?

2 In alten Städten wie Köln oder Trier findet man beim Ausheben von Baugruben auch heute noch antike Gegenstände, z.B. Teller oder Krüge. Selten sind diese Gegenstände vollständig erhalten, meistens handelt es sich um Bruchstücke. Dieses Bruchstücke landen oft in Museen. Dort werden daraus die Gegenstände rekonstruiert.
Wie hat wohl der Teller ausgesehen, von dem nur noch ein kleiner Teil übrig ist? Das kannst du ganz leicht herausfinden.
Lege ein großes Stück Transparentpapier auf das Bild und zeichne darauf den eingezeichneten Ausschnitt des Tellers ab. Stecke eine Stecknadel in den Mittelpunkt des inneren Kreises. Drehe dann das Transparentpapier um 40° und zeichne das Dreieck erneut ab. Fahre so fort, bis der Teller vollständig ist. Klebe ihn dann in dein Heft.

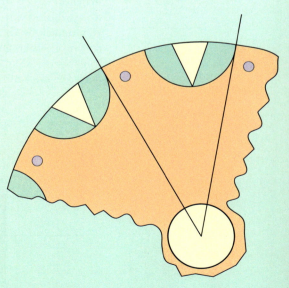

2 Symmetrien

Aufgaben

3 *Experimentieren und Konstruieren*

Zeichne ein Rechteck von 4 cm × 2 cm in die Mitte eines karierten Blattes in dein Heft. Zeichne nun das gleiche Rechteck auf eine durchsichtige Folie (ungefähr 8 cm × 8 cm). Beschrifte bei beiden Rechtecken die Ecken A, B, C und D wie in der Abbildung. Lege die Folie nun auf das Papier, so dass die Rechtecke genau zur Deckung kommen.

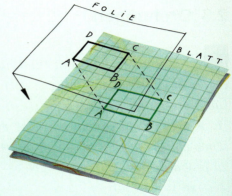

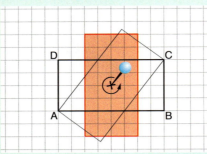

a) Stecke eine Stecknadel in die Mitte des Folienrechtecks und drehe die Folie um 90° entgegen dem Uhrzeigersinn. Wo liegen die Punkte A, B, C, D nach der Drehung? Auf welchen Bahnkurven bewegen sich die Eckpunkte des Rechtecks. Beschreibe möglichst genau. Zeichne in dein Heft und beschrifte die Ecken des roten Rechtecks. Zeichne die Bahnkurven.

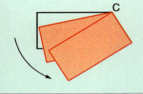

Alle Drehungen gegen den Uhrzeigersinn.

b) Stecke die Stecknadel nun in den Punkt C und drehe die Folie aus der Ausgangsstellung um 180°. Wie liegen die beiden Vierecke nun zueinander? Wie lassen sich die Bahnkurven der Eckpunkte beschreiben? Zeichne ins Heft.
c) Das Bild entsteht, wenn du die Nadel im Punkt Z außerhalb des Rechtecks einstichst und dann um 90° drehst. Kannst du diese Lage des Rechtecks auch ohne Folie durch Konstruktion mit dem Zirkel und dem Geodreieck bestimmen?

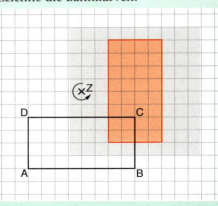

d) Um welchen Drehpunkt und um welchen Winkel wurde das Rechteck in den folgenden Fällen gedreht? Beantworte zunächst im Kopf und überprüfe dann mit der Folie oder mit dem Zirkel und dem Geodreieck.

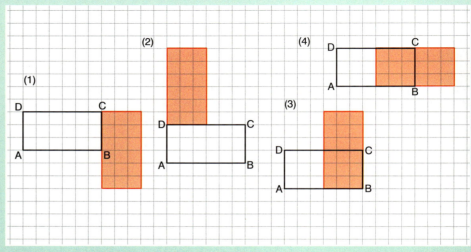

2.3 Drehungen

Drehungen kannst du mithilfe von Geodreieck und Zirkel konstruieren.

Basiswissen

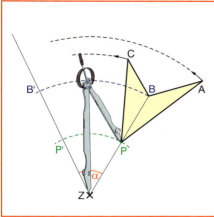

(1) Lege einen Punkt Z (Drehzentrum) und den Drehwinkel α fest.

(2) Wähle einen Ausgangspunkt P, verbinde ihn mit Z und trage an der Verbindungsstrecke $\overline{ZP}$ den Drehwinkel α so ab, dass Z Scheitel ist.

(3) Markiere auf dem zweiten Schenkel des Winkels den Punkt P' im selben Abstand zu Z wie P.

(4) Verbinde die Bildpunkte entsprechend der Grundfigur.

Eine solche Konstruktion heißt **Drehung**.

In der Mathematik wird immer gegen den Uhrzeigersinn, also links herum, gedreht.

Eine Drehung wird durch das Drehzentrum und den Drehwinkel beschrieben.
Punkt und zugehöriger Bildpunkt haben denselben Abstand zum Drehzentrum Z.
Das Drehzentrum stimmt mit seinem Bildpunkt Z' überein.

A Das Dreieck ABC soll um 90° um Z gedreht werden.

Beispiele

① 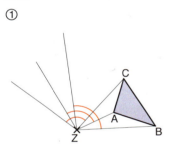 ② 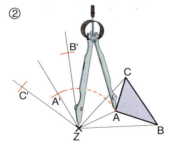 ③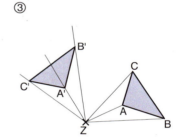

1. Verbinde alle Eckpunkte mit Drehzentrum Z und trage an alle Verbindungslinien den Drehwinkel 90° an.
2. Trage auf den neuen Schenkeln die Bildpunkte ein. Sie haben den gleichen Abstand von Z wie die zugehörigen Urbildpunkte. Zum Abtragen der Strecke kannst du den Zirkel benutzen.
3. Verbinde die Bildpunkte zum Bilddreieck.

B Mithilfe der Drehung kann man drehsymmetrische Figuren zeichnen. Als Drehwinkel kommen alle Teiler von 360° infrage. In diesem Beispiel wurde die Grundfigur um 72° gedreht, die Bildfigur wieder um 72° usw.

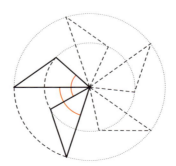

Eine drehsymmetrische Figur mit Symmetriewinkel 120°, 240°, 360°, ...

41

2 Symmetrien

Beispiele

C Bei einer Drehung kann das Drehzentrum Z auch auf der Figur (1) oder innerhalb der Figur (2) liegen.

(1) 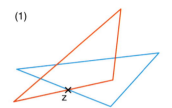 (2)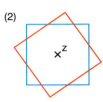

Übungen

4 Drehe den Punkt P um Z und bestimme den Bildpunkt P'.
a) $Z(0|0)$, $\alpha = 50°$, $P(7|1)$
b) $Z(3|3)$, $\alpha = 45°$, $P(6,5|6,5)$
c) $Z(3|4)$, $\alpha = 125°$, $P(2|3)$
d) $Z(5|2,5)$, $\alpha = 210°$, $P(4|1,5)$

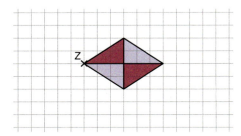

5 Übertrage die Grundfigur in dein Heft. Drehe sie dann nacheinander um 90°, 180° und 270°. Zeichne die drei Bildfiguren. Welche Gesamtfigur entsteht?

6 Übertrage das Rechteck dreimal in dein Heft. Konstruiere dann das Bildrechteck nach Drehung
a) um 70° um Z;
b) um 100° um B;
c) um 60° um M.

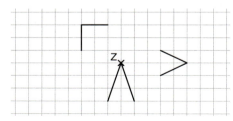

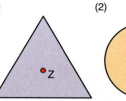

7 Übertrage die Linien in dein Heft. Drehe sie dann nacheinander um 90°, 180° und 270° um Z und zeichne jeweils die Bilder. Gestalte das entstehende Muster farbig.

8 Welche Figur wird „Drehsieger"?
In unserer Umgebung siehst du viele drehsymmetrische Figuren. Um welche Winkel kannst du die Figur um den Punkt Z drehen, damit sie wieder auf sich selbst abgebildet wird? Welche Figur bietet die meisten Möglichkeiten, wird also „Drehsieger"?

(1) (2) (3) (4)

9 Das gelbe Dreieck wurde gedreht, das Bilddreieck ist rot eingefärbt. Das Drehzentrum liegt auf der Geraden g. Zeichne kästchengetreu in dein Heft und bestimme das Drehzentrum und den Drehwinkel durch Probieren.

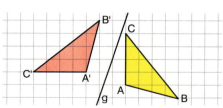

42

2.3 Drehungen

10 Das rote Quadrat ist jeweils das Bild des grünen Quadrats nach einer Drehung. Übertrage kästchengenau in dein Heft und bestimme Drehzentrum und Drehwinkel. Stelle zuerst eine Vermutung auf und überprüfe dann durch Konstruktion.

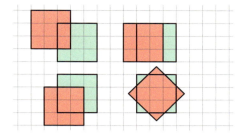

Übungen

Die Vermutung kannst du auch durch Probieren mit einem ausgeschnittenen Quadrat gewinnen.

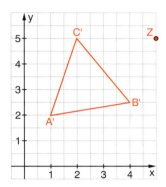

11 *Auf der Suche nach dem Original*
Das Dreieck A′B′C′ in der Zeichnung links ist das Bild des Dreiecks ABC bei einer Drehung um 90° um das Drehzentrum Z(5|5). Bestimme die Koordinaten von A, B und C.

12 Max sagt: „Ich habe das Dreieck ABC um das Zentrum Z um 30° gedreht." Patrick betrachtet das Bild einen Augenblick und sagt dann: „Das kann nicht sein. Du hast einen Fehler gemacht."
Kannst du den Fehler entdecken?

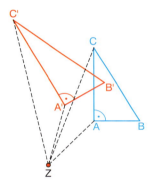

13 *Gleiche Drehwinkel, aber verschiedene Zentren*
Drehe ein gleichseitiges Dreieck ABC der Seitenlänge 5 cm um den Winkel 60° zunächst um den Punkt A, dann in derselben Zeichnung um den Punkt B. Verwende dabei Geodreieck und Zirkel. Ergänze die entstandene Figur zu einem Muster, das du auch anmalen kannst.

gleichseitiges Dreieck

14 Drehsymmetrische Figuren lassen sich aus einem Grundbaustein erzeugen, der immer wieder gedreht wird.
a) Finde zu jeder Figur den Grundbaustein. Wie oft und um welche Winkel musst du ihn drehen, damit die Figur entsteht? Zeichne den entsprechenden Grundbaustein so gut du kannst in dein Heft und konstruiere die Figur.

Grundbaustein:

um 120° und 240° drehen

2 Symmetrien

Übungen

15 *Eine Spiegelung, die eigentlich eine Drehung ist.*

Eine Figur kann man an einem Punkt spiegeln. Wie das geht, siehst du im Kasten.
a) Übertrage die Figuren in dein Heft und spiegele sie am Punkt Z. Übertrage sie ein zweites Mal in dein Heft und drehe sie um 180° um Z. Was fällt dir auf?
b) Vergleiche die Konstruktion der Achsenspiegelung mit der Konstruktion der Punktspiegelung. Notiere Gemeinsamkeiten und Unterschiede.

Punktspiegelung

Eine Drehung um 180° um den Punkt P bezeichnet man auch als **Punktspiegelung** am Punkt P.

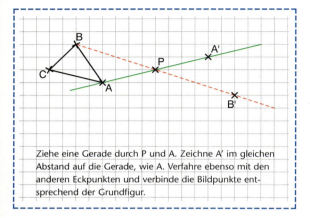

Ziehe eine Gerade durch P und A. Zeichne A' im gleichen Abstand auf die Gerade, wie A. Verfahre ebenso mit den anderen Eckpunkten und verbinde die Bildpunkte entsprechend der Grundfigur.

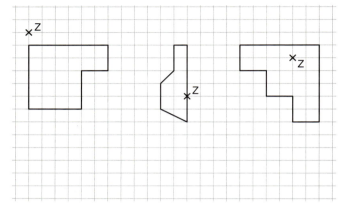

16 *Punktspiegelung im Koordinatensystem*
a) Spiegele das Dreieck ABC mit A(2|2), B(9|3), und C(2|6) an dem Punkt Z(6|6). Notiere die Koordinaten der Bildpunkte. Hättest du die Koordinaten auch voraussagen können?
b) Bestimme die Koordinaten der Bildpunkte des Vierecks ABCD mit A(3|4), B(6|3), C(8|5) und D(4|7) nach Spiegelung an Z(9|5).
c) Der Punkt P(3|7) geht bei einer Punktspiegelung in den Punkt P'(7|13) über. Kannst du die Koordinaten des Punktes Z angeben, an dem gespiegelt wurde?

Drehsymmetrische Figuren, die durch eine Drehung um 180° mit sich selbst zur Deckung kommen, heißen punktsymmetrisch.

17 Prüfe, ob die Figur punktsymmetrisch ist. Wo liegt das Spiegelzentrum?

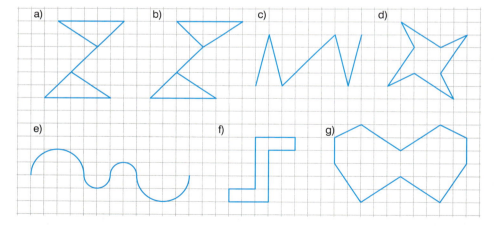

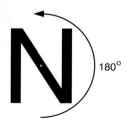

18 Untersuche die großen Druckbuchstaben auf Punktsymmetrie. Kannst du punktsymmetrische Worte bilden?

19 Überlege, wo das Spiegelzentrum liegen muss, damit Kreis und Bildkreis
(1) keinen gemeinsamen Punkt,
(2) genau einen gemeinsamen Punkt,
(3) genau zwei gemeinsame Punkte,
(4) alle Punkte gemeinsam haben.

44

2.3 Drehungen

Drehungen auf Polarkoordinatenpapier: Drehungen kann man besonders leicht auf Polarkoordinatenpapier konstruieren. Der Mittelpunkt dieses Papiers ist das Drehzentrum. Die Kreise um das Drehzentrum herum haben alle denselben Abstand voneinander. Die Linien durch das Drehzentrum liegen im Abstand von 10°.

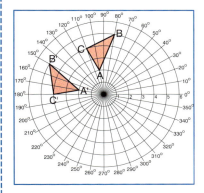

Die Punkte A, B, und C haben folgende Polarkoordinaten:

A (2|100°), B (5|80°) und C (4|110°)

Will man einen Punkt drehen, so bewegt man sich von diesem Punkt aus auf demselben Kreis um die entsprechende Gradzahl gegen den Uhrzeigersinn. Bei einer Drehung um 70° erhält A' die Polarkoordinaten A' (2|170°), B' (5|150°) und C' (4|180°).

Polarkoordinatenpapier kannst du selbst zeichnen. Wähle 1 cm als Abstand der Kreise zueinander. Auf der hinteren Umschlagseite innen findest du aber auch eine Kopiervorlage.

Aufgaben

20 Zeichne das Viereck ABCD mit A (3|170°), B (5|170°), C (5|210°) und D (2|200°) auf Polarkoordinatenpapier. Drehe es anschließend um 130°. Schreibe die Polarkoordinaten der Bildpunkte A', B', C' und D' auf.

21 Auf Polarkoordinatenpapier lassen sich leicht drehsymmetrische Figuren konstruieren. Übertrage die Figuren a), b) und c) jeweils in ein eigenes Polarkoordinatensystem. Drehe dann mit dem angegebenen Drehwinkel und zeichne das Bild. Drehe das Bild nun wiederum um den gleichen Winkel usw. Jedesmal entsteht eine drehsymmetrische Figur, die du nach deinem Geschmack farbig ausmalen kannst.

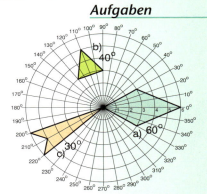

Beobachtungen am Sternenhimmel

Schon seit Jahrtausenden versuchen Naturforscher die Geschehnisse am Himmel zu erklären. Das Sternbild „Orion" kann man bei uns nur im Winter sehen. Sterne verändern auch im Laufe einer Nacht ihre Stellung am Himmel. Betrachtet man in einer klaren Nacht den Himmel aufmerksam, so scheinen die Sterne sich um einen gewissen Punkt (Himmelsnordpol) zu drehen. Auch du kannst das beobachten. Dazu musst du zuerst den Großen Wagen suchen. Er ist durch seine sieben hellen Sterne fast immer zu sehen. Dann suchst du den Polarstern. Du triffst genau auf ihn, wenn du die Strecke zwischen den hinteren beiden Sternen des Großen Wagens um das Fünffache nach oben verlängerst. Der Polarstern steht genau im Himmelsnordpol und verändert deshalb seine Position im Laufe der Nacht nicht. Beobachte nun den Großen Wagen im Abstand von mehreren Stunden. Du siehst dann, dass er sich gegen den Uhrzeigersinn um den Polarstern dreht.

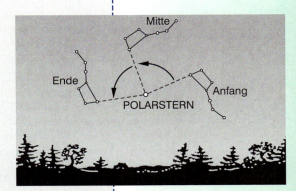

Bewegung des Großen Wagens im März

2.4 Verschiebung

Was dich erwartet

Bandornamente sind eine der ältesten und beliebtesten Verzierungen für Gegenstände aller Art. Auch heute noch kannst du ihnen auf Schritt und Tritt begegnen. Du erfährst nun, wie du Bandornamente mithilfe von Verschiebungen selbst gestalten kannst.

Aufgaben

1 *Bandornamente ohne Ende*

Bandornamente, die in der Architektur zur Verzierung oder Einfassung dienen, bezeichnet man als „Fries".

Fries aus dem Palast von Darius dem Großen in Susa, Iran (5. Jahrhundert vor Christus)

Auch der Hologrammstreifen auf den Euro-Geldscheinen ist ein Bandornament

a) Versuche, die verschiedenen Bandornamente mit Worten zu beschreiben. Was haben sie alle gemeinsam?
b) Hast du ähnliche Bandornamente schon einmal gesehen? Versuche ein Beispiel aus der Erinnerung zu zeichnen. Welche Schwierigkeiten treten auf?

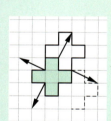

2 *Ein Parkett durch Verschiebung*

Parkette kann man zeichnen, indem man eine Grundfigur immer wieder in bestimmte Richtungen verschiebt. Übertrage die grüne Grundfigur in dein Heft. Verschiebe sie dann in Richtung der angegebenen Pfeile. Verfahre ebenso mit den Bildfiguren, die du durch das Verschieben erhalten hast, bis eine Fläche von mindestens 6 cm × 8 cm abgedeckt ist. Ergibt sich ein Parkett?

(1)

(2)

(3)

3 *Symmetrie in Bandornamenten*

Bandornamente sind so aufgebaut, dass sich in ihnen bestimmte Figuren ständig wiederholen.
a) Finde für jedes der drei Bandornamente die kleinstmögliche Grundfigur, aus der man durch wiederholtes Verschieben das Bandornament erzeugen kann, und zeichne die Grundfigur in dein Heft.
Notiere zu jeder Grundfigur alle Symmetrien, die sie besitzt.
b) Untersuche die drei Bandornamente auf Symmetrien.
Notiere alle Symmetrien, die du gefunden hast, in dein Heft.
c) Gibt es einen Zusammenhang zwischen den Symmetrieeigenschaften einer Grundfigur und des zugehörigen Bandornamentes? Wenn ja, dann formuliere eine Regel.
d) Gibt es drehsymmetrische Bandornamente, die nicht punktsymmetrisch sind?

2.4 Verschiebung

Basiswissen

■ Verschiebungen kann man mithilfe des Geodreiecks konstruieren.

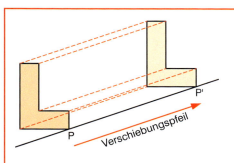

(1) Lege einen Verschiebungspfeil durch seinen Anfangs- und Endpunkt fest.

(2) Wähle einen Ausgangspunkt P und zeichne eine Parallele durch P zum Verschiebungspfeil.

(3) Markiere auf der Parallelen in Richtung des Verschiebungspfeils den Bildpunkt P' so, dass $\overline{PP'}$ genauso lang wie der Pfeil ist.

(4) Verbinde die Bildpunkte entsprechend der Grundfigur.
Eine solche Konstruktion heißt **Verschiebung**.

Eine Verschiebung wird durch den Verschiebungspfeil vollständig beschrieben. Jeder Punkt der Grundfigur wird durch den Verschiebungspfeil um die gleiche Strecke und in die gleiche Richtung verschoben.

Beispiele

A Mithilfe der Verschiebung kann man Bandornamente zeichnen. Hat man die Grundfigur einmal verschoben, so verschiebt man die Bildfigur mit dem gleichen Verschiebungspfeil ein weiteres Mal usw.

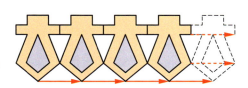

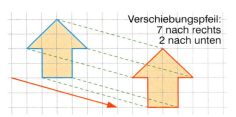

Verschiebungspfeil:
7 nach rechts
2 nach unten

B Besonders einfach ist eine Verschiebung im Gitternetz. Den Verschiebepfeil kann man in diesem Fall durch Abzählen der Kästchen beschreiben.

Übungen

4 *Aus einem Fisch wird ein Schwarm*
a) Übertrage die Grundfigur in dein Heft. Zeichne daraus mithilfe des Verschiebungspfeils ein Bandornament über die gesamte Heftbreite.
b) Erfinde selbst eine Grundfigur, gib einen Verschiebungspfeil vor und lasse deinen Nachbarn oder deine Nachbarin daraus ein Bandornament zeichnen.

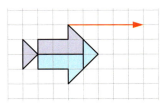

5 Trage die Punkte A(2|1), B(6|2), C(7|5) und D(4|5) in ein Koordinatensystem ein und verbinde sie zum Viereck ABCD. Konstruiere das Bildviereck A'B'C'D' mithilfe des Verschiebungspfeils, der folgende Punkte aufeinander abbildet:
a) P(3|5) auf P'(1|8),   b) Q(9|3) auf Q'(6|0),   c) R(1|3) auf R'(3|3,5),   d) A auf B.

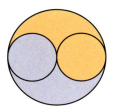

6 Übertrage die Grundfigur so in dein Heft, dass der große Kreis einen Radius von 2 cm hat.
Welchen Durchmesser haben dann die kleinen Kreise?
Verschiebe diese Figur nun um 5 cm in eine beliebige Richtung.
Wie viele Bildpunkte musst du konstruieren, um die Bildfigur zeichnen zu können?

2 Symmetrien

Übungen

7 Viele Teller haben am Rand ein Ornament. Achte einmal bei eurem Geschirr zu Hause darauf.
Beschreibe die Grundfigur, aus der das Ornament auf diesem Teller entstanden ist. Kann man das Ornament erzeugen, indem man die Grundfigur verschiebt? Begründe.

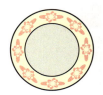

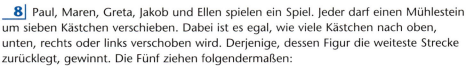

5 nach rechts
2 nach unten

8 Paul, Maren, Greta, Jakob und Ellen spielen ein Spiel. Jeder darf einen Mühlestein um sieben Kästchen verschieben. Dabei ist es egal, wie viele Kästchen nach oben, unten, rechts oder links verschoben wird. Derjenige, dessen Figur die weiteste Strecke zurücklegt, gewinnt. Die Fünf ziehen folgendermaßen:

Paul: 4 nach rechts, 3 nach oben   **Maren:** 5 nach oben, 2 nach rechts
Greta: 6 nach links, 1 nach unten   **Jakob:** 3 nach unten, 4 nach links
Ellen: 1 nach links, 6 nach oben

Zeichne die Verschiebungspfeile und ermittle den Sieger.
Wie hättest du den Spielstein verschoben?

9 *Mit Koordinaten kann man rechnen*

a) Verschiebe das Dreieck A(1|1), B(4|2) und C(1|6) um zwei nach rechts und vier nach oben. Lies die Koordinaten der Bildpunkte ab und vergleiche mit denen der Grundfigur. Kann man die Koordinaten der Bildfigur errechnen?

b) Welche Koordinaten erwartest du für die Bildpunkte des Vierecks A(2|5), B(6|6), C(3|8) und D(4|9) bei Verschiebung um 1 nach rechts und 4 nach unten?
Überprüfe dein Ergebnis mit einer Zeichnung.

10 Die Punkte A, B, C und D erzeugen ein Viereck. Lies die Koordinaten der einzelnen Punkte ab und notiere sie. Mit welchem Verschiebungspfeil muss die Figur verschoben werden, damit
a) A' die Koordinaten (12|5) hat,
b) A' auf den Punkt D abgebildet wird,
c) A' auf dem Ursprung liegt?
Berechne jeweils auch die Koordinaten der anderen Bildpunkte.

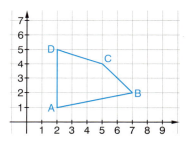

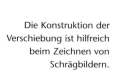

11 Eine/r hat alles richtig gemacht.

11 Sandra, Marcel, Annika und Malte haben die Punkte A(4|2), B(7|3), C(6|5) und D(0|1) verschoben. Überprüfe ihre Ergebnisse.

Sandra: A'(2|5), B'(9|6)   Marcel: B'(1|4), C'(0|6)
Annika: C'(10|9), D'(4|5)   Malte: A'(4|1), D'(0|2)

12 Zeichne aus den Grundformen Schrägbilder, indem du sie mit dem angegebenen Verschiebungspfeil verschiebst. Überlege dir vorher genau, welche Linien du gestrichelt zeichnen musst oder weglassen kannst.
Wie heißen die entstandenen Körper?

Die Konstruktion der Verschiebung ist hilfreich beim Zeichnen von Schrägbildern.

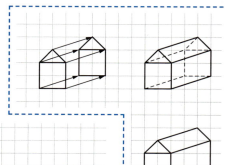

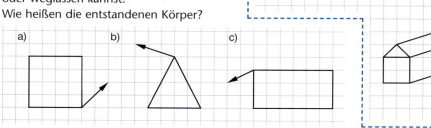

a)   b)   c)

2.4 Verschiebung

13 *Symmetrien in Bandornamenten*
a) Untersuche die Ornamente auf Symmetrien. Unterscheide bei der Achsensymmetrie Symmetrie zur Längsachse und Symmetrie zur Querachse.
b) Überprüfe die Bandornamente auf Seite 46 auf Symmetrien.
c) Erfinde selbst eine Grundfigur für ein Bandornament, das punktsymmetrisch aber nicht achsensymmetrisch ist. Zeichne es über eine ganze Heftbreite.
d) Gibt es drehsymmetrische Bandornamente, die nicht punktsymmetrisch sind?

Aufgaben

Um Achsensymmetrie aufzuspüren, kannst du einen Spiegel als Hilfsmittel benutzen.

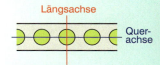

14 *Bandornamente selbst gemacht!*
Dieses Bandornament ist entstanden, indem die orange Grundfigur immer wieder nach einer sich wiederholenden Konstruktionsvorschrift abgebildet wurde:

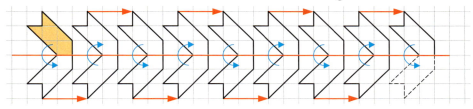

Schritt 1: Spiegele die Grundfigur an der rot eingezeichneten Spiegelachse.
Schritt 2: Verschiebe die Bildfigur mit dem eingezeichneten Verschiebungspfeil. Kehre zurück zu Schritt 1.
a) Zeichne ein Bandornament nach der Konstruktionsvorschrift. Durchlaufe die Vorschrift dabei je fünfmal.

Schritt 1: Spiegele die Grundfigur an der roten Spiegelachse.
Schritt 2: Spiegele die Bildfigur an der nächsten blauen Spiegelachse.
Kehre zurück zu Schritt 1.

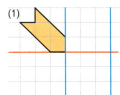

Schritt 1: Spiegele die Grundfigur am roten Spiegelpunkt.
Schritt 2: Verschiebe die Bildfigur mit dem blauen Verschiebungspfeil.
Kehre zurück zu Schritt 1.

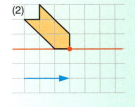

DGS

Fast alle Programme verfügen über Befehle für *Spiegeln, Drehen, Verschieben*.

b) Finde heraus, durch welche Konstruktionsvorschrift sich die Bandornamente unten erzeugen lassen.

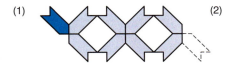
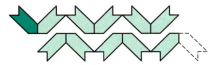

Manchmal gibt es mehrere mögliche Konstruktionsvorschriften!

c) Erfinde selbst eine Grundfigur und eine Konstruktionsvorschrift. Zeichne das zugehörige Bandornament. Kann dein Nachbar oder deine Nachbarin deine Konstruktionsvorschrift herausfinden?

2 Symmetrien

Aufgaben

Projekt

Dieses Autorennen kann auch von mehr als zwei Spielern gefahren werden!

15 *Ein Autorennen mit Verschiebungspfeilen*

Vielleicht hast du das Projekt „Pfeilrennen" auf Seite 124 schon bearbeitet. Hier kannst du eine andere Form dieses Spiels mit Verschiebungspfeilen (ohne Zahlen) erleben.

Vorbereitungen: Auf ein kariertes Blatt Papier zeichnet man eine Rennstrecke mit einer Start/Ziel-Linie. Ein Beispiel zeigt die Abbildung unten.

Spielregeln:
- Die Reihenfolge der Mitspieler wird ausgelost.
- Jeder Mitspieler wählt einen noch freien Startpunkt auf der Start/Ziel-Linie. Von diesem Punkt aus zeichnet er/sie den ersten Verschiebungspfeil.

- Verschiebungspfeile dürfen nur auf den Gitterpunkten des karierten Papiers beginnen und enden.
- Bei jedem Zug wird von der Spitze des letzten Verschiebungspfeils aus der nächste Verschiebungspfeil gezeichnet. Die Pfeilspitze gibt den augenblicklichen Standort des Rennwagens an. Je länger ein Verschiebungspfeil ist, desto schneller ist der Rennwagen.
- Für jeden Zug gibt es einen *Zielpunkt*. Der Zielpunkt liegt dort, wo der Rennwagen ankommen würde, wenn man ihn mit dem letzten Verschiebungspfeil erneut verschieben würde.
- Der neue Verschiebungspfeil muss zu diesem Zielpunkt oder einem seiner acht Nachbarpunkte führen.

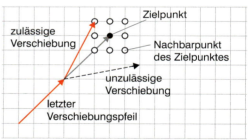

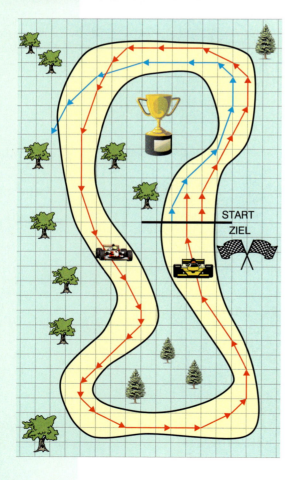

- An einem Punkt darf sich zur gleichen Zeit immer nur ein Wagen befinden, denn sonst gäbe es einen Zusammenstoß.
- Kein Wagen darf die Bahn verlassen; jeder Pfeil muss vollständig innerhalb der Bahn liegen.
- Ein Wagen, der wegen zu hoher Geschwindigkeit von der Bahn abkommt, muss zwei Züge aussetzen. Danach darf er von dem Gitterpunkt, welcher der Stelle am nächsten liegt, wo er die Bahn verlassen hat, neu starten.
- Sieger ist, wer zuerst an beliebiger Stelle und mit beliebiger Geschwindigkeit die Ziellinie überquert.

2.5 Verketten von Bewegungen

Was passiert eigentlich, wenn man mehrere Bewegungen (Spiegelungen, Drehungen, Verschiebungen) nacheinander ausführt? Früher ließen sich die Könige in ihren Schlössern Spiegelsäle bauen. Durch die vielfache Spiegelung sahen die Räume viel größer aus. Auch in der Kunst gibt es besondere Effekte, wenn man Bewegungen hintereinander ausführt. Mathematiker nennen das Hintereinanderausführen von Bewegungen auch „Verketten". Es lassen sich dabei interessante Zusammenhänge entdecken.

Was dich erwartet

1 *Buddhas – überall Bewegungen*
a) Beschreibe, was du auf dem Bild siehst.
b) Durch welche Bewegung kannst du aus Buddha 1 den Buddha 2 erhalten?
c) Was muss man tun, um aus Buddha 2 den Buddha 3 zu bekommen?
d) Welche Bewegung muss man durchführen, um von Nr. 1 zu Nr. 3 zu kommen? Finde mehrere Möglichkeiten.
e) Wie kommst du von Nr. 3 zu Nr. 4 (5, 6)?

Aufgaben

Das Bild stammt von dem Künstler M. C. Escher, siehe Seite 11.

2 Zu Maltes Geburtstag findet eine Schatzsuche im Wald statt. Dabei müssen verschiedene Stationen angelaufen werden. Die Richtung, in der sich die nächste Station befindet, wird durch Richtungskarten angegeben. Ein Beispiel siehst du rechts. Natürlich bekommt man eine neue Richtungskarte erst an der nächsten Station, aber Maltes Mutter hat sie alle; hier sind sie:
Haus: (4 Ost/3 Süd)
Station 1:   (2 West/4 Süd)
Station 2:   (5 West/3 Nord)
Station 3:   (–/2 Nord)
a) Fertige eine Skizze des Gesamtweges mit allen Stationen bis zum Schatz an. Wähle als Maßstab 1 cm ≙ 100 Schritte.
b) Gib eine eigene Richtungskarte an, mit der man direkt vom Haus zum Schatz gelangt.
c) Als Malte später mit seinen Gästen Fußball spielt, kommt seine Schwester Sina nach Hause. Als sie alle Richtungskarten sieht, rechnet sie kurz und weiß den direkten Weg zum Schatz. Wie hat sie das gemacht?

Beispiel (2 Ost/3 Nord)

Die Zahlen mit 100 multipliziert ergeben die Anzahl der Schritte, die gegangen werden müssen.

2 Symmetrien

Aufgaben

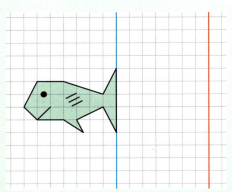

3 *Zweimal Spiegeln oder geht's einfacher?*
a) Zeichne den Fisch in dein Heft. Spiegele ihn dann zuerst an der blauen Geraden. Spiegele das Ergebnis danach an der roten Geraden.
b) Vergleiche die Startfigur mit ihren Spiegelbildern. Was stellst du fest? Kannst du statt der doppelten Spiegelung auch eine andere Bewegung ausführen?
Welche? Beschreibe möglichst genau.

4 *Noch mehr Spiegeleien*
Zeichne die Grafik in dein Heft. Spiegele den Kopf („Urbild") an der blauen Geraden (→ Bild 1).
a) Spiegele das Bild 1 an der roten Geraden. Es entsteht Bild 2. Kannst du das Urbild auch durch eine Bewegung in Bild 2 überführen? Welche? Beschreibe möglichst genau.
b) Was ändert sich, wenn du im 2. Schritt nicht an der roten, sondern an der grünen Geraden spiegelst? Zeichne. Suche auch hier nach einer „Ersatzbewegung" für die zwei Spiegelungen und beschreibe sie möglichst genau.

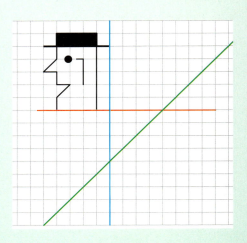

5 *Das Haus des Symmixos*
Symmixos liebt die Mathematik. Als sein Freund Primathos ihn besuchen möchte, beschreibt Symmixos den Weg zu seinem Haus durch Bewegungen in einem Koordinatensystem. Zeichne die Karte ab. Der rote Pfeil wird dir den Weg weisen.

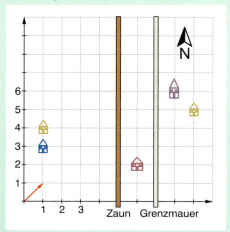

a) Verschiebe den Pfeil 3 Kästchen nach Osten und 3 nach Norden. Spiegele ihn an dem Zaun. Spiegele dann an der kleinen Grenzmauer. Drehe den Pfeil um das Drehzentrum (7|3) um 135°. Drehe danach nochmals um das gleiche Zentrum um 45°. Der Pfeil zeigt nun auf das Haus des Symmixos.
b) Primathos meint: „Symmixos ist wieder schrecklich kompliziert. Das kann man viel kürzer sagen." Fasse jeweils zwei Schritte zusammen und gib eine neue Beschreibung an.
c) Geht es noch kürzer? Finde eine möglichst kurze Beschreibung.

2.5 Verketten von Bewegungen

■ Alle Bewegungen (Spiegelungen, Drehungen, Verschiebungen) lassen sich auch hintereinander ausführen, also **verketten**. Statt zwei Bewegungen zu verketten, kann man dasselbe Ergebnis häufig auch mit einer einzigen Bewegung erzielen.

Basiswissen

Aus zwei mach eins:
Statt zweimal verschieben

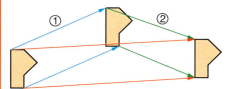

nur einmal **verschieben**.

Statt zweimal drehen

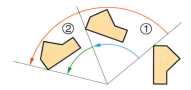

nur einmal **drehen**.

Interessanter wird es, wenn man eine Figur zweimal spiegelt:
Statt zweimal spiegeln
an parallelen Achsen

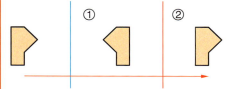

nur einmal **verschieben**.

Die Doppelspiegelung bewirkt eine Verschiebung senkrecht zu den Spiegelachsen. Der Verschiebungspfeil ist doppelt so lang wie der Abstand der Spiegelachsen zueinander und senkrecht zu ihnen.

Statt zweimal spiegeln
an sich schneidenden Achsen

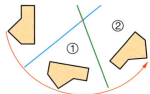

nur einmal um den Schnittpunkt
der Achsen **drehen**.

Die Doppelspiegelung bewirkt eine Drehung um den Schnittpunkt der Spiegelachsen. Der Drehwinkel ist doppelt so groß wie der Winkel, den die Spiegelachsen einschließen, wenn die erste Achse gegen den Uhrzeigersinn auf die zweite gedreht wird.

Beispiele

|A| Das Dreieck soll zuerst an den Geraden g gespiegelt, das Bild dann an h. Die beiden Geraden schneiden sich im Winkel von 45°.

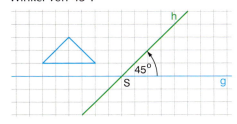

Durch welche Bewegung kann man die beiden Achsenspiegelungen ersetzen?

Das Ausgangsdreieck wird durch eine Drehung um den Schnittpunkt S um 90° auf das Bilddreieck abgebildet.

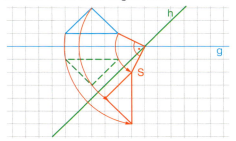

53

2 Symmetrien

Beispiele

B Der Kreis mit dem Mittelpunkt in (3|4) wird um *2 nach rechts* und *1 nach oben* verschoben und nochmals um *1 nach rechts* und *3 nach unten*. Beide Verschiebungen können durch die Verschiebung um *3 nach rechts* und um *2 nach unten* ersetzt werden.

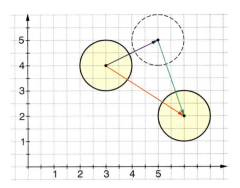

Übungen

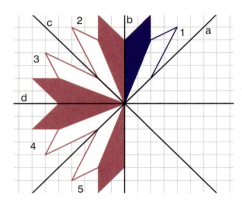

6 *Ein Stern entsteht*
a) Das Muster entsteht, wenn man die blaue Startfigur 1 zuerst an b spiegelt. Dann wird das Spiegelbild an c gespiegelt, dann ... Wie geht es weiter? Zeichne die Figur in dein Heft und vervollständige sie.
b) Wie könntest du ohne Spiegeln aus der blauen Startfigur 1 direkt die Figur 3 erhalten?
c) Wie könntest du direkt von der blauen Figur 1 zur Figur 5 gelangen?

7 a) Das blaue F wird um P gedreht, zuerst um 45°, dann nochmals um 135°. Wo liegt die Bildfigur? Claudia entscheidet dies nach kurzem Nachdenken im Kopf. Was hat sie gedacht?
b) *Zwei Drehzentren:*
Drehe den Buchstaben F zuerst um P um 45° und das Bild dann um R um 135°. Kannst du auch hier im Kopf entscheiden, wo die Bildfigur liegt?

„Marschzahlen" beim Wandern werden ähnlich beschrieben, anstelle von links, rechts, oben und unten werden hier die Richtungen W, O, N, S benutzt.

8 *„Rechnen" mit Verschiebungen*
Im Koordinatensystem kann man einen Verschiebungspfeil durch zwei Angaben kurz beschreiben:
(3 r | 2 o) 3 nach rechts, 2 nach oben
(3 r | 3 u) 3 nach rechts, 3 nach unten
Die Hintereinanderausführung der blauen und der grünen Verschiebung kann durch die rote Verschiebung ersetzt werden.
(6 r | 1 u) 6 nach rechts, 1 nach unten

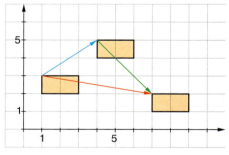

a) Kannst du die rote Verschiebung direkt (ohne zu zeichnen) aus blau und grün berechnen? Beschreibe dein Vorgehen.
b) „Berechne" ebenso

(2 r	1 u)	(3 r	1 u)	(2 l	3 u)	(4 l	3 o)
(1 l	3 o)	(2 l	2 o)	(2 r	1 u)	(3 r	4 u)
(	)	(	)	(	)	(	)

Überprüfe durch Zeichnen im Koordinatensystem.

54

2.5 Verketten von Bewegungen

Übungen

9 Übertrage die Figur in dein Heft.
a) Spiegele zuerst an der grünen, dann an der roten Geraden. Durch welche Bewegung kannst du die beiden Spiegelungen ersetzen? Prüfe nach.
b) Was passiert, wenn man in umgekehrter Reihenfolge spiegelt? Probiere es aus. Was stellst du fest?

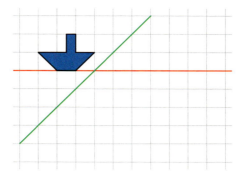

Manchmal kommt es auf die Reihenfolge an!

10 *Die Pfeilschnecke*
Arbeite zusammen mit deiner Nachbarin oder deinem Nachbarn. Ihr benötigt einen Spielwürfel. Startfeld ist die ①. Wer die höchste Zahl würfelt, fängt an. Gehe so viele Spielfelder weiter, wie die Augenzahl des Würfels anzeigt.
Zu jedem Spielfeld gehört ein Pfeil. Beschreibe, wie der Pfeil des neuen Feldes aus dem Pfeil des alten Feldes durch Drehen, Spiegeln und Verschieben entstanden ist. Wenn dein Mitspieler einen Fehler bemerkt, gehe zwei Felder zurück. Wer zuerst über die 18 kommt, hat gewonnen.
Beispiel: Von Pfeil 1 zu Pfeil 2 gelangt man durch Verschieben um drei Kästchen nach oben und anschließende Drehung um 315° um den Fuß des Pfeils.

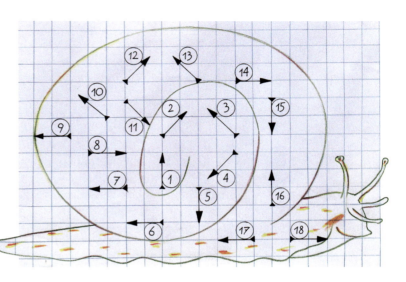

Aufgaben

11 Hier siehst du weitere Bilder von M. C. Escher. Beschreibe ihre Konstruktion. Welches passt eigentlich nicht so recht dazu? Suche selbst weitere Bilder.

„Symmetry Drawing E25" by M.C. Escher.
© 2002 Cordon Art – Baarn – Holland. All rights reserved.

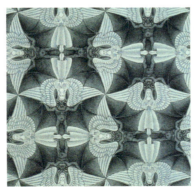

„Symmetry Drawing E45" by M.C. Escher.
© 2002 Cordon Art – Baarn – Holland. All rights reserved.

„Smaller and smaller" by M.C. Escher.
© 2002 Cordon Art – Baarn – Holland. All rights reserved.

55

2 Symmetrien

Aufgaben

Ich kann einen Euro beliebig vervielfachen, wenn ich will. Dazu brauche ich nur zwei Spiegel.

12 *Der „vervielfachte" Euro*

a) Stelle zwei Spiegel senkrecht auf einen Tisch, sodass sie sich an einer Kante berühren. Lege den Euro zwischen die Spiegel auf den Tisch und verändere den Winkel zwischen den beiden Spiegeln. Was beobachtest du?

b) Übertrage die Tabelle in dein Heft. Stelle die Spiegel in den angegebenen Winkeln auf. Am besten zeichnest du dazu die Winkel vorher auf ein weißes Blatt Papier. Zähle die Anzahl der Spiegelbilder und trage sie in die Tabelle ein.

c) Kannst du eine Regel entdecken, mit der du die Anzahl der Bilder auch rechnerisch bestimmen kannst?

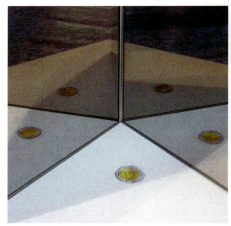

Größe des Winkels	45°	60°	72°	90°	120°	180°
Anzahl der Spiegelbilder						

13 Es soll jetzt dieselbe Abbildung wiederholt durchgeführt werden. Es wird also immer an derselben Geraden gespiegelt, immer um den selben Punkt gedreht und immer um denselben Verschiebungspfeil verschoben, wobei die Bildfigur immer zur neuen Ausgangsfigur wird.

a) Überlege im Kopf, was dabei bei Spiegelungen und Verschiebungen passiert.

b) Bei Drehungen ist es interessanter. Kannst du dir noch im Kopf vorstellen, was passiert, wenn man immer wieder um 90° um denselben Punkt dreht? Was passiert bei einem Drehwinkel von 40° oder 24°?

Iteration

Wiederholt man ein- und dasselbe Verfahren häufig auf die gleiche Art, so nennt man dies eine Iteration. Bei Iterationen interessiert uns, was passiert, wenn man sie immer wieder durchführt, quasi unendlich oft, interessant ist also das Langzeitverhalten.

Bewegungen zeigen ein unterschiedliches Langzeitverhalten.

Spiegelungen:

Zweimal ist keinmal

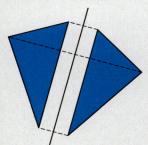

Nach zweimaligem Spiegeln erhält man wieder die Ausgangsfigur.

Verschiebungen:

„They never come back" oder: Auf dem Weg ins Unendliche

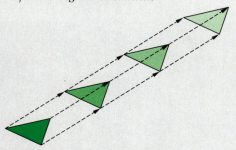

Die Bildfiguren bewegen sich in gleicher Richtung mit gleichen Abständen beliebig weit weg von der Ausgangsfigur.

Drehungen:

„They ever come back" oder: Irgendwann landet man wieder beim Anfang

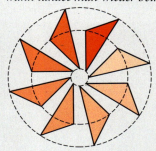

Man erhält wieder die Ausgangsfigur, wenn diese sich um das kleinste gemeinsame Vielfache des Drehwinkels α und 360° gedreht hat.

2.6 Raumvorstellung

■ Delphine haben eine bessere Raumvorstellung als Menschen und das hat einen guten Grund: Sie haben ein tägliches Training, denn im Meer bewegen sie sich nicht nur vor und zurück, nach links und rechts, genauso selbstverständlich bewegen sie sich nach oben oder unten. Auch wir Menschen können unsere Raumvorstellung trainieren. Wenn du Figuren in Gedanken spiegelst oder drehst, Körper aus Netzen bastelst und Schrägbilder zeichnest, verbesserst du auch deine Raumvorstellung.

Was dich erwartet

Aufgaben

1 In dieser Aufgabe kannst du dein Wissen über Spiegelungen vertiefen. Zeichne auf ein kariertes Blatt Papier 12 Quadrate mit einer Seitenlänge von *2 cm* und male sie wie rechts vorgemacht aus *(Figur 1)*. Beachte, dass du jedes Kärtchen zweimal herstellen sollst.

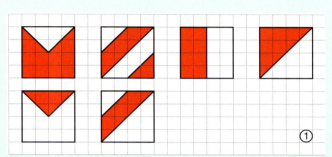

a) Versuche die dargestellten Figuren auf den Musterkarten mithilfe von zwei geeigneten Karten und eines Spiegels herzustellen. Für eine Musterkarte haben wir es vorgemacht *(Figur 2)*.

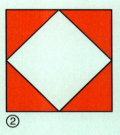
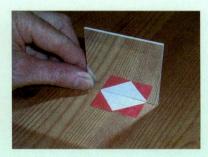
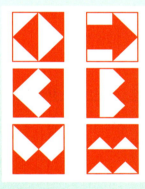

Musterkarten

b) Kannst du mit den Kärtchen und dem Spiegel selbst neue Musterkarten erzeugen? Zeichne sie auf und tausche sie mit deinen Mitschülern aus.

2 *Diese Treppe hat es in sich*
a) Erlaube dem roten Männlein in Gedanken die Treppe hinaufzugehen. Decke es anschließend mit einer Hand ab.
b) Versuche nun das grüne und anschließend das violette Männlein die Treppe hinaufsteigen zu lassen. Drehe dazu das Buch. Was stellst du fest?
c) Übertrage das Schrägbild in dein Heft und versuche die Treppe in Gedanken „springen" zu lassen.

Solche Bilder nennt man auch „Kipp-Bilder", kannst du dir denken warum?

57

2 Symmetrien

Basiswissen

Schrägbilder und Netze helfen bei der Veranschaulichung geometrischer Körper. Durch Drehungen und Spiegelungen kann man viele weitere Eigenschaften der Körper entdecken.

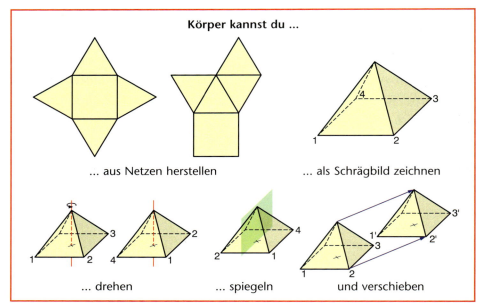

Körper kannst du ...

... aus Netzen herstellen   ... als Schrägbild zeichnen

... drehen   ... spiegeln   und verschieben

Übungen

3 Der rote Merkkasten bezieht sich auf eine Pyramide. Wie sehen die Abbildungen im Kasten für einen Quader aus? Zeichne in dein Heft.

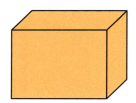

Die richtigen Lösungen zu **4** a) und b) sind dabei:
78 40 34
11 12   6

4 *Die Würfeltreppe*
a) Aus wie vielen Würfeln ist diese Treppe aufgebaut?
b) Wie viele Würfel kannst du sehen, wenn du in Gedanken um die Treppe herum gehst, wie viele sind im Innern der Treppe verborgen?
c) Übertrage das Schrägbild der Treppe in dein Heft.

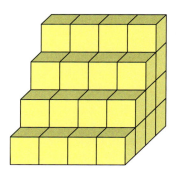

5 Ein Würfel hat 8 Ecken. Wie sehen die Würfel aus *Abbildung 1* und *2* aus, wenn sie aus der Ausgangsposition um 90°, 180° oder gar 270° gedreht werden? Zeichne die zugehörigen Schrägbilder in dein Heft.

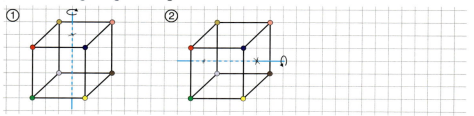

Hier lohnt sich der Bau eines Kantenmodells.

2.6 Raumvorstellung

Übungen

6 Der Torbogen wurde um 90° um die rote Achse gedreht. Er soll nun auf die gleiche Weise noch zweimal gedreht werden.

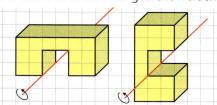  

a) Zeichne die beiden Schrägbilder in dein Heft.
b) Zeichne die Schrägbilder für zwei weitere Drehungen um jeweils 90°.
c) Welches Schrägbild erhältst du, wenn du die letzte Figur aus b) noch einmal um 90° drehst?

7 Max hat aus 4 Würfeln ein Siegertreppchen gebaut. Anschließend dreht und kippt er es in verschiedene Richtungen.
a) Übertrage die drei Ansichten in dein Heft.
b) Finde noch weitere Ansichten der Treppe und zeichne die zugehörigen Schrägbilder in dein Heft.

Überprüfe deine Ergebnisse durch Nachbauen mit 4 Würfeln.

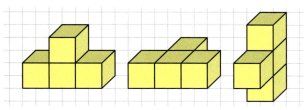

8 Sechs gleich gefärbte Würfel sollen aus den Würfelnetzen entstehen. Unser Zeichner hat beim Einfärben rasch die Lust verloren, kannst du ihm helfen? Übertrage die Netze in dein Heft und versuche die richtige Einfärbung zu finden. Beachte, es gibt manchmal mehrere Möglichkeiten.
Tipp: Zur Kontrolle kannst du die Netze ausschneiden und zusammenkleben.

Versuche es zuerst im Kopf, schneide anschließend die Netze aus und falte sie zusammen. So kannst du deine Ergebnisse überprüfen.

9 *Bauklötze haben es in sich*
Edda untersucht, welche verschiedenen Formen sie aus 4 Würfeln bauen kann, und zeichnet die Schrägbilder dazu auf. Einige hat sie schon gefunden, doch sind sie wirklich verschieden?

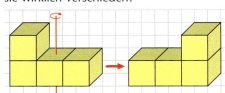

Übertrage die drei Schrägbilder in dein Heft.
Finde die weiteren verschiedenen Formen und zeichne die zugehörigen Schrägbilder in dein Heft. Tipp: Überprüfe mit 4 Würfeln, ob du tatsächlich neue Zusammenstellungen gefunden hast.

Vergleiche deine Ergebnisse mit den Würfelblöcken in Aufgabe 7

2 Symmetrien

Übungen

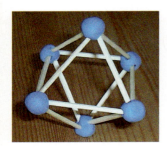

10 Im Würfel steckt ein Oktaeder. Aus 12 Streichhölzern und 6 Knetkugeln kannst du ein Kantenmodell eines Oktaeders (Acht-Flächners) bauen ❶. Mithilfe eines Würfels gelingt dir auch ein Schrägbild des Oktaeders.

a) Zeichne das Schrägbild eines Würfels (❷).

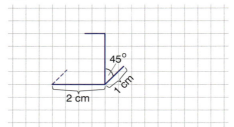

b) Bestimme alle Flächenmittelpunkte des Würfels. (Die Diagonalen helfen dir dabei.)
c) Verbinde jeden Mittelpunkt mit seinen vier Nachbarn ❸. Fertig ist das Schrägbild des Oktaeders ❹.

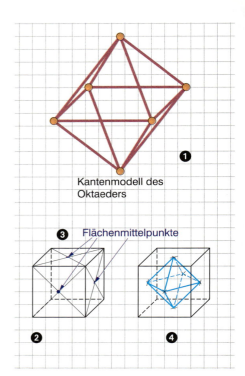

Kantenmodell des Oktaeders

❸ Flächenmittelpunkte

❷ ❹

11 Eva und Raphael haben 18 verschiedene Würfelnetze gesammelt (Abbildung 3 unten). Laura protestiert: „Es gibt insgesamt nur 11 verschiedene Würfelnetze, ihr habt aber 18 gefunden!"

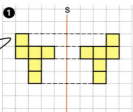
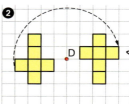

Zum Beispiel sind die Netze 9 und 17 gleich, ich muss nur spiegeln.

Auch die Netze 6 und 11 sind nicht unterschiedlich sondern nur verdreht.

Welche weiteren Netze sind doppelt vorhanden? Begründe.

Versuche es zuerst im Kopf, schneide anschließend die Netze aus. Durch Drehen und Klappen kannst du deine Ergebnisse überprüfen.

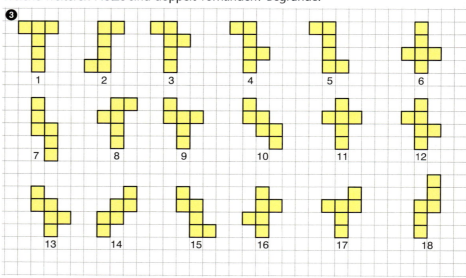

Lösungen zu **11**
1
2   5
3   8
4
6   11
7   18
9   17
10 14
12 16
13
15

2.6 Raumvorstellung

Der Soma-Würfel
Ein dreidimensionales Puzzle.
Dieses berühmte Knobelproblem stammt von dem dänischen Schriftsteller Piet Hein und hat schon viele Köpfe zum Rauchen gebracht. Was kann man mit diesen Teilen wohl alles zusammensetzen ...?

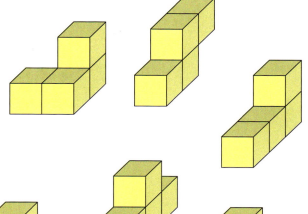

Für den Bau kannst du Holz- oder Plastikwürfel verwenden. – Leim oder Kleber nicht vergessen.

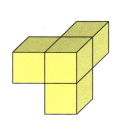 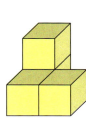 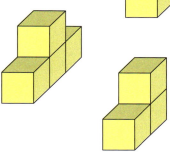

Betrachte die Teile des Puzzles, es sind alle „krummen" Möglichkeiten, auf die man 3 oder 4 Würfel zusammensetzen kann, vorhanden. Stelle zuerst die 7 Puzzleteile aus Würfeln selbst her. Wie viele Würfel brauchst du dafür insgesamt? Hast du alle Teile gefertigt, so versuche zunächst die folgenden einfachen Körper aus zwei, drei oder vier Puzzleteilen zusammenzubauen ...

 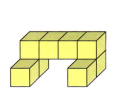 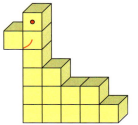

Puzzle zum Aufwärmen

Versuche nun alle Teile zu einem Würfel (dem so genannten *Soma-Würfel*) mit der Kantenlänge 3 zusammenzubauen! Tipp: Im Bild rechts haben wir eine Möglichkeit verraten:

Das „Soma-Problem"

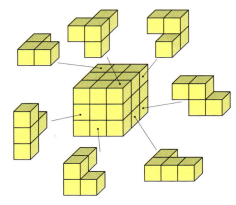

Hast du den Würfel schon geschafft, so gibt es jetzt noch weitere Puzzle, die sich alle mit den 7 Teilen herstellen lassen. Wem das nicht genug ist, der kann selbst mit den Puzzle-Teilen eigene Figuren erschaffen.
Viel Spaß dabei!

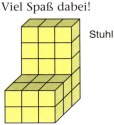 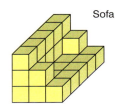 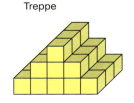
Stuhl   Sofa   Treppe

61

Erinnern, Können, Gebrauchen

CHECK-UP

Symmetrie

Symmetrische Figuren
Um eine Figur auf Symmetrie zu untersuchen, suche nach möglichen Spiegelachsen oder Drehzentren.

Die Figur verändert sich nicht nach der Spiegelung an einer Achse oder nach der Drehung um das Drehzentrum um einen Winkel kleiner als 360°.

Spiegeln, drehen und verschieben
Du musst immer nur einzelne Punkte von Figuren (meistens Eckpunkte) spiegeln, drehen oder verschieben. Anschließend verbindest du die Bildpunkte wie in der Ausgangsfigur.

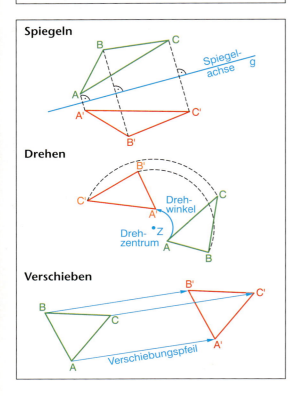

1 Untersuche die Muster auf Spiegelsymmetrie, Punktsymmetrie und Drehsymmetrie. Wenn du die Spiegelachsen und Drehzentren zeichnen möchtest, verwende Transparentpapier.

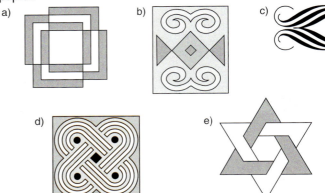

2 Jans Versuche, einen symmetrischen Weihnachtsbaum zu zeichnen, sind gescheitert. Nun zeichnet er nur die Hälfte eines Weihnachtsbaums und konstruiert die andere Hälfte mithilfe einer Achsenspiegelung. Versuche es selbst. Verwende dabei unliniertes Papier.

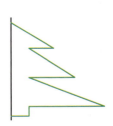

3 Katrin hat das grüne Dreieck gedreht und dabei das rote Dreieck erhalten.
a) Wo liegt das Drehzentrum und wie groß ist der Drehwinkel?
b) Drehe das rote Bilddreieck um das gleiche Drehzentrum um 135°. Kannst du die beiden Drehungen durch eine einzige Drehung ersetzen? Durch welche?

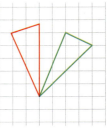

4 a) Verschiebe das Dreieck ABC um 3 nach rechts und um 4 nach oben. Gib dann die Koordinaten der Bildpunkte an.
b) Der Punkt D wird mit demselben Verschiebungspfeil verschoben. Kannst du die Bildkoordinaten voraussagen?

A(1|2)
B(4|1)
C(3|4)
D(1|4)

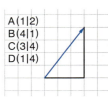

5 Der Buchstabe F wird am Punkt P gespiegelt. Welche Bildfigur ist die richtige?

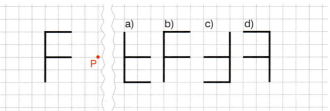

6 Du hast vier Abbildungen kennen gelernt.
Eine Drehung kann eindeutig durchgeführt werden, wenn ein Punkt als Drehzentrum und ein Drehwinkel festgelegt worden sind.
Wodurch wird die Konstruktion
a) einer Achsenspiegelung,
b) einer Punktspiegelung,
c) einer Verschiebung
eindeutig beschrieben?

7 *Wahr oder falsch?*
Fertige eine Skizze an und entscheide.
Eine Zusammenstellung der symmetrischen Vierecke und ihrer Eigenschaften findest du auf Seite 36.
a) Ein Parallelogramm hat keine Symmetrieachse.
b) Ein Parallelogramm ist punktsymmetrisch zum Schnittpunkt der Diagonalen.
c) Alle achsensymmetrischen Vierecke lassen sich durch Achsenspiegelung aus Dreiecken erzeugen.
d) Eine Raute hat zwei Symmetrieachsen.
e) Ein Rechteck hat nur eine Symmetrieachse.
f) Alle achsensymmetrischen Vierecke sind drehsymmetrisch.
g) Ein Quadrat hat drei Symmetrieachsen.

8 Das blaue F wurde zuerst an der Geraden g gespiegelt und das grüne Bild dann an der Geraden h. Durch welche Bewegung kann man die beiden Achsenspiegelungen ersetzen?

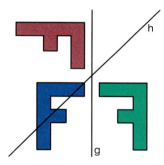

9 Gib Verkettungen von Achsenspiegelung, Verschiebung oder/und Drehung an, die Figur A auf Figur B abbilden.
a) 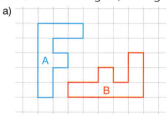 b)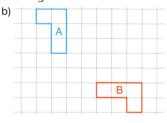

Symmetrie

Wahr: Wenn ein Viereck eine Symmetrieachse hat, auf der zwei Eckpunkte liegen, dann ist das Viereck ein Drachenviereck.

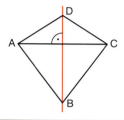

Falsch: Wenn ein Viereck eine Symmetrieachse hat, auf der kein Eckpunkt liegt, dann ist das Viereck ein Trapez.

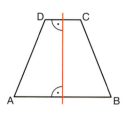

Statt zweimal spiegeln ...
... an parallelen Geraden

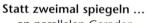

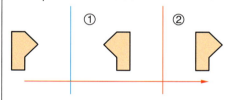

nur einmal <u>verschieben</u>.

... an sich schneidenden Geraden

nur einmal um den Schnittpunkt der Geraden <u>drehen</u>.

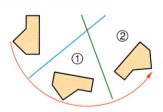

3 Rechnen mit Brüchen

3.1 Addieren und Subtrahieren von Brüchen

Was dich erwartet

■ Brüche sind Zahlen. Also muss man mit ihnen rechnen können, z. B. addieren. Sicher wirst du wissen, was $\frac{1}{2} + \frac{1}{4}$ ist. Denke dabei an die Teile einer großen Pizza, die du gegessen hast. Schwieriger wird es schon, wenn du $\frac{1}{8} + \frac{2}{5}$ berechnen willst. Man kann dies berechnen, ohne $\frac{1}{8}$ und $\frac{2}{5}$ Pizza essen zu müssen. Wie dies geht und warum sogar Musiker gelegentlich Brüche addieren, erfährst du in diesem Kapitel.

Aufgaben

1 *Stimmenverteilung bei einer Wahl*
Nach der Auszählung der abgegebenen Stimmen in einem Wahlbüro druckt der Leiter des Büros ein Kreisdiagramm aus. Wie groß ist der Anteil der Stimmen, die auf die drei kleineren Parteien entfallen sind?

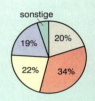

2 *Japanische Mathematik – kannst du japanisch?*
Mathematik ist eine Sprache, die man überall versteht. Was meinst du, ist auf dieser Seite aus einem japanischen Mathematikbuch dargestellt?

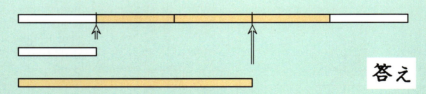

Schreibe die Rechnung auf, die mit dem Bild in dem japanischen Mathematikbuch dargestellt ist.

3 Lisa und Lukas haben mit ihren Eltern eine weite Reise vor. Die Eltern haben beschlossen, während der Autofahrt gelegentliche Pausen einzulegen. Für die Kinder haben sie den folgenden Plan aufgeschrieben:

Fahrt $3\frac{1}{2}$ 2 $2\frac{1}{2}$ $1\frac{1}{2}$ Stunden
Rast $\frac{1}{2}$ $\frac{3}{4}$ $\frac{1}{2}$ Stunden

Wie lange wird die gesamte Fahrt zum Urlaubsort dauern?
Wie lange will die Familie insgesamt rasten?

3.1 Addieren und Subtrahieren von Brüchen

4 Finde die jeweilige Antwort. Bei welchen Aufgaben ist es schwierig, die Antwort zu finden und warum?

Aufgaben

a) $\frac{2}{7} + \frac{4}{7} = ?$

b) $\frac{1}{3} + \frac{2}{8} = ?$

c) $\frac{2}{3} - \frac{1}{4} = ?$

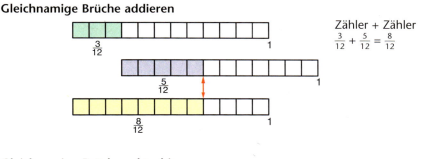

Schätze zunächst, welche der Antworten A, B, C oder D am besten zu dem jeweiligen Ergebnis passt.

A. kleiner als $\frac{1}{4}$

B. größer als $\frac{1}{4}$, aber kleiner als $\frac{1}{2}$

C. größer als $\frac{3}{4}$

D. größer als $\frac{1}{2}$, aber kleiner als $\frac{3}{4}$

Brüche kann man addieren und subtrahieren. Besonders einfach geht dies, wenn sie den gleichen Nenner haben.

Basiswissen

Gleichnamige Brüche addieren

Zähler + Zähler

$\frac{3}{12} + \frac{5}{12} = \frac{8}{12}$

Brüche mit gleichem Nenner heißen gleichnamige Brüche

Gleichnamige Brüche subtrahieren

Zähler – Zähler

$\frac{6}{7} - \frac{4}{7} = \frac{2}{7}$

A Berechne und kürze das Ergebnis wenn möglich.

Beispiele

a) $\frac{3}{10} + \frac{3}{10} = \frac{6}{10} = \frac{3}{5}$

b) $\frac{5}{12} + \frac{7}{12} = \frac{12}{12} = 1$

c) $\frac{5}{9} - \frac{2}{9} = \frac{3}{9} = \frac{1}{3}$

d) $\frac{7}{30} - \frac{6}{30} = \frac{1}{30}$

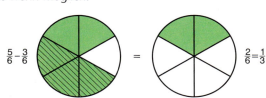

3 Rechnen mit Brüchen

Beispiele

B Schreibe Ergebnisse größer als 1 als gemischte Zahlen.

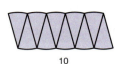 + =

$\frac{10}{12}$ + $\frac{5}{12}$ = $\frac{15}{12}$ = $1\frac{3}{12}$ = $1\frac{1}{4}$

C In der Abbildung ist stets die gleiche Additionsaufgabe mit unterschiedlichen Brüchen dargestellt. Eine kann man leicht lösen. Welche Aufgaben passen zu den Modellen?
a) $\frac{1}{3} + \frac{1}{4}$ b) $\frac{2}{6} + \frac{1}{4}$
c) $\frac{2}{6} + \frac{2}{8}$ d) $\frac{4}{12} + \frac{3}{12}$

a)   b)
c)   d)

Die Summe ist in allen vier Aufgaben $\frac{7}{12}$.

Übungen

5 Berechne. Kürze, wenn möglich.
a) $\frac{1}{5}$ kg + $\frac{3}{5}$ kg   b) $\frac{3}{4}$ m + $\frac{3}{4}$ m   c) $\frac{7}{10}$ h + $\frac{5}{10}$ h   d) $\frac{7}{8}$ l − $\frac{5}{8}$ l
e) $\frac{7}{2}$ t + $\frac{11}{2}$ t   f) $\frac{75}{100}$ ha − $\frac{30}{100}$ ha   g) $\frac{55}{60}$ min − $\frac{16}{60}$ min   h) $\frac{4}{5}$ € + $\frac{3}{5}$ €

Rechne auch ohne Brüche. Wandele dazu in die nächstkleinere Einheit um. Vergleiche die Ergebnisse.

6 Berechne. Veranschauliche die Rechnung durch ein Stab-, Kreis- oder Rechteckmodell. Jedes der Modelle soll zumindest einmal vorkommen.
a) $\frac{2}{5} + \frac{3}{5}$ b) $\frac{8}{12} - \frac{5}{12}$
c) $\frac{5}{8} - \frac{4}{8}$ d) $\frac{3}{4} - \frac{1}{4}$
e) $\frac{13}{16} - \frac{9}{16}$ f) $\frac{2}{9} + \frac{5}{9}$
g) $\frac{5}{7} - \frac{3}{7}$ h) $\frac{1}{6} + \frac{5}{6}$

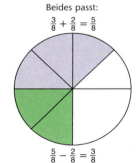

Beides passt:
$\frac{3}{8} + \frac{2}{8} = \frac{5}{8}$
$\frac{5}{8} - \frac{2}{8} = \frac{3}{8}$

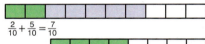

7 Die Kinder der Klasse 6c kommen aus vier verschiedenen Dörfern. Aus Maxdorf kommt $\frac{1}{6}$ der Kinder der Klasse, aus Rheindorf $\frac{2}{6}$ und aus Dornheim ebenfalls $\frac{2}{6}$.
a) Welcher Anteil der Kinder kommt aus Oberaubach?
b) Wie viele Kinder kommen aus den verschiedenen Dörfern, wenn in der Klasse 30 Schüler sind?

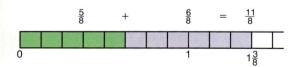

8 Stelle das Ergebnis als gemischte Zahl dar, denn „Bruch plus Bruch" kann mehr als 1 ergeben.
a) $\frac{3}{4} + \frac{3}{4}$ b) $\frac{8}{12} + \frac{7}{12}$ c) $\frac{3}{5} + \frac{4}{5} + \frac{2}{5}$
d) $\frac{5}{8} + \frac{7}{8}$ e) $\frac{17}{20} + \frac{13}{20}$ f) $\frac{6}{7} + \frac{5}{7} + \frac{4}{7} + \frac{3}{7}$

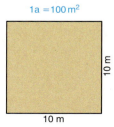

1a = 100 m²

9 Schreibe die Ergebnisse wenn möglich mit gemischten Zahlen
a) $\frac{6}{10}$ cm + $\frac{9}{10}$ cm   b) $\frac{5}{6}$ h + $\frac{3}{6}$ h   c) $\frac{18}{24}$ d + $\frac{15}{24}$ d
d) $\frac{5}{8}$ kg + $\frac{7}{8}$ kg + $\frac{6}{8}$ kg   e) $\frac{19}{25}$ l + $\frac{15}{25}$ l + $\frac{23}{25}$ l + $\frac{3}{25}$ l
f) $\frac{3}{4}$ a + $\frac{3}{4}$ a + $\frac{1}{4}$ a + $\frac{2}{4}$ a   g) $\frac{950}{1000}$ t + $\frac{750}{1000}$ t + $\frac{450}{1000}$ t

1 t = 1 000 kg

Du kannst ganz einfach testen, ob du richtig gerechnet hast. Rechne dazu die Aufgaben ohne Brüche; verwandle in die nächstkleinere Einheit, addiere und vergleiche die Ergebnisse.

3.1 Addieren und Subtrahieren von Brüchen

Übungen

10 *Addition gemischter Zahlen*
a) Welche Rechnung ist mit dem Kreismodell dargestellt?

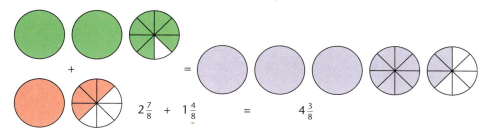

$2\frac{7}{8} + 1\frac{4}{8} = 4\frac{3}{8}$

b) Berechne genauso
(1) $2\frac{1}{4} + 3\frac{1}{4}$ (2) $4\frac{3}{10} + 3\frac{9}{10}$ (3) $4\frac{7}{8} + 5\frac{5}{8}$ (4) $6\frac{13}{20} + 12\frac{7}{20}$

11 *Subtraktion gemischter Zahlen*
Zuerst die einfachen Aufgaben: a) $5\frac{3}{5} - 2\frac{1}{5}$ b) $3\frac{9}{10} - 1\frac{7}{10}$ c) $8\frac{5}{6} - 5\frac{5}{6}$
Und nun die schweren Aufgaben. Schaue dir zunächst das Stabmodell an.
d) $6\frac{1}{4} - 2\frac{3}{4}$ e) $10\frac{4}{10} - 5\frac{7}{10}$ f) $2\frac{1}{3} - \frac{2}{3}$ g) $20\frac{1}{7} - 19\frac{5}{7}$

12 Schätze, welche der Summen oder Differenzen größer, gleich oder kleiner als $\frac{1}{2}$ ist.
a) $\frac{1}{3} + \frac{1}{6}$ b) $\frac{2}{5} + \frac{3}{10}$ c) $\frac{15}{16} - \frac{1}{8}$ d) $\frac{3}{5} - \frac{1}{3}$ e) $\frac{1}{3} + \frac{1}{4}$ f) $\frac{5}{6} - \frac{1}{3}$

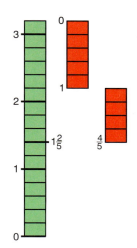

Brüche mit verschiedenen Nennern kann man nicht so leicht addieren oder subtrahieren. Man muss sie zunächst durch Erweitern/Kürzen so umschreiben, dass sie den gleichen Nenner besitzen. Man macht die Brüche gleichnamig. Dies geht immer durch Erweitern oder Kürzen.

Mit Kuchen geht das leicht.

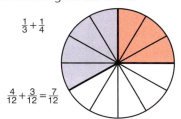

$\frac{1}{3} + \frac{1}{4}$

$\frac{4}{12} + \frac{3}{12} = \frac{7}{12}$

Basiswissen

Brüche mit verschiedenen Nennern heißen ungleichnamig

Ungleichnamige Brüche addieren/subtrahieren

1. Gleichnamig machen
   – gemeinsames Vielfaches der Nenner suchen,
   – erweitern

2. addieren/subtrahieren der Zähler

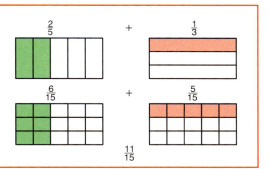

Beispiele

A Berechne $\frac{3}{8}$ kg + $\frac{1}{4}$ kg.
Ein gemeinsames Vielfaches der Nenner 8 und 4 ist 8.
$\frac{3}{8}$ kg + $\frac{1}{4}$ kg = $\frac{3}{8}$ kg + $\frac{2}{8}$ kg = $\frac{5}{8}$ kg

Umrechnen in kleinere Einheit:
375 g + 250 g = 625 g

67

3 Rechnen mit Brüchen

Beispiele

B Berechne Summe bzw. Differenz. In b) und c) muss man zunächst einen gemeinsamen Nenner finden.

a) $\frac{7}{8} - \frac{2}{8} =$

$\frac{5}{8}$

b) $\frac{4}{9} + \frac{2}{5} = \frac{\blacksquare}{45} + \frac{\blacksquare}{45} =$

$\frac{20}{45} + \frac{18}{45} = \frac{38}{45}$

c) $\frac{3}{5} - \frac{3}{10} = \frac{\blacksquare}{10} - \frac{\blacksquare}{10} =$

$\frac{6}{10} - \frac{3}{10} = \frac{3}{10}$

C Welche Rechnung ist zeichnerisch dargestellt?

$\frac{3}{7} + \frac{1}{2} =$

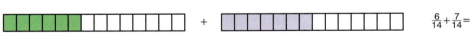
$\frac{6}{14} + \frac{7}{14} =$

$\frac{13}{14}$

D Was fehlt an $\frac{2}{3}$?

$\frac{1}{7} + \frac{\blacksquare}{\blacksquare} = \frac{2}{3}$ gemeinsamer Nenner ist 21

$\frac{3}{21} + \frac{\blacksquare}{21} = \frac{14}{21}$ Die gesuchte Zahl ist $\frac{11}{21}$.

Übungen

13 Welche Rechnung wird dargestellt? Finde das Ergebnis.

a) +  =

b)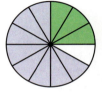

c) Stelle die Rechnung mit einer Zeichnung dar:

$\frac{4}{5} - \frac{1}{2}$ 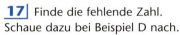 – ...

14 Berechne, kürze das Ergebnis, falls möglich:

a) $\frac{2}{3} + \frac{1}{4}$ b) $\frac{7}{8} - \frac{1}{3}$ c) $\frac{1}{2} + \frac{3}{7}$

d) $\frac{5}{6} - \frac{2}{5}$ e) $\frac{1}{4} + \frac{2}{9}$ f) $\frac{1}{2} + \frac{1}{4}$

g) $\frac{7}{8} - \frac{4}{5}$ h) $\frac{1}{3} + \frac{1}{6}$ i) $\frac{5}{7} - \frac{2}{9}$

15 Gemeinsamer Nenner auf einen Blick.

a) $\frac{3}{8} + \frac{1}{4}$ b) $\frac{9}{10} - \frac{2}{5}$ c) $\frac{1}{2} + \frac{1}{8}$

d) $\frac{5}{6} - \frac{7}{12}$ e) $\frac{1}{3} + \frac{1}{9}$ f) $\frac{7}{10} + \frac{23}{100}$

16 Rechnen mit Größen

a) $\frac{3}{4}$ kg $- \frac{1}{8}$ kg   b) $\frac{2}{5}$ m $+ \frac{1}{4}$ m

c) $\frac{1}{6}$ h $+ \frac{1}{4}$ h   d) $\frac{1}{2}$ ha $- \frac{1}{4}$ ha

Überprüfe deine Ergebnisse, indem du die Angaben in die nächstkleinere Einheit umrechnest und dann die Summe bzw. Differenz bestimmst.

17 Finde die fehlende Zahl. Schaue dazu bei Beispiel D nach.

a) $\frac{3}{8} + \frac{\blacksquare}{\blacksquare} = \frac{7}{8}$ b) $\frac{1}{3} + \frac{\blacksquare}{\blacksquare} = \frac{1}{2}$

c) $\frac{9}{10} - \frac{\blacksquare}{\blacksquare} = \frac{2}{5}$ d) $\frac{\blacksquare}{\blacksquare} - \frac{1}{4} = \frac{1}{5}$

e) $\frac{\blacksquare}{\blacksquare} + \frac{1}{7} = \frac{1}{2}$ f) $\frac{5}{9} + \frac{\blacksquare}{\blacksquare} = \frac{15}{27}$

18 Der uralte König Karl hat Kinder, Enkel und Urenkel. In seinem Testament sieht er vor, dass die Hälfte seines Vermögens unter seinen Kindern aufgeteilt wird, ein Viertel unter seinen Enkeln und ein Achtel unter seinen Urenkeln. Bleibt da noch was für seine treuen Diener übrig?

19 Ein neues Computerlabor kostet viel Geld. Der Schulelternverein übernimmt 20% der Kosten und eine Firma $\frac{3}{4}$. Welcher Anteil ist noch offen?

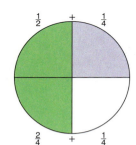

3.1 Addieren und Subtrahieren von Brüchen

20 Zu seinem Geburtstag will Peter seine Gäste mit einem „Mixgetränk" überraschen. Peters Rezept: „Man nehme $\frac{1}{8}$ l Orangensaft, dazu gebe man $\frac{1}{4}$ l Ananassaft und fülle mit $\frac{7}{10}$ l Sprudel auf."
Peter will das Getränk in einer 1-l-Flasche mischen.

Übungen

21 Dreimal wurden die Brüche $\frac{3}{8}$ und $\frac{2}{5}$ falsch addiert. Welche Fehler wurden gemacht? Rechne richtig.

a) $\frac{2}{5} + \frac{3}{8} = \frac{5}{13}$ b) $\frac{2}{5} + \frac{3}{8} = \frac{5}{8}$ c) $\frac{2}{5} + \frac{3}{8} = \frac{5}{40}$

Achtung! Fehler!

22 Finde jeweils drei verschiedene passende Bruchzahlen, so dass die Summe kleiner als 1 ist.
a) $\frac{1}{2} + \blacksquare < 1$ b) $\frac{3}{4} + \blacksquare < 1$
c) $\frac{9}{10} + \blacksquare < 1$ d) $\frac{77}{78} + \blacksquare < 1$

$\frac{7}{8} + \frac{1}{8} = 1$

$\frac{7}{8} + \frac{1}{9} < 1$

$\frac{7}{8} + \frac{1}{10} < 1$

23 Wer hat richtig gerechnet?

Ina
$\frac{7}{8} - \frac{7}{12} = \frac{84}{96} - \frac{56}{96} = \frac{28}{96}$

Oliver
$\frac{7}{8} - \frac{7}{12} = \frac{21}{24} - \frac{14}{24} = \frac{7}{24}$

Robert
$\frac{7}{8} - \frac{7}{12} = \frac{42}{48} - \frac{28}{48} = \frac{14}{48}$

Sara
$\frac{7}{8} - \frac{7}{12} = \frac{11}{12} - \frac{7}{12} = \frac{4}{12}$

24 Berechne die Summe/Differenz. Bringe dazu die Brüche auf den Hauptnenner.
a) $\frac{3}{4} - \frac{1}{6}$ b) $\frac{1}{6} + \frac{3}{8}$ c) $\frac{2}{5} + \frac{3}{10}$
d) $\frac{3}{5} - \frac{1}{8}$ e) $\frac{7}{20} + \frac{3}{25}$ f) $\frac{13}{18} - \frac{5}{12}$
g) $\frac{2}{3} - \frac{2}{9}$ h) $\frac{1}{7} + \frac{1}{5}$ i) $\frac{3}{10} + \frac{1}{4}$

Hauptnenner

kleinster gemeinsamer Nenner
$\frac{3}{10} + \frac{4}{15}$
Gemeinsame Nenner gibt es viele:
30, 60, 90, ...
Der kleinste davon ist 30.
$\frac{9}{30} + \frac{8}{30} = \frac{17}{30}$

25 Schaue dir genau an, wie Carolin gerechnet hat.
a) Erkläre mit deinen Kenntnissen vom Addieren von Zahlen, warum Carolin $2\frac{3}{4}$ als $2\frac{15}{20}$ umgeschrieben hat.
b) Erkläre, wieso $6\frac{29}{20} = 7\frac{9}{20}$.
c) Berechne wie Carolin die Summe $3\frac{4}{5} + 1\frac{2}{3}$

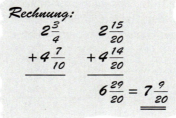

Rechnung:
$2\frac{3}{4}$ $2\frac{15}{20}$
$+4\frac{7}{10}$ $+4\frac{14}{20}$
_____ _____
  $6\frac{29}{20} = 7\frac{9}{20}$

26 Berechne. Orientiere dich an Übung 25.
a) $3\frac{3}{4} + 7\frac{3}{4}$ b) $5\frac{1}{8} + 2\frac{1}{3}$ c) $3\frac{3}{5} + 6\frac{9}{10}$ d) $5\frac{21}{25} + 2\frac{3}{4}$
e) $6\frac{11}{15} + 2\frac{5}{6}$ f) $3\frac{17}{20} + 5\frac{17}{25}$ g) $3\frac{9}{10} + 2\frac{41}{50}$ h) $6\frac{5}{7} + \frac{7}{8}$

27 Anna mischt Farben. Sie möchte einen hellblauen Farbton erhalten. Dazu schüttet sie $2\frac{3}{8}$ l weiße Farbe und $1\frac{1}{3}$ l blaue Farbe in eine große Dose. Um ihr Zimmer anzustreichen, benötigt sie $3\frac{1}{2}$ l der hellblauen Farbe.

3 Rechnen mit Brüchen

Übungen

28 Addition/Subtraktion gemischter Zahlen
a) $2\frac{1}{4} + 5\frac{1}{4}$
b) $5\frac{5}{8} - 2\frac{1}{2}$
c) $4\frac{2}{3} + 2\frac{3}{5}$
d) $5\frac{7}{10} - 2\frac{1}{4}$
e) $3\frac{1}{6} + 2\frac{3}{4}$
f) $12\frac{3}{5} + 8\frac{7}{8}$
g) $7\frac{7}{10} - 6\frac{3}{5}$
h) $9\frac{7}{9} + 6\frac{1}{2}$
i) $1\frac{2}{7} + 3\frac{11}{21}$
k) $6\frac{5}{14} + 1\frac{2}{21}$
l) $2\frac{8}{9} + 5\frac{7}{12}$
m) $4\frac{9}{10} - 2\frac{3}{10}$

29 Beim Subtrahieren gemischter Zahlen muss man ab und an ein „Ganzes" als Bruch schreiben.

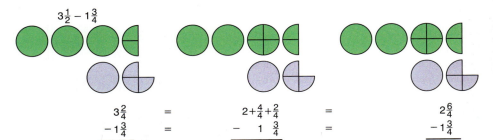

Berechne wie in der Abbildung dargestellt die Differenzen.
a) $3\frac{1}{2} - 1\frac{3}{4}$
b) $4\frac{1}{3} - 2\frac{5}{6}$
c) $8\frac{3}{5} - 6\frac{9}{10}$
d) $5 - 2\frac{3}{7}$
e) $1\frac{4}{5} - \frac{7}{8}$
f) $100 - 99\frac{9}{100}$
g) $7\frac{3}{10} - 5\frac{1}{3}$
h) $12\frac{1}{6} - 2\frac{4}{9}$
i) $6\frac{3}{8} - 2\frac{5}{8}$
k) $4\frac{3}{4} - 1\frac{7}{12}$
l) $5\frac{17}{18} - 2\frac{5}{24}$
m) $9\frac{7}{16} - 3\frac{17}{24}$

30 Daniel hat nach seiner eigenen Methode gerechnet, um zwei gemischte Zahlen voneinander zu subtrahieren.
a) Erkläre Daniels Methode. Berechne nach der selben Methode die folgenden Differenzen:
b) $4\frac{3}{10} - 2\frac{4}{5}$
c) $6\frac{2}{3} - 3\frac{3}{4}$
d) $4\frac{1}{6} - 1\frac{3}{8}$
e) $2\frac{4}{9} - 1\frac{5}{10}$

$$5\frac{1}{3} = \frac{16}{3} = \frac{64}{12}$$
$$-2\frac{3}{4} = -\frac{11}{4} = -\frac{33}{12}$$
$$\frac{31}{12} = 2\frac{7}{12}$$

31 Weißt du, was Zauberquadrate sind? In einem Zauberquadrat ist die Summe der Zahlen in den Spalten, in den Zeilen und in den Diagonalen gleich.
a) Sind die Quadrate Zauberquadrate?

$\frac{3}{4}$	$\frac{1}{12}$	$\frac{1}{2}$
$\frac{1}{3}$	$\frac{5}{12}$	$\frac{7}{12}$
$\frac{1}{4}$	$\frac{3}{4}$	$\frac{1}{3}$

$\frac{2}{3}$	$\frac{3}{2}$	$\frac{4}{3}$
$\frac{11}{6}$	$\frac{7}{6}$	$\frac{1}{2}$
1	$\frac{5}{6}$	$\frac{5}{3}$

$\frac{7}{15}$	$\frac{7}{30}$	$\frac{2}{5}$
$\frac{3}{10}$	$\frac{11}{30}$	$\frac{13}{30}$
$\frac{1}{3}$	$\frac{1}{2}$	$\frac{4}{15}$

b) Ergänze die folgenden Quadrate zu einem Zauberquadrat.

1	$\frac{1}{8}$	$\frac{3}{4}$
$\frac{1}{2}$		

$\frac{4}{5}$		
	$\frac{7}{10}$	$\frac{1}{2}$
		$\frac{3}{5}$

$\frac{3}{2}$		
$\frac{7}{3}$	$\frac{5}{3}$	
$\frac{7}{6}$		

3.1 Addieren und Subtrahieren von Brüchen

Entdeckungen an und mit Bruchzahlen

Aufgaben

32 Berechne.

a) $\frac{1}{2} - \frac{1}{3}$ b) $\frac{1}{3} - \frac{1}{4}$ c) $\frac{1}{4} - \frac{1}{5}$ d) $\frac{1}{5} - \frac{1}{6}$ e) $\frac{1}{6} - \frac{1}{7}$

f) Schaue dir die Ergebnisse von a, b, c, d und e an. Was werden vermutlich die Differenzen $\frac{1}{7} - \frac{1}{8}$, $\frac{1}{9} - \frac{1}{10}$ und $\frac{1}{99} - \frac{1}{100}$ sein?

g) Überprüfe deine Vermutungen aus der Aufgabe f) durch eine Rechnung.

33 Berechne.

a) $1 - \frac{1}{2}$ b) $\frac{2}{3} - \frac{1}{2}$ c) $\frac{3}{4} - \frac{2}{3}$ d) $\frac{4}{5} - \frac{3}{4}$ e) $\frac{5}{6} - \frac{4}{5}$

f) Schaue dir die Ergebnisse der Teilaufgaben an. Was werden vermutlich die Differenzen $\frac{6}{7} - \frac{5}{6}$ und $\frac{10}{11} - \frac{9}{10}$ sein?

g) Überprüfe deine Vermutungen aus der Aufgabe f) durch eine Rechnung.

34 Berechne die Summen.
Tipp: Bei b) kannst du das Ergebnis von a) verwenden, bei c) das Ergebnis von b) usw.

a) $\frac{1}{2} + \frac{1}{4}$

b) $\frac{1}{2} + \frac{1}{4} + \frac{1}{8}$

c) $\frac{1}{2} + \frac{1}{4} + \frac{1}{8} + \frac{1}{16}$

d) Was wird vermutlich die Summe $\frac{1}{2} + \frac{1}{4} + \frac{1}{8} + \frac{1}{16} + \frac{1}{32}$ sein? (Was kam bei c), b) und a) heraus?) Überprüfe deine Vermutung durch eine Rechnung.

e) Schreibe weitere Summen und Ergebnisse auf.

35 Versuche ähnlich wie in Aufgabe 34 das Ergebnis der Summe $\frac{1}{3} + \frac{1}{9} + \frac{1}{27} + \frac{1}{81} + \frac{1}{243} + \frac{1}{729}$ zu entdecken.

36 *Musiker und Mathematik*
Komponisten schreiben Lieder mit Noten auf, Musiker müssen die Noten lesen können. Noten geben nicht nur die Melodie an, sondern auch den Rhythmus.

Bruder Jakob
Der Rhythmus wird gegeben durch die sogenannten Notenwerte. Senkrechte Striche gliedern den „Text". Den Abschnitt zwischen zwei Strichen nennt man Takt. Gängige Taktarten sind $\frac{2}{4}$-, $\frac{3}{4}$- und $\frac{4}{4}$-Takt.

a) Hat der Komponist die Taktstriche richtig gesetzt?

ganze Note	o
halbe Note	♩
viertel Note	♩
achtel Note	♪
sechzehntel Note	♬

Euer Musiklehrer hilft euch sicher weiter

Bru - der Ja - kob, Bru - der Ja - kob! Schläfst du noch? Schläfst du noch?

b) Setze die Taktstriche richtig.

Hörst du nicht die Glo - cken? Hörst du nicht die Glo - cken? Bim, bam, bom! Bim, bam, bom!

c) *Punktierte Noten.* Der Punkt hinter einer Note verlängert ihren Notenwert um deren Hälfte. So bedeutet z.B. ♩. den Notenwert $\frac{1}{2} + \frac{1}{4} = \frac{3}{4}$. Berechne die Notenwerte.

a) ♩. = $\frac{1}{2} + \frac{1}{4}$ =   b) ♩. = $\frac{1}{4} + \ldots$ c) ♪. =

3 Rechnen mit Brüchen

3.2 Multiplizieren von Brüchen

Was dich erwartet

■ Unter $2 \cdot \frac{3}{8}$ kann man sich etwas vorstellen. Kauft man z.B. von 2 verschiedenen Wurstsorten je $\frac{3}{8}$ kg, dann hat man insgesamt $2 \cdot \frac{3}{8}$ kg Wurst gekauft. Rate einmal, wie viel kg dies ergibt. Schwieriger wird es schon, wenn man sich überlegt, was $\frac{2}{5} \cdot \frac{3}{4}$ bedeuten kann. Mit diesen und ähnlichen Fragen beschäftigen wir uns in diesem Kapitel und auch damit, wie man das Produkt zweier Brüche berechnet. Hast du schon eine Idee, was $\frac{2}{5} \cdot \frac{3}{4}$ ergibt? Nur Geduld, noch zwei, drei weitere Seiten in unserem Buch und du wirst überprüfen können, ob du richtig vermutet hast.

Aufgaben

1 Karoline bereitet mit ihrer Freundin ein Klassenfest vor. Sie müssen auch die Getränke kaufen. Karoline überlegt: „Wir sind 26 Kinder in der Klasse. Es ist Sommer. Jedes wird ungefähr einen halben Liter Mineralwasser trinken. In jeder Kiste Mineralwasser sind 12 Flaschen mit $\frac{3}{4}$ l. Reichen zwei Kisten?"

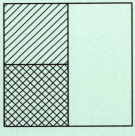

Die Hälfte von der Hälfte

$\frac{1}{2}$ von $\frac{1}{2}$ ist $\frac{1}{4}$

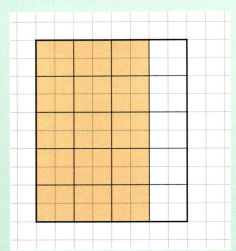

2 Bauer Simon baut auf $\frac{3}{4}$ seines Ackerlandes Getreide an. Auf $\frac{2}{5}$ der Anbaufläche für Getreide hat er Gerste eingesät.
a) Auf der Abbildung seht ihr das Ackerland des Bauern. Was könnte die eingefärbte Fläche darstellen?
b) Übertrage die Zeichnung in dein Heft. Achte dabei auf die Karos. Schraffiere den Anteil, den die Gerste an der „gefärbten" Fläche ausmacht.
Du kannst herausbekommen, welchen Anteil die Gerste an der gesamten Ackerfläche ausmacht, indem du die schraffierten Karos zählst.

3 Raubtiere wie Löwen können etwas, was andere Tiere meistens nicht können, sie können richtig lange schlafen. Kein anderes Tier weckt einen Löwen absichtlich, um sich verspeisen zu lassen. Löwen verschlafen $\frac{6}{8}$ des Tages; $\frac{2}{3}$ der Zeit, in der sie wach sind, sind sie auf der Jagd oder beim Fressen. Welchen Anteil des Tages sind sie mit Beutemachen und Verzehren beschäftigt?

4 Herr Hasenohr, der Deutschlehrer der Klasse 6 a, bittet die Schüler, während der Weihnachtsferien zwei Jugendbücher ihrer Wahl zu lesen. In der ersten Deutschstunde nach den Ferien sagt Julian: „Ich habe 4 Bücher angefangen und jedes etwa zur Hälfte gelesen."
Warum könnte Julians Mathematiklehrerin vielleicht mit Julians Aussage zufrieden sein, Herr Hasenohr aber nicht?

3.2 Multiplizieren von Brüchen

Bei vielen Anwendungen muss man einen Bruch mit einer natürlichen Zahl multiplizieren.
– Multiplizieren – Vervielfachen
  5 Holzleisten der Länge $\frac{3}{4}$ m – Berechne die Gesamtlänge.
– Multiplizieren – Anteile Ausrechnen
  $\frac{2}{3}$ von 12 € – Wie groß ist der Anteil?

Basiswissen

Multiplizieren eines Bruches mit einer natürlichen Zahl

• Das Dreifache von $\frac{2}{7}$

$$3 \cdot \frac{2}{7} =$$

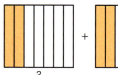 + + =

$\frac{2}{7}$ + $\frac{2}{7}$ + $\frac{2}{7}$ = $\frac{6}{7}$

Zähler mal natürliche Zahl
$$3 \cdot \frac{2}{7} = \frac{6}{7}$$

• $\frac{2}{7}$ von 3

$$\frac{2}{7} \cdot 3 =$$

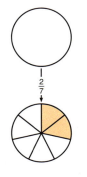 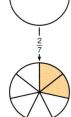 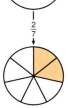

Bei der Multiplikation eines Bruches mit einer natürlichen Zahl darf man die Reihenfolge der Faktoren vertauschen.

Kommutativgesetz

A Berechne die folgenden Produkte und kürze wenn möglich:

Beispiele

a) $6 \cdot \frac{7}{100}$
   $= \frac{42}{100} = \frac{21}{50}$

b) $5 \cdot \frac{3}{20}$
   $= \frac{15}{20} = \frac{3}{4}$

c) $\frac{3}{25} \cdot 5$
   $= \frac{15}{25} = \frac{3}{5}$

d) $\frac{7}{30} \cdot 4$
   $= \frac{28}{30} = \frac{14}{15}$

B Frau Horster hat zwei Erben zusammen 120 000,– € vermacht. Einer soll laut Testament $\frac{3}{5}$ der Summe erhalten, der andere den Rest. Wie viel Geld erhält jeder der Erben?
Einer erhält einen Anteil von $\frac{3}{5}$, also $\frac{3}{5} \cdot 120\,000{,}-€ = \frac{360\,000}{5} € = 72\,000{,}-€$.
Der andere erhält den Rest, also 48 000,– €.

3 Rechnen mit Brüchen

Übungen

5 Berechne die folgenden Produkte. Kürze wenn möglich.

a) $4 \cdot \frac{2}{9}$ b) $3 \cdot \frac{2}{11}$ c) $17 \cdot \frac{38}{100}$
d) $3 \cdot \frac{1}{8}$ e) $\frac{2}{25} \cdot 5$ f) $\frac{3}{10} \cdot 80$

6 Schreibe die Ergebnisse wenn möglich mit gemischten Maßzahlen.

a) $\frac{2}{5}$ km $\cdot$ 5   b) $\frac{3}{8}$ kg $\cdot$ 6   c) $\frac{3}{10}$ l $\cdot$ 24
d) $6 \cdot \frac{3}{4}$ h   e) $7 \cdot \frac{3}{2}$ m   f) $\frac{22}{5}$ m² $\cdot$ 10

7 Berechne die Anteile. Gib die Ergebnisse mit Bruchzahlen an.

a) $\frac{3}{4}$ von 5 kg   b) $\frac{2}{7}$ von 28 Schüler
c) $\frac{3}{8}$ von 10 l   d) $\frac{4}{9}$ von 3 m²
e) $\frac{7}{10}$ von 2 km   f) $\frac{1}{5}$ von 12 kg
g) $\frac{7}{12}$ von 20   h) $\frac{3}{20}$ von 50

8 Welche Rechnungen sind dargestellt? Rechne.

a)
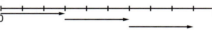

b)

c)

Veranschauliche die folgenden Produkte und rechne.

d) $2 \cdot \frac{5}{6}$; $4 \cdot \frac{3}{5}$; $\frac{2}{5} \cdot 2$

Powertraining

9 Ergänze die Multiplikationstabelle.

$\cdot$	3	9	4	7	12
$\frac{3}{7}$					
$\frac{4}{5}$			$\frac{16}{5}$		
$\frac{7}{10}$					
$\frac{7}{20}$					
$\frac{5}{3}$					

10 Finde die fehlende Zahl.

a) $4 \cdot \frac{3}{15} = \blacksquare$ b) $3 \cdot \blacksquare = \frac{9}{10}$
c) $\blacksquare \cdot \frac{2}{11} = \frac{10}{11}$ d) $\frac{4}{5} \cdot \blacksquare = \frac{24}{5}$
e) $\frac{2}{9} \cdot \blacksquare = 2$ f) $\blacksquare \cdot 5 = 6$
g) $\blacksquare \cdot \frac{1}{20} = 3$ h) $\blacksquare \cdot 100 = 1$

11 Ein Schrank wird mehrfach lackiert, damit die Farbe besonders gut wirkt. Insgesamt werden 4 Lackschichten aufgetragen. Jede Schicht ist $\frac{2}{5}$ mm dick. Wie dick ist die gesamte Lackschicht?

12 Larissa kauft 6 kleine Orangensaftflaschen. In jeder Flasche sind $\frac{2}{10}$ l Orangensaft. Wie viel Liter Orangensaft hat sie insgesamt gekauft?

13 Die Schüler der 6c haben an ihrem Wandertag bis zur ersten Rast $\frac{2}{5}$ des gesamten Weges von 12 km zurückgelegt. Welche Strecke sind sie bereits gegangen?

14 Erfinde zu jedem der Produkte eine Aufgabe. Es sollen sowohl „Vielfach"-Aufgaben als auch „Anteil"-Aufgaben sein. Du kannst dich an den Aufgaben 11–13 orientieren.

a) $7 \cdot \frac{3}{8}$ b) $\frac{3}{10} \cdot 250$ c) $\frac{4}{5} \cdot 60$
d) $25 \cdot \frac{7}{4}$ e) $12 \cdot \frac{3}{20}$ f) $\frac{21}{100} \cdot 150$

Ermittle auch die Lösungen der von dir ausgedachten Aufgaben.

15 *Vervielfachen von gemischten Zahlen – verschiedene Rechenwege.*

Weg 1	Weg 2
	$5 \cdot 2\frac{3}{4} =$
	$5 \cdot \frac{11}{4} =$
	$\frac{55}{4} = 13\frac{3}{4}$
$5 \cdot 2 \qquad 5 \cdot \frac{3}{4}$	
$10 + \frac{15}{4} = 10 + 3\frac{3}{4} = 13\frac{3}{4}$	

Berechne die folgenden Aufgabe jeweils nach beiden Methoden.

a) $7 \cdot 2\frac{1}{2}$ b) $3 \cdot 1\frac{3}{8}$ c) $8 \cdot 3\frac{1}{4}$
d) $4 \cdot 5\frac{3}{10}$ e) $2 \cdot 10\frac{1}{2}$ f) $10 \cdot 1\frac{1}{5}$

3.2 Multiplizieren von Brüchen

Übungen

16 Der Preis eines Holzbrettes hängt unter anderem von der Fläche des Brettes ab.
a) Berechne die Fläche des Brettes, in dem du in eine kleinere Einheit umrechnest.
b) Das Brett ist aus einem quadratischen Brett geschnitten worden. Wenn du genau hinschaust, kannst du die Fläche des Brettes auch direkt mit Hilfe der Bruchzahlen ausrechnen.

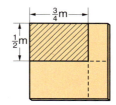

Basiswissen

Bruchzahlen kann man multiplizieren. Benötigt wird die Multiplikation von Brüchen zum Beispiel beim
– Multiplizieren von Maßzahlen.

Berechne die Fläche:

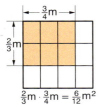

– Anteile berechnen.

$\frac{3}{8}$ von $\frac{4}{5}$ kg   – Wie groß ist der Anteil?

Multiplizieren von Brüchen

- Berechne die Fläche: $\frac{2}{3}$ m · $\frac{3}{4}$ m

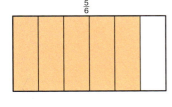

$\frac{2}{3}$ m · $\frac{3}{4}$ m = $\frac{6}{12}$ m²

Multiplizieren von Brüchen:
– Zähler mal Zähler
– Nenner mal Nenner

- $\frac{2}{3}$ von $\frac{5}{6}$

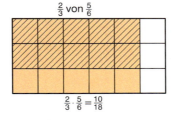

$\frac{2}{3} \cdot \frac{5}{6} = \frac{10}{18}$

Beispiele

C Berechne die folgenden Produkte. Kürze wenn möglich.

$\frac{3}{5}$ m · $\frac{2}{11}$ m = $\frac{3 \cdot 2}{5 \cdot 11}$ m² = $\frac{6}{55}$ m²

$\frac{3}{10}$ von $\frac{7}{10}$ l: $\frac{3}{10} \cdot \frac{7}{10}$ l = $\frac{21}{100}$ l

Gemischte Zahlen werden zuerst in unechte Brüche umgewandelt.

Das $3\frac{1}{2}$fache von $2\frac{1}{2}$ l:

$3\frac{1}{2} \cdot 2\frac{1}{2}$ l = $\frac{7}{2} \cdot \frac{5}{2}$ l = $\frac{35}{4}$ l = $8\frac{3}{4}$ l

D Berechne die Wassermenge in dem Aquarium.

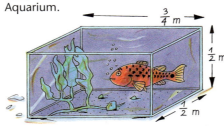

$\frac{3}{4} \cdot \frac{1}{2} \cdot \frac{1}{2}$ m³ = $\frac{3 \cdot 1 \cdot 1}{4 \cdot 2 \cdot 2}$ m³ = $\frac{3}{16}$ m³

3 Rechnen mit Brüchen

Übungen

Die meisten Menschen lieben kleine Zahlen – es sei denn, es geht ums Taschengeld. Bei allen folgenden Aufgaben sollen die Ergebnisse mit möglichst kleinen Zahlen geschrieben werden, d. h. kürzen, kürzen, kürzen.

Kleines Einmaleins gefragt.

$\frac{7}{32}$ $\frac{4}{45}$ $\frac{24}{36}$ $\frac{3}{14}$

$\frac{21}{80}$ $\frac{21}{50}$ $\frac{2}{15}$ $\frac{10}{18}$ $\frac{36}{49}$

Wie steht es mit dem Großen Einmaleins?

17 Das kann man im Kopf rechnen.

a) $\frac{1}{3} \cdot \frac{2}{5}$ b) $\frac{1}{2} \cdot \frac{3}{7}$ c) $\frac{3}{10} \cdot \frac{7}{8}$

d) $\frac{2}{9} \cdot \frac{2}{5}$ e) $\frac{2}{3} \cdot \frac{5}{6}$ f) $\frac{6}{7} \cdot \frac{6}{7}$

g) $\frac{8}{9} \cdot \frac{3}{4}$ h) $\frac{3}{5} \cdot \frac{7}{10}$ i) $\frac{7}{8} \cdot \frac{1}{4}$

18 Kopfrechnen einmal anders.

a) $\frac{2}{5} \cdot \frac{13}{15}$ b) $\frac{11}{20} \cdot \frac{7}{10}$ c) $\frac{6}{7} \cdot \frac{13}{16}$

d) $\frac{8}{5} \cdot \frac{18}{25}$ e) $\frac{2}{3} \cdot \frac{19}{50}$ f) $\frac{13}{16} \cdot \frac{5}{8}$

g) $\frac{13}{19} \cdot \frac{19}{13}$ h) $\frac{3}{12} \cdot \frac{18}{9}$ i) $\frac{7}{32} \cdot \frac{16}{9}$

Regeltraining: Wir üben die Produktregel.

19 Gib die Ergebnisse mit Bruchzahlen an.

a) $\frac{2}{3}$ von $\frac{1}{5}$ l   b) $\frac{3}{4}$ von $\frac{3}{8}$ m²

c) $\frac{1}{8}$ von $\frac{1}{2}$ km   d) $\frac{3}{10}$ von $\frac{1}{4}$ h

e) $\frac{15}{100}$ von $\frac{3}{4}$ km   f) $\frac{3}{7}$ von $\frac{7}{10}$ m³

20 Berechne die Anteile.

a) $\frac{3}{10}$ von 30 Schülern   b) $\frac{17}{20}$ von $\frac{40}{51}$

c) $\frac{3}{5}$ von $\frac{7}{2}$ km   d) $\frac{3}{4}$ von $\frac{3}{4}$

e) $\frac{1}{10}$ von $\frac{9}{10}$ l   f) $\frac{9}{16}$ von $\frac{16}{9}$

21 Nochmals Kopfrechnen? Doch Vorsicht: „Natürliche Zahlen kreuzen deinen Weg."

a) $3 \cdot \frac{4}{5}$ b) $\frac{3}{7} \cdot \frac{3}{11}$ c) $\frac{5}{3} \cdot 8$

d) $\frac{11}{12} \cdot \frac{11}{12}$ e) $\frac{10}{13} \cdot \frac{4}{3}$ f) $\frac{3}{16} \cdot \frac{16}{3}$

g) $\frac{8}{15} \cdot \frac{5}{8}$ h) $\frac{17}{10} \cdot 10$ i) $\frac{2}{9} \cdot 900$

22 Welche Aufgaben sind dargestellt? Rechne.

a) ■ von ■   b) ■ von ■   c) ■ von ■

23 Ergänze die fehlende Zahl.

a) $\frac{2}{3} \cdot \blacksquare = \frac{8}{27}$ b) $\blacksquare \cdot 3 = \frac{6}{7}$

c) $\frac{3}{8} \cdot \blacksquare = \frac{15}{24}$ d) $\frac{1}{9} \cdot \blacksquare = \frac{9}{9}$

e) $\frac{4}{9} \cdot \blacksquare = 1$ f) $\blacksquare \cdot \frac{7}{4} = 7$

24 Kürzen vor dem Multiplizieren kann das Rechnen einfacher machen.

$\frac{14}{9} \cdot \frac{18}{21} = \frac{4}{3}$

a) $\frac{6}{15} \cdot \frac{5}{18}$

b) $\frac{12}{25} \cdot \frac{20}{8}$

c) $\frac{17}{16} \cdot \frac{16}{17}$

d) $\frac{8}{35} \cdot \frac{70}{16}$

25 Multipliziere, kürze vorher.

a) $\frac{2}{3} \cdot \frac{4}{5} \cdot \frac{1}{3}$ b) $\frac{3}{4} \cdot \frac{4}{5} \cdot \frac{1}{10}$

c) $\frac{5}{6} \cdot \frac{5}{6} \cdot \frac{5}{6}$ d) $\frac{1}{2} \cdot \frac{2}{3} \cdot \frac{3}{4} \cdot \frac{4}{5} \cdot \frac{5}{6}$

e) $\frac{1}{3} \cdot \frac{2}{3} \cdot \frac{4}{3}$ f) $\frac{1}{2} \cdot \frac{1}{3} \cdot \frac{1}{4} \cdot \frac{1}{5}$

g) $\frac{1}{2} \cdot \frac{3}{4} \cdot \frac{5}{6}$ h) $\frac{1}{3} \cdot \frac{3}{5} \cdot \frac{3}{4} \cdot \frac{5}{3}$

26 Übertrage in dein Heft und ergänze die fehlenden Zahlen. Vergiss das Kürzen nicht.

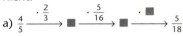

a) $\frac{4}{5} \xrightarrow{\cdot \frac{2}{3}} \blacksquare \xrightarrow{\cdot \frac{5}{16}} \blacksquare \xrightarrow{\cdot \blacksquare} \frac{5}{18}$

b) $\frac{3}{8} \xrightarrow{\cdot \frac{4}{5}} \blacksquare \xrightarrow{\cdot \blacksquare} \blacksquare \xrightarrow{\cdot \blacksquare} \frac{12}{35}$

c) $\frac{4}{9} \xrightarrow{\cdot \blacksquare} \frac{8}{27} \xrightarrow{\cdot \frac{3}{4}} \blacksquare \longrightarrow 1$

d) $\blacksquare \xrightarrow{\cdot \frac{2}{7}} \frac{6}{35} \xrightarrow{\cdot \frac{11}{6}} \blacksquare \xrightarrow{\cdot \blacksquare} \frac{33}{70}$

27 In einem Märchen muss die Prinzessin drei Stadttore passieren. Jedem Torwächter muss sie $\frac{1}{3}$ des Goldes, das sie mit sich trägt, geben, damit er das Tor öffnet. Claudias kleine Schwester meint traurig: „Nun hat die Prinzessin kein Gold mehr." Stimmt das?
Die Frage kann man auch zeichnerisch beantworten. Zeichne den Goldbarren in dein Heft. Was bleibt der Prinzessin nach jedem Tor von dem Barren übrig?

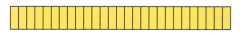

3.2 Multiplizieren von Brüchen

Übungen

28 *Abschlusstraining*
Übertrage die Multiplikationstabelle in dein Heft und ergänze.

·	$\frac{3}{8}$	$\frac{3}{4}$	$\frac{1}{3}$	$\frac{9}{10}$	$\frac{16}{9}$
$\frac{2}{3}$					
$\frac{7}{4}$					
$\frac{8}{5}$					
$\frac{12}{7}$					
$\frac{8}{11}$					

29 *Bruchzahlen-Domino*
Zeichne die „Domino-Steine" nach der folgenden Regel in dein Heft: „Ein Stein darf angelegt werden, wenn er mit dem Produkt der Zahlen auf dem vorhergehenden Stein beginnt."

| $\frac{2}{3}$ | $\frac{5}{7}$ | | $\frac{1}{4}$ | $\frac{5}{7}$ | | $\frac{10}{9}$ | $\frac{3}{5}$ | | $\frac{5}{28}$ | $\frac{14}{15}$ |

| $\frac{3}{8}$ | $\frac{4}{6}$ | | $\frac{10}{21}$ | $\frac{7}{3}$ | | 1 | $\frac{3}{8}$ | | $\frac{1}{6}$ | 4 |

Denke an das Kürzen.

30 Berechne den Flächeninhalt (Flächeninhalt = Länge · Breite).

a) b) c)
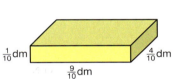

31 Berechne das Fassungsvermögen (Volumen) des jeweiligen Containers.
(Volumen = Länge · Breite · Höhe)
a) b) c)
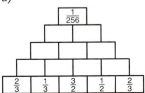 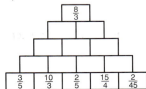

32 Zeichne das Muster und die Zahlen in dein Heft. Multipliziere benachbarte Zahlen und schreibe das Ergebnis in das Feld darüber.
a) b)
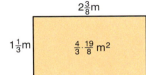

33 Multiplizieren von gemischten Zahlen.

$1\frac{1}{3}$ m ; $2\frac{3}{8}$ m ; $\frac{4}{3} \cdot \frac{19}{8}$ m²

a) $3\frac{1}{2} \cdot 2\frac{1}{2}$ b) $1\frac{3}{8} \cdot \frac{4}{5}$
c) $2\frac{4}{7} \cdot 4\frac{2}{3}$ d) $\frac{7}{10} \cdot 5\frac{3}{10}$
e) $3\frac{2}{25} \cdot 3\frac{4}{7}$ f) $5\frac{3}{4} \cdot 1\frac{4}{5}$
g) $3\frac{1}{3} \cdot 3\frac{1}{3}$ h) $1\frac{3}{4} \cdot 2\frac{1}{2} \cdot 2\frac{3}{5}$

34 Berechne. Denke daran: Kürzen vor dem Multiplizieren macht die Zahlen „zahm".

a) $2\frac{1}{4} \cdot \frac{2}{9} \cdot 5 \cdot 1\frac{3}{5}$ b) $4\frac{3}{8} \cdot \frac{2}{15} \cdot \frac{4}{7} \cdot 5\frac{2}{3}$
c) $5\frac{3}{20} \cdot 2\frac{5}{7} \cdot \frac{7}{3} \cdot 4$ d) $3 \cdot 5 \cdot \frac{7}{15} \cdot 2\frac{4}{7} \cdot \frac{5}{6}$
e) $4\frac{6}{11} \cdot 3\frac{2}{3} \cdot \frac{1}{10} \cdot 2\frac{5}{8} \cdot 14$ f) $\frac{3}{8} \cdot 2\frac{1}{5} \cdot 5\frac{2}{3} \cdot \frac{3}{17} \cdot \frac{5}{11} \cdot \frac{8}{3}$

3 Rechnen mit Brüchen

Übungen

35 Teste dich selbst. Übertrage die Zahlenpyramide in dein Heft. Trage in das Feld über zwei Zahlen deren Produkt ein. Erreichst du die Spitze? Vergiss nicht zu kürzen.

a) Spitze: $\frac{7}{320}$; Basis: $\frac{7}{16}$, 4, $\frac{5}{28}$, $\frac{49}{25}$, $\frac{20}{49}$

b) Spitze: 1; Basis: $\frac{4}{3}$, $\frac{2}{3}$, $\frac{9}{16}$, $\frac{64}{9}$, $\frac{3}{64}$

36 Berechne die Oberfläche und das Volumen der Schachtel. Woraus die Oberfläche der Schachtel besteht, kannst du an dem Netz des Quaders erkennen.

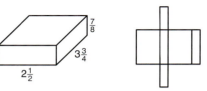

Maße: $2\frac{1}{2}$, $3\frac{3}{4}$, $\frac{7}{8}$

37 Kannst du dir etwas unter $\frac{5}{2}$ von $6\frac{3}{4}$ vorstellen? Berechne die Anteile.

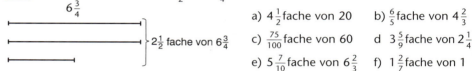

a) $4\frac{1}{2}$ fache von 20   b) $\frac{6}{5}$ fache von $4\frac{2}{3}$

c) $\frac{75}{100}$ fache von 60   d) $3\frac{5}{9}$ fache von $2\frac{1}{4}$

e) $5\frac{7}{10}$ fache von $6\frac{2}{3}$ f) $1\frac{2}{7}$ fache von 1

38 Berechne.

Prozent
$10\% = \frac{1}{10}$
$25\% = \frac{1}{4}$

a) 25 % von 28   b) 75 % von 22   c) 10 % von $2\frac{1}{4}$ d) 40 % von $5\frac{1}{8}$

e) 90 % von $2\frac{1}{3}$ f) 20 % von 1200   g) 50 % von $1\frac{5}{6}$ h) 15 % von $2\frac{3}{10}$

39 *Etwas zum Wundern – oder?*
Beim Multiplizieren von zwei natürlichen Zahlen ist das Produkt stets größer als jeder der Faktoren. Ausnahmen machen die 0 und die 1.
Beim Multiplizieren mit Bruchzahlen kann das Produkt kleiner als einer der Faktoren sein.
a) Veranschauliche die Aussagen der beiden Sätze mit je einem Beispiel.
b) Eigentlich ist es nicht verwunderlich, dass das Produkt mit einer Bruchzahl kleiner als einer der Faktoren sein kann. Erfinde zu dem folgenden Produkt $\frac{2}{5} \cdot 15$ eine Textaufgabe. Erkläre mit der Textaufgabe, wieso das Produkt kleiner als 15 sein muss.
c) Finde zwei Brüche, so dass deren Produkt kleiner als **jeder** der Faktoren ist.

- Bei den Olympischen Spielen wurden viele Bälle für Training und Wettkampf verbraucht.
  a) Wie viele Bälle wurden insgesamt benötigt?
  b) Es wurden 11-mal mehr Tennisbälle als Tischtennisbälle verbraucht. Wie viele?
  c) Ungefähr welchen Bruchteil stellt die Anzahl der Volleybälle an der Anzahl der Tischtennisbälle dar?

Atlanta 1996: Volleybälle 750, Fußbälle 1200, Baseballe 2500, Tischtennisbälle 3600

- Zeichne zwei konzentrische Kreise. Der Radius des kleineren unterscheidet sich um 1,5 cm vom Radius des größeren Kreises. Dieser hat einen Durchmesser von 7 cm.

- Berechne   a) 3^2 b) 4^2 c) 2^4 d) 5^3

Mathe-Kiste

3.2 Multiplizieren von Brüchen

Anteile von Anteilen

Aufgaben

40 Die schraffierte Fläche macht $\frac{3}{4}$ der gefärbten Fläche aus. Die gefärbte Fläche ist $\frac{2}{3}$ der gesamten Fläche von 300 m².
a) Wie groß ist die schraffierte Fläche?
b) Welchen Anteil macht die schraffierte Fläche an der gesamten Fläche aus?

41 In der Klasse 6e sind 30 Kinder, $\frac{2}{3}$ davon sind Mädchen. Von den Mädchen benutzen $\frac{3}{5}$ den Bus, um zur Schule zu kommen.
a) Wie viele Mädchen kommen mit dem Bus zur Schule?
b) Welchen Anteil an allen 30 Schülern der 6e machen die Mädchen aus, die mit dem Bus zur Schule kommen.

42 Aus der Schülerzeitung: „In der Klasse 6e haben $\frac{1}{3}$ an dem diesjährigen Mathewettbewerb teilgenommen. $\frac{3}{5}$ der Schüler der 6e gewannen einen 1. Preis.
Da stimmt etwas nicht. Der Text passt doch nicht zu der Abbildung.
a) Schreibe einen korrekten Text.
b) Wie groß ist der Anteil der Schülerinnen und Schüler an der gesamten Klasse, die einen 1. Preis gewonnen haben?

43 Eine „Schweinegeschichte"
a) „Übersetze" die Angaben aus der Abbildung in einen Text.
b) Berechne den Anteil des Muskelfleisches an dem Schwein.

44 Von allen Laubbäumen in Norddeutschland ist die Hälfte völlig gesund. Von den anderen zeigen $\frac{3}{10}$ deutliche Schäden.
a) Stelle die Daten in einem Kreisdiagramm dar. Benutze Farben.
b) Berechne den Anteil der stark geschädigten Bäume an allen Bäumen.

Beobachtungen an Brüchen

45 Berechne die Produkte. Ordne jeweils die Ergebnisse der Multiplikationen der Größe nach. Was beobachtest du?

a) $\frac{2}{3} \cdot \frac{2}{3}$

$\frac{2}{3} \cdot \frac{2}{3} \cdot \frac{2}{3}$

$\frac{2}{3} \cdot \frac{2}{3} \cdot \frac{2}{3} \cdot \frac{2}{3}$

b) $\frac{9}{10} \cdot \frac{9}{10}$

$\frac{9}{10} \cdot \frac{9}{10} \cdot \frac{9}{10}$

$\frac{9}{10} \cdot \frac{9}{10} \cdot \frac{9}{10} \cdot \frac{9}{10}$

c) $\frac{5}{4} \cdot \frac{5}{4}$

$\frac{5}{4} \cdot \frac{5}{4} \cdot \frac{5}{4}$

$\frac{5}{4} \cdot \frac{5}{4} \cdot \frac{5}{4} \cdot \frac{5}{4}$

46 *Natürliche Zahlen als Faktoren – nette Faktoren*
a) Nach welcher Regel berechnest du die folgenden Produkte?

$5 \cdot \frac{7}{12}$ $\frac{13}{25} \cdot 10$ $\frac{35}{100} \cdot 100$ $12 \cdot \frac{12}{5}$ $25 \cdot \frac{3}{8}$

b) Könntest du die Produkte auch mit der Regel „Zähler · Zähler, Nenner · Nenner" berechnen? Begründe deine Antwort.

47 *Entdecken einer Regel*
Mit welchem Bruch musst du einen Bruch multiplizieren, um die Zahl 1 zu erhalten? Probiere es doch einfach aus. Ergänze jeweils die fehlende Zahl. Kannst du eine Regel erkennen?
a) $\frac{3}{4} \cdot \blacksquare = 1$ b) $\frac{7}{3} \cdot \blacksquare = 1$ c) $\frac{9}{10} \cdot \blacksquare = 1$ d) $\frac{31}{25} \cdot \blacksquare = 1$

79

3 Rechnen mit Brüchen

3.3 Dividieren von Brüchen

Was dich erwartet

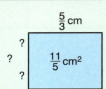

Wie breit muss ein Rechteck mit der Länge 6 cm sein, damit seine Fläche 54 cm² beträgt? Na klar, die Breite muss 9 cm betragen. Da die Fläche das Produkt aus Länge und Breite ist, muss man nur rechnen: 54 : 6 und schon hat man das Ergebnis.
Wie ist das nun, wenn die Maßzahlen von Länge und Breite Brüche sind? Natürlich muss man nun Bruchzahlen dividieren. Aber wie? Und – gibt es dafür eine Regel?

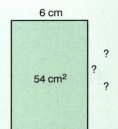

Aufgaben

1 Ein Holzstock der Länge $\frac{3}{4}$ m soll in 5 gleich lange Stücke zersägt werden. Wie lang wird jedes Stück?
a) Rechne die Aufgabe zunächst, indem du die Länge in eine kleinere Einheit umrechnest.
b) Löse die Aufgabe mit Bruchzahlen.

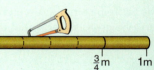

Regel für das Dividieren zweier Brüche

2 Wir entdecken eine Regel
Noch wissen wir nicht, wie man Brüche dividiert. Um eine Rechenregel für das Dividieren zu entdecken, müssen wir zunächst überlegen, welche Eigenschaften die Division haben soll. Dabei hilft uns unser Wissen von den natürlichen Zahlen.

Eigenschaften der Division

> *Eine Zahl durch sich selbst dividiert ergibt 1.*
> *Die Division ist die Umkehrung der Multiplikation.*
> *Man kann mit der Multiplikation die Probe machen.*

a) Für die Division natürlicher Zahlen sind die beiden Eigenschaften erfüllt.
• Berechne 5 : 5.
• Berechne 72 : 12 und mache die Probe.

b)
> Zwei Brüche werden dividiert, indem man Zähler durch Zähler und Nenner durch Nenner dividiert.
> $\frac{8}{15} : \frac{4}{5} = \frac{8:4}{15:5} = \frac{2}{3}$

Berechne nach der Divisionsregel im Kasten:

• $\frac{3}{4} : \frac{3}{4}$

• $\frac{6}{35} : \frac{2}{7}$ und mache die Probe.

Passen deine Ergebnisse zu den Eigenschaften einer Division?

c) Wie könnte man auf die Regel zum Dividieren zweier Brüche gekommen sein? Erinnere dich an die Regel zum Multiplizieren zweier Brüche.

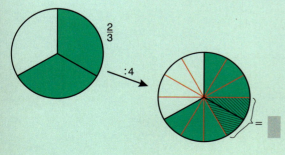

3 Mit einem Kreismodell ist die Rechnung $\frac{2}{3} : 4$ dargestellt.
a) Fertige eine Zeichnung zur Rechnung $\frac{3}{4} : 2$ an. Rechne die Quotienten aus $\frac{3}{4} : 2$ und $\frac{2}{3} : 4$ aus.
b) Wenn du auf Seite 94 nachschaust, dann siehst du, dass die Zeichnung auch eine andere Rechnung darstellen kann. Welche ist es? Natürlich sind die Ergebnisse der verschiedenen Rechnungen gleich.

3.3 Dividieren von Brüchen

Basiswissen

Beim Aufteilen, Verteilen, Zersägen, Zerschneiden usw. in eine bestimmte Anzahl von gleich großen Teilen muss man durch eine natürliche Zahl dividieren.

Dividieren eines Bruches durch eine natürlichen Zahl

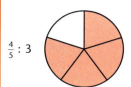

$\frac{4}{5} : 3$

:3
Teile jedes Fünftel in 3 gleich große Teile

$\frac{4}{5} : 3 = \frac{4}{15}$

Nenner mal natürlicher Zahl, Zähler beibehalten

Probe:
$\frac{4}{15} \cdot 3 = \frac{12}{15} = \frac{4}{5}$
stimmt!

Beispiele

A Berechne die Quotienten, kürze wenn möglich.

a) $\frac{7}{8} : 5 =$
$= \frac{7}{8 \cdot 5} = \frac{7}{40}$

b) $\frac{16}{9} : 20 =$
$= \frac{16}{9 \cdot 20} = \frac{4}{9 \cdot 5} = \frac{4}{45}$

c) $2\frac{9}{10} : 10 =$
$= \frac{29}{10} : 10 = \frac{29}{100}$

B Bei einem Stadtlauf sind 5 Runden zu laufen. Die Gesamtlänge der Strecke beträgt $6\frac{1}{2}$ km.
Wie lang ist jede Runde?

$6\frac{1}{2} : 5 = \frac{13}{2} : 5$
$= \frac{13}{10} = 1\frac{3}{10}$

Länge einer Runde: $1\frac{3}{10}$ km

Übungen

4 Berechne.

a) $\frac{6}{11} : 3$ b) $\frac{5}{9} : 9$ c) $\frac{18}{5} : 10$

d) $\frac{14}{15} : 21$ e) $\frac{21}{8} : 12$ f) $\frac{13}{100} : 39$

5 Was wurde hier gerechnet? Übertrage die Zeichnung in dein Heft und ergänze die fehlenden Zahlen.

a)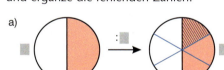

b)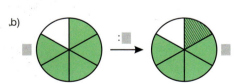

c)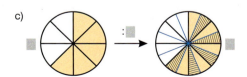

6 Manchmal geht das Dividieren schnell. Schaue dir das vorgerechnete Beispiel an und rechne dann genauso. Berechne die Aufgaben auch mit der Regel im Kasten. Die Ergebnisse müssen gleich sein.

$\frac{8}{7} : 4 = \frac{8}{28} = \frac{2}{7}$

a) $\frac{12}{5} : 4$ b) $\frac{36}{7} : 6$

c) $\frac{99}{10} : 11$ d) $\frac{56}{15} : 8$

e) $\frac{108}{25} : 12$ f) $\frac{165}{9} : 15$

$\frac{8}{7} : 4 =$
$= \frac{8 : 4}{7}$
$= \frac{2}{7}$

7 Finde die fehlende Zahl.

a) $\frac{3}{4} : \blacksquare = \frac{3}{16}$ b) $\frac{6}{11} : \blacksquare = \frac{2}{11}$

c) $\blacksquare : 2 = \frac{3}{20}$ d) $\blacksquare : 5 = \frac{3}{4}$

e) $\frac{7}{12} : \blacksquare = \frac{7}{120}$ f) $\frac{5}{8} : \blacksquare = \frac{1}{8}$

8 Die Umkehrung der Division ist die Multiplikation. Damit lässt sich leicht eine Probe machen.
Berechne die Quotienten und mache die Probe.

a) $\frac{2}{3} : 5$ b) $\frac{16}{25} : 4$

c) $\frac{4}{9} : 10$ d) $\frac{8}{11} : 8$

e) $\frac{7}{8} : 3$ f) $\frac{5}{9} : 25$

$\frac{15}{8} : 6 = \frac{5}{16}$

Probe: $\frac{5}{16} \cdot 6$
$= \frac{30}{16} = \frac{15}{8}$
stimmt

81

3 Rechnen mit Brüchen

Übungen

9 Bei einem Geburtstag teilen sich 6 Kinder $1\frac{1}{2}$ l Cola. Wie viel erhält jedes Kind?

10 Opa Kleinlich hat für seine Enkel $3\frac{3}{5}$ kg Walnüsse gesammelt. Er möchte die Nüsse gerecht an seine 5 Enkel verteilen. Wie viel erhält jedes der Kinder? Gib das Ergebnis auch in g an.

11 Bianca hat in der letzten Woche genau aufgeschrieben, wie lange sie Hausaufgaben gemacht hat. Insgesamt kam sie auf $8\frac{3}{4}$ h. Nimm einmal an, Bianca hat an jedem Tag ungefähr gleich lang Hausaufgaben gemacht. Wie lange hat sie dann täglich gearbeitet, wenn sie am Samstag und Sonntag nichts getan hat? Gib das Ergebnis auch in Stunden und Minuten an.

Kehrbruch
Vertausche Zähler und Nenner eines Bruches. Den neuen Bruch nennt man **Kehrbruch**.

12 Ein bemerkenswerter Partner eines Bruches, **der Kehrbruch**. Ermittle zu jedem Bruch den Kehrbruch. Berechne jeweils das Produkt aus Bruch und Kehrbruch. Was fällt dir auf?
Und so wird es gemacht:
$\frac{7}{5}$, der Kehrbruch ist $\frac{5}{7}$, berechne nun $\frac{7}{5} \cdot \frac{5}{7}$

a) $\frac{3}{10}$ b) $\frac{9}{4}$ c) $\frac{5}{2}$ d) $\frac{1}{5}$ e) $\frac{7}{50}$ f) $\frac{1}{100}$

g) Aufgepasst! Auch zu der Zahl 6 gibt es einen „Kehrbruch".

h) $2\frac{1}{3}$ i) $5\frac{3}{7}$ j) 10   k) $1\frac{7}{8}$ l) 1000   m) $8\frac{3}{5}$

13 Berechne die fehlende Seite.

a) 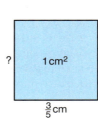   b) 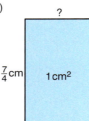   c) 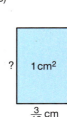   d)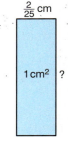

14 Wie wird eine natürliche Zahl durch einen Stammbruch dividiert? Berechne den Quotienten. Du kannst leicht das Ergebnis finden, wenn du überlegst, was in der Abbildung dargestellt ist.

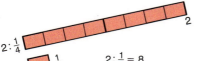

a) $3 : \frac{1}{4}$ b) $6 : \frac{1}{5}$ c) $12 : \frac{1}{2}$

d) $1 : \frac{1}{7}$ e) $18 : \frac{1}{10}$ f) $9 : \frac{1}{8}$

g) Kannst du eine passende Divisionsregel notieren? Schreibe dazu den folgenden Satz in dein Heft und vervollständige ihn: „Eine natürliche Zahl wird durch einen Stammbruch geteilt, indem man die natürliche Zahl …"

15 Berechne. Die Abbildung kann dir beim Rechnen helfen.

a) $4 : \frac{1}{3}$, $4 : \frac{2}{3}$ b) $6 : \frac{1}{5}$, $6 : \frac{3}{5}$

c) $10 : \frac{1}{8}$, $10 : \frac{5}{8}$ d) $14 : \frac{1}{10}$, $14 : \frac{7}{10}$

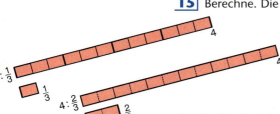

Manchmal „geht die Rechnung nicht auf". Das Ergebnis ist dann ein Bruch.

e) $4 : \frac{1}{5}$, $4 : \frac{3}{5}$ f) $1 : \frac{1}{9}$, $1 : \frac{5}{9}$

g) Schreibe die folgende Regel in dein Heft und ergänze sie;
„Eine natürliche Zahl wird durch einen Bruch dividiert, indem man die natürliche Zahl mit dem Nenner … und dann das Ergebnis … den Zähler …".

3.3 Dividieren von Brüchen

Wie kann man Brüche dividieren? Einiges über das Dividieren durch Brüche wissen wir bereits:

– Eine natürliche Zahl wird durch einen Stammbruch dividiert, indem man die Zahl mit dem Nenner multipliziert:

$2 : \frac{1}{3} = 2 \cdot 3 = 6$

Wie oft passt $\frac{1}{3}$ in 2?

– Eine natürliche Zahl wird durch einen Bruch dividiert, indem man die Zahl mit dem Nenner multipliziert und dann durch den Zähler dividiert:

$2 : \frac{2}{3} = \frac{2 \cdot 3}{2} = 3$

Wie oft passt $\frac{2}{3}$ in 2?

Diese beiden Regeln liefern eine Idee für die Division von Brüchen.

Division von Brüchen

Zwei Brüche werden dividiert, indem man den ersten Bruch mit dem Kehrbruch des zweiten Bruches multipliziert.

$\frac{3}{8} : \frac{2}{7} = \frac{3}{8} \cdot \frac{7}{2} = \frac{21}{16}$

Probe: $\frac{\overset{3}{\cancel{21}}}{\underset{8}{\cancel{16}}} \cdot \frac{\overset{1}{\cancel{2}}}{\underset{1}{\cancel{7}}} = \frac{3}{8}$

Basiswissen

Stammbrüche:
$\frac{1}{2}$ $\frac{1}{3}$ $\frac{1}{4}$ $\frac{1}{5}$ ...

Dividieren:
Multiplizieren
mit Kehrbruch

Beispiele

A Dividieren mit Probe.

$\frac{7}{9} : \frac{3}{5} = \frac{7}{9} \cdot \frac{5}{3} = \frac{35}{27}$

Probe: $\frac{\overset{7}{\cancel{35}}}{\underset{9}{\cancel{27}}} \cdot \frac{\overset{1}{\cancel{3}}}{\underset{1}{\cancel{5}}} = \frac{7}{9}$

B Dividieren mit gemischten Zahlen.

$3\frac{1}{4} : 1\frac{2}{3} = \frac{13}{4} : \frac{5}{3} =$
$= \frac{13}{4} \cdot \frac{3}{5} = \frac{39}{20} = 1\frac{19}{20}$

Gemischte Zahlen zuerst in einen Bruch umwandeln.

C Dividiere zwei Brüche und verwende
– den Kehrbruch
– das Verfahren aus Aufgabe 2b. Vergleiche.

$\frac{8}{15} : \frac{4}{5} = \frac{8}{15} \cdot \frac{5}{4} = \frac{2}{3}$ $\frac{8}{15} : \frac{4}{5} = \frac{8 : 4}{15 : 5} = \frac{2}{3}$

$\frac{3}{4} : \frac{3}{4} = \frac{3}{4} \cdot \frac{4}{3} = 1$ $\frac{3}{4} : \frac{3}{4} = \frac{3 : 3}{4 : 4} = \frac{1}{1} = 1$

$\frac{5}{6} : \frac{2}{7} = \frac{5}{6} \cdot \frac{7}{2} = \frac{35}{12}$ $\frac{5}{6} : \frac{2}{7} = \frac{5 : 2}{6 : 7} = \frac{?}{?}$

Das Verfahren mit dem Kehrbruch funktioniert immer.

Übungen

16 Berechne im Kopf.

a) $\frac{2}{3} : \frac{1}{2}$ b) $\frac{4}{5} : \frac{3}{2}$ c) $\frac{7}{10} : \frac{7}{10}$

d) $\frac{3}{7} : \frac{2}{5}$ e) $\frac{1}{2} : \frac{9}{10}$ f) $\frac{7}{3} : \frac{3}{7}$

g) $\frac{5}{9} : \frac{3}{9}$ h) $\frac{8}{11} : \frac{8}{10}$ i) $\frac{8}{5} : \frac{4}{5}$

17 Berechne. Kürze wenn möglich. Mache jeweils die Probe.

a) $\frac{3}{8} : \frac{2}{5}$ b) $\frac{7}{4} : \frac{3}{10}$ c) $\frac{11}{7} : \frac{22}{35}$

d) $\frac{12}{11} : \frac{5}{8}$ e) $\frac{16}{5} : \frac{48}{125}$ f) $\frac{14}{9} : \frac{18}{9}$

3 Rechnen mit Brüchen

Übungen

18 Abschlusstraining zum Dividieren. Mache zu jeder Aufgabe die Probe.

a) $4 : \frac{5}{7}$ b) $\frac{15}{8} : 7$ c) $\frac{16}{9} : \frac{4}{3}$

d) $8 : 12$ e) $\frac{5}{17} : \frac{5}{34}$ f) $6 : \frac{1}{6}$

g) $\frac{14}{35} : \frac{14}{35}$ h) $\frac{1}{9} : 9$ i) $\frac{55}{16} : 5$

Bist du fit?

19 Zeichne ins Heft und ergänze.

a) $\frac{4}{7} \xrightarrow{:\frac{2}{5}} \blacksquare \xrightarrow{:\frac{7}{5}} \blacksquare$

b) $\frac{12}{5} \xrightarrow{:\frac{4}{9}} \blacksquare \xrightarrow{:\frac{3}{2}} \blacksquare$

c) $\frac{14}{22} \xrightarrow{:\frac{14}{22}} \blacksquare \xrightarrow{:\frac{4}{3}} \blacksquare$

d) $\frac{9}{17} \xrightarrow{:9} \blacksquare \xrightarrow{:\frac{1}{9}} \blacksquare$

20 Wie rechnest du mit gemischten Zahlen?

a) $2\frac{1}{2} : 1\frac{1}{2}$ b) $5\frac{3}{7} : 2\frac{5}{7}$ c) $2\frac{3}{4} : 2\frac{1}{8}$

d) $7\frac{4}{5} : 10$ e) $3 : 2\frac{3}{4}$ f) $8\frac{7}{10} : 8\frac{7}{10}$

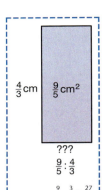

???
$\frac{9}{5} \cdot \frac{4}{3}$
$\frac{9}{5} \cdot \frac{3}{4} = \frac{27}{20}$

21 Berechne die fehlende Seite.

a)   b)

c)

d)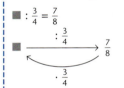

22 *Zahl gesucht!*
Bestimme die fehlende Zahl. Verfahre so, wie vorgemacht.

Und so wird's gemacht:

$\blacksquare : \frac{3}{4} = \frac{7}{8}$

$\blacksquare \xrightarrow{:\frac{3}{4}} \frac{7}{8}$ (mit Umkehrung $\cdot \frac{3}{4}$)

Die Multiplikation ist die Umkehrung der Division

$\frac{7}{8} \cdot \frac{3}{4} = \frac{21}{32}$

a) $\blacksquare : \frac{7}{12} = \frac{3}{5}$ b) $\blacksquare : \frac{11}{8} = \frac{5}{22}$

c) $\blacksquare : \frac{3}{5} = \frac{45}{12}$ d) $\blacksquare : \frac{18}{7} = \frac{13}{36}$

e) $\blacksquare : 5 = \frac{7}{9}$ f) $\blacksquare : \frac{4}{15} = 1$

23 *Hier fehlt jeweils ein Faktor.*
Durch Dividieren kannst du ihn finden.

$\blacksquare \xrightarrow{\cdot \frac{2}{7}} \frac{9}{5}$ (mit $:\frac{2}{7}$)

a) $\blacksquare \cdot \frac{7}{9} = \frac{3}{4}$ b) $\blacksquare \cdot \frac{3}{8} = \frac{7}{10}$

c) $\blacksquare \cdot \frac{2}{3} = 1$ d) $\blacksquare \cdot 5 = \frac{16}{25}$

24 Übertrage die Divisionstabelle in dein Heft und fülle sie aus.

:	$\frac{2}{3}$	$\frac{7}{5}$	$\frac{14}{9}$	$\frac{3}{25}$	3
$\frac{2}{3}$					
$\frac{7}{5}$					
$\frac{14}{9}$					
$\frac{3}{25}$					
3					

Mathe-Kiste

- Finde die passende Zahl:
  a) $25 + \blacksquare = 84$ b) $\blacksquare + 5 = 65$
  c) $56 = \blacksquare - 14$ d) $(4 + \blacksquare) \cdot 6 = 60$

- Kirsten ist im Hallenbad 12 Bahnen geschwommen. Die Gesamtstrecke betrug 300 Meter.
  a) Wie lang war das Schwimmbecken?
  b) Welche Strecke hat sie zurückgelegt, wenn sie 20 Bahnen schwimmt?
  c) Wie viele Bahnen sind es, wenn sie 800 Meter schwimmen würde?
  d) Hans Fisch trainiert für einen Wettkampf. Er ist an einem Tag 7 km geschwommen. Wie viele Bahnen sind das?

- Bestimme den Durchmesser und den Radius des Kreises. Miss mit einer Schnur die Länge des Umfangs.

3.3 Dividieren von Brüchen

Von Anteilen „hochrechnen"

25 Bauer Harms erzählt: „Auf $\frac{3}{8}$ meiner Ackerfläche baue ich Zuckerrüben an. Das macht eine Fläche von $15\frac{3}{4}$ ha aus." Mit diesen Angaben kann man auf die Gesamtfläche „hochrechnen". Dabei kann die Abbildung helfen.

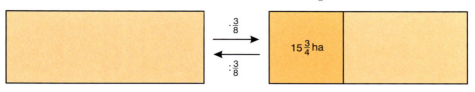

Wie muss man rechnen? Berechne die gesamte Ackerfläche, die Bauer Harms bewirtschaftet.

26 Aus der Schülerzeitung: „An unserer Schule sind die Frauen in der Überzahl. $\frac{3}{5}$ des Lehrerkollegiums sind weiblich, $\frac{4}{7}$ aller Schüler sind Mädchen. Insgesamt unterrichten an unserer Schule 48 Lehrerinnen 464 Mädchen."
a) Wie groß ist das Lehrerkollegium? Stelle die Daten zunächst in einer Zeichnung dar.
b) Wie viele Schülerinnen und Schüler besuchen die Schule?
c) Wie groß ist der Anteil der Mädchen an eurer Schule?

27 An einem Heizöltank kann man ablesen, dass er noch zu $\frac{2}{9}$ gefüllt ist. Aufgefüllt wird der Tank mit 4235 l Heizöl. Wie viel Liter fasst der Tank? Auch bei dieser Aufgabe kann eine Zeichnung helfen.

Vergrößerungen / Verkleinerungen

28 Mit dem Computer hat Linda ein Bild, das sie eingescannt hat, vergrößert. Ihre Freundin möchte den „Vergrößerungsfaktor" wissen. Für ihre Erdkundemappe will sie eine Abbildung mit dem Fotokopierer genau so vergrößern wie Linda. Für den Fotokopierer benötigt sie den „Zoom-Faktor".

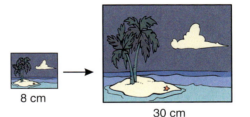

Zum Nachdenken: Dividieren einmal anders

29 Brüche werden multipliziert, indem man die Zähler und die Nenner multipliziert. Man kann Brüche auch dividieren, indem man Zähler durch Zähler und Nenner durch Nenner dividiert.

a) Berechne nach dieser Regel $\frac{16}{25} : \frac{4}{5}$, $\frac{9}{14} : \frac{3}{7}$ und $\frac{35}{12} : \frac{7}{4}$

Berechne die Quotienten durch Multiplikation mit dem Kehrbruch und vergleiche.
b) Die Regel „Zähler durch Zähler, Nenner durch Nenner" ist nicht besonders praktisch. Manche Brüche lassen sich so nicht dividieren, aber man kann sich helfen. Schaue dir die Rechnung genau an und erläutere, was gemacht wurde.

$$\frac{7}{5} : \frac{3}{2} = \frac{7 \cdot 3}{5 \cdot 3} : \frac{3}{2} = \frac{7 \cdot 3 \cdot 2}{5 \cdot 3 \cdot 2} : \frac{3}{2} = \frac{7 \cdot 2}{5 \cdot 3} = \frac{14}{15}$$

c) An welcher Stelle der Rechnung in Teilaufgabe b) kann man erkennen, dass dividieren durch $\frac{3}{2}$ dasselbe ist wie multiplizieren mit $\frac{2}{3}$?

Aufgaben

Von der Gesamtheit zu Anteilen und „zurück".

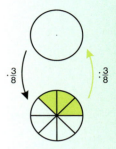

Erklärung:
Vergrößerungsfaktor 2
$\frac{3}{2}$ dm $\xrightarrow{\cdot 2}$ $\frac{6}{2}$ dm

3 Rechnen mit Brüchen

3.4 Rechenausdrücke mit Brüchen

Was dich erwartet

Erinnerst du dich noch an die Rechenregeln aus dem letzten Jahr? Wie beim Rechnen mit natürlichen Zahlen benötigt man auch beim Rechnen mit Brüchen Vorfahrtsregeln und Klammerregeln. Manchmal kann man sich mit diesen Regeln Rechenvorteile verschaffen. Du erinnerst dich nicht mehr so genau? Macht auch nichts, nach diesem Kapitel bist du wieder Experte.

Aufgaben

Distributivgesetz
Kommutativgesetz
Zusammenfassen
Verteilungsgesetz
Vertauschungsgesetz

1 *Rechenvorteile*
Auf der Tafel stehen einige Rechnungen. Dabei wurden Rechenregeln benutzt, damit es einfacher wird. Weißt du noch, wie diese Regeln heißen?
Kannst du die folgenden Rechnungen in ähnlicher Weise vereinfachen? Entscheide dich für Verteilen, Zusammenfassen oder Vertauschen.

a) $\frac{3}{4} \cdot \frac{5}{8} \cdot \frac{4}{5}$ b) $\frac{1}{4} \cdot (\frac{1}{7} + \frac{3}{7})$ c) $(\frac{1}{3} + \frac{5}{6}) \cdot \frac{3}{5}$ d) $\frac{3}{8} + \frac{2}{3} + \frac{4}{3}$ e) $\frac{1}{6} \cdot (1 - \frac{7}{10})$

10% weniger?
Also nur noch 90 % zu bezahlen

Jubiläumsangebot

Feiern Sie mit!

Alle Preise 10 % reduziert

Geburtstagskinder dürfen zusätzlich 5,– € abziehen

2 *Sonderangebote*
Das Geschäft „Schick und Toll" hat Jubiläum. Seit 10 Jahren existiert der Laden. Jetzt gibt es ein Jubiläumsangebot. Anja hat besonderes Glück. Sie hat heute Geburtstag. Sie hat sich eine Hose für 30 € ausgesucht. Nun möchte sie ausrechnen, was sie bezahlen muss. Eigentlich ganz einfach: Sie muss den Preis mit $\frac{9}{10}$ multiplizieren und dann 5 € subtrahieren. Die Rechnung kannst du auf verschiedene Arten schreiben: Als Rechenausdruck, als Ablaufdiagramm oder als Rechenbaum.

Rechenausdruck

$30 \cdot \frac{9}{10} - 5$

Rechenbaum

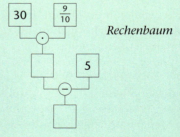

Ablaufdiagramm

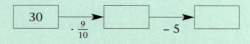

a) Rechne aus, wie viel Anja für eine 85 € teure Jacke bezahlen muss.
b) Für ein Hemd hat Anja 31 € bezahlt. Wie teuer war es vorher?

3.4 Rechenausdrücke mit Brüchen

Aufgaben

3 *Zahlenrätsel*
Romina stellt ihren Mitschülerinnen und Mitschülern ein Zahlenrätsel.
Die Anweisung lautet: „Denke dir eine Zahl, es kann ruhig ein Bruch sein. Addiere ein Viertel. Multipliziere das Ergebnis mit 2 und subtrahiere ein Halb." Wenn das Ergebnis genannt wird, kann Romina ganz schnell die gedachte Zahl nennen.
a) Probiere die Anweisungen von Romina mit verschiedenen gedachten Zahlen aus und vergleiche das Ergebnis mit der gedachten Zahl. Du wirst den Trick ganz schnell herausfinden.
b) Möchtest du auch verstehen, wie der Trick funktioniert? Vervollständige den Rechenbaum oder schreibe den Rechenausdruck auf. Dann wirst du den Trick leicht durchschauen.
c) Denke dir ähnliche Zahlenrätsel aus.

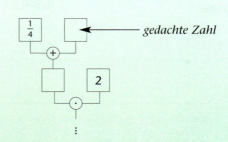

Basiswissen

Für das Rechnen mit Brüchen gelten die gleichen Gesetzmäßigkeiten wie für das Rechnen mit natürlichen Zahlen. Diese Gesetzmäßigkeiten legen die Reihenfolge beim Rechnen fest. Man nutzt sie auch aus, um einfacher rechnen zu können.

Vorfahrtsregeln

1. Punkt- vor Strichrechnung
Punktrechnungen werden vor Strichrechnungen ausgeführt.

$\frac{1}{2} + \frac{1}{2} \cdot \frac{3}{5} = \frac{1}{2} + \frac{3}{10}$

2. Klammerregel
Was in Klammern steht, wird zuerst ausgerechnet.

$(\frac{2}{5} + \frac{3}{5}) \cdot \frac{1}{2}$

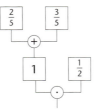

Beispiele

A Berechne $\frac{1}{3} \cdot (\frac{1}{2} - \frac{1}{8}) + \frac{1}{2}$. Hier müssen beide Vorfahrtsregeln nacheinander verwendet werden. Die Rechnung kann übersichtlich als Ablaufdiagramm oder als Rechenbaum aufgeschrieben werden.

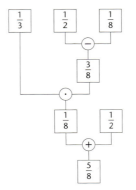

Zuerst Klammern,
dann Punktrechnung,
dann Strichrechnung

87

3 Rechnen mit Brüchen

Basiswissen

Kannst du $20 \cdot (\frac{2}{5} + \frac{3}{4})$ im Kopf ausrechnen? Wenn du zuerst die Klammer ausrechnest, wird dir das bestimmt schwerer fallen, als wenn du das Verteilungsgesetz anwendest.

$$20 \cdot (\frac{2}{5} + \frac{3}{4})$$
$$20 \cdot \frac{2}{5} + 20 \cdot \frac{3}{4}$$
$$8 + 15 = 23$$

Du hast nicht die Klammer zuerst ausgerechnet, sondern das Verteilungsgesetz angewendet.

Verteilungsgesetz (Distributivgesetz)

Man kann eine Summe mit einer Zahl multiplizieren, indem man $\quad \frac{1}{3} \cdot (\frac{3}{5} + \frac{6}{7})$

jeden Summanden mit der Zahl multipliziert $\quad \frac{1}{3} \cdot \frac{3}{5} + \frac{1}{3} \cdot \frac{6}{7}$

und
die Produkte addiert. $\quad \frac{1}{5} + \frac{2}{7} = \frac{7}{35} + \frac{10}{35} = \frac{17}{35}$

Manchmal führt die Vorfahrtsregel „Klammern zuerst" zu umständlicheren Rechnungen. Mit dem Verteilungsgesetz kann man sich Rechenvorteile verschaffen.

Beispiele

B Berechne den Rechenausdruck auf zwei verschiedene Weisen. Vergleiche. Was geht schneller?

$$\frac{3}{5} \cdot (\frac{5}{3} + \frac{7}{8})$$

$= \frac{3}{5} \cdot (\frac{40}{24} + \frac{21}{24})$	Klammer zuerst	$= \frac{3}{5} \cdot \frac{5}{3} + \frac{3}{5} \cdot \frac{7}{8}$	Verteilen
$= \frac{3}{5} \cdot (\frac{61}{24})$	Kürzen	$= 1 + \frac{21}{40}$	
$= \frac{61}{40} = 1 \frac{21}{40}$		$= 1 \frac{21}{40}$	

Die „rechte" Rechnung ist durch das „Verteilen" einfacher.

C Schreibe den Rechenausdruck $\frac{1}{2} \cdot (\frac{4}{3} - \frac{2}{3}) + \frac{5}{6}$ als Text. Benutze einen Rechenbaum, um ihn auszurechnen.

> Multipliziere $\frac{1}{2}$ mit der Differenz aus $\frac{4}{3}$ und $\frac{2}{3}$, dann addiere zu dem Produkt $\frac{5}{6}$

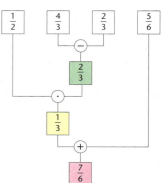

$$\frac{1}{2} \cdot (\frac{4}{3} - \frac{2}{3}) + \frac{5}{6} = \frac{1}{2} \cdot \boxed{\frac{2}{3}} + \frac{5}{6} = \boxed{\frac{1}{3}} + \frac{5}{6} = \boxed{\frac{7}{6}}$$

3.4 Rechenausdrücke mit Brüchen

Beispiele

D Berechne geschickt. $\frac{1}{2} + 3 - \frac{1}{4} + \frac{3}{5} - 1 - \frac{1}{4} + \frac{2}{5}$ Vertauschen

$= (\frac{1}{2} - \frac{1}{4} - \frac{1}{4}) + (\frac{3}{5} + \frac{2}{5}) + 3 - 1$ Klammern setzen

$= 0 + 1 + 3 - 1 = 3$ Zusammenfassen

Übungen

4 Berechne. Führe die Rechnungen in der richtigen Reihenfolge aus. Rechenbäume können helfen.

a) $\frac{3}{8} + \frac{5}{8} \cdot \frac{1}{2}$

b) $\frac{3}{4} + 3 \cdot (\frac{1}{4} + \frac{1}{2})$

c) $(\frac{1}{3} + \frac{1}{6}) \cdot \frac{1}{2} + \frac{1}{4}$

d) $(\frac{3}{5} + \frac{3}{10}) \cdot (\frac{2}{3} + \frac{4}{9})$

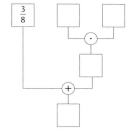

5 Übersetze die Rechenbäume in einen Rechenausdruck. Rechne.

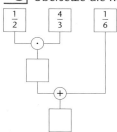
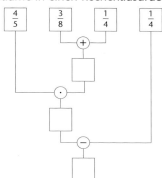
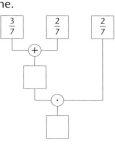

Übersetze jeden Rechenausdruck auch in Text.

6 Setze, falls erforderlich, Klammern, so dass die Rechnung richtig wird. Schreibe jede richtige Rechnung als Baumdiagramm und als Text.

a) $7 - 6 \cdot \frac{2}{3} + \frac{1}{2} = 0$

b) $1 + \frac{2}{3} \cdot \frac{9}{2} - 2 = 2$

c) $\frac{1}{2} + \frac{1}{3} \cdot \frac{1}{2} = \frac{5}{12}$

d) $\frac{1}{8} + \frac{2}{5} \cdot \frac{3}{4} + \frac{1}{2} = \frac{5}{8}$

e) $\frac{1}{4} + \frac{2}{5} \cdot \frac{3}{8} - \frac{1}{8} = \frac{7}{20}$

f) $\frac{3}{5} - \frac{1}{5} \cdot \frac{2}{3} = \frac{4}{15}$

Achtung! Regeltraining! Damit du ein richtiger Experte wirst, musst du jetzt einige Aufgaben trainieren.

7 Berechne durch geschicktes Vertauschen und Zusammenfassen im Kopf:

a) $\frac{4}{5} + \frac{1}{2} + \frac{2}{5}$

b) $\frac{3}{8} + \frac{3}{4} - \frac{2}{8} + 1$

c) $1\frac{3}{4} + \frac{3}{5} - \frac{3}{4} - \frac{1}{5}$

d) $2 + \frac{1}{3} + 1\frac{1}{2} + \frac{5}{3}$

e) $\frac{3}{4} \cdot \frac{5}{8} \cdot \frac{2}{3}$

f) $\frac{2}{5} \cdot \frac{1}{3} \cdot \frac{3}{8} \cdot \frac{5}{4}$

Ergebnisse: $\frac{5}{16}$ $1\frac{7}{8}$ $5\frac{1}{2}$ $1\frac{2}{5}$ $\frac{1}{16}$ $\frac{17}{10}$

8 Wenn du bei diesen Aufgaben zunächst das Verteilungsgesetz anwendest, wird es einfacher.

a) $4 \cdot (\frac{3}{2} + \frac{1}{4})$

b) $\frac{3}{2} \cdot (\frac{5}{6} - \frac{1}{3})$

c) $\frac{2}{3} \cdot (\frac{9}{4} - \frac{3}{8})$

d) $\frac{4}{5} \cdot (\frac{10}{4} + \frac{15}{4})$

e) $\frac{3}{7} \cdot \frac{7}{19} + \frac{3}{7} \cdot 4\frac{12}{19}$

f) $\frac{3}{2} \cdot (\frac{4}{3} - \frac{6}{9})$

g) $(\frac{7}{5} - \frac{3}{10}) \cdot \frac{7}{4}$

h) $(\frac{16}{5} + \frac{8}{11}) : 8$

9 *Verteilungsgesetz rückwärts*

Bei diesen Rechnungen hast du es einfacher, wenn du die Ausdrücke zunächst mit Klammer schreibst. Einige der Aufgaben kannst du dann im Kopf rechnen.

a) $\frac{1}{3} \cdot \frac{4}{9} + \frac{1}{3} \cdot \frac{2}{9}$

b) $\frac{3}{5} \cdot \frac{7}{8} - \frac{3}{5} \cdot \frac{3}{8}$

c) $\frac{3}{4} \cdot \frac{3}{11} + \frac{7}{11} \cdot \frac{3}{4}$

d) $\frac{5}{7} \cdot \frac{3}{10} - \frac{4}{7} \cdot \frac{3}{10}$

So wird es einfacher:

$\frac{3}{7} \cdot \frac{3}{5} + \frac{3}{7} \cdot \frac{2}{5} = \frac{3}{7} \underbrace{(\frac{3}{5} + \frac{2}{5})}_{1} = \frac{3}{7}$

3 Rechnen mit Brüchen

Übungen

? ?
? Rechenvorteil durch Verteilen ?
? ?

10 Entscheide bei den Aufgaben, ob es vorteilhaft ist, das Verteilungsgesetz anzuwenden oder ob man zuerst die Klammer ausrechnen soll.

a) $\frac{2}{9} (\frac{4}{5} - \frac{4}{10})$
b) $\frac{3}{7} (\frac{7}{3} + 4)$
c) $\frac{3}{2} (\frac{7}{4} - \frac{5}{4})$
d) $\frac{5}{8} (\frac{7}{3} - \frac{2}{5})$

11 Mathematik kann man auch ohne Worte verstehen. Welche Gesetze sind hier durch die Zeichnung dargestellt?

a)

$\frac{1}{3}$ von $\frac{1}{2}$

$\frac{1}{2}$ von $\frac{1}{3}$

b)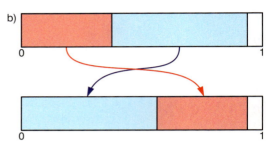

12 Welcher Text passt zu welchem Rechenausdruck? Rechne die Rechenausdrücke aus.

a) $\frac{5}{8} + \frac{3}{2} \cdot (\frac{1}{3} + 1)$ 　　A) Multipliziere die Summe aus $\frac{5}{8}$ und $\frac{3}{2}$ mit der Summe aus $\frac{1}{3}$ und 1.

b) $(\frac{5}{8} + \frac{3}{2}) \cdot \frac{1}{3} + 1$ 　　B) Addiere $\frac{5}{8}$ zum Produkt von $\frac{3}{2}$ mit der Summe aus $\frac{1}{3}$ und 1.

c) $(\frac{5}{8} + \frac{3}{2}) \cdot (\frac{1}{3} + 1)$ 　　C) Addiere zu $\frac{5}{8}$ das Produkt aus $\frac{3}{2}$ und $\frac{1}{3}$ und addiere dazu 1.

d) $\frac{5}{8} + \frac{3}{2} \cdot \frac{1}{3} + 1$ 　　D) Multipliziere die Summe aus $\frac{5}{8}$ und $\frac{3}{2}$ mit $\frac{1}{3}$ und addiere dazu 1.

3.4 Rechenausdrücke mit Brüchen

Aufgaben

Rechenausdrücke erzählen Geschichten

13 Die Lise-Meitner-Schule wird renoviert. Ein Maler kann pro Tag $\frac{3}{4}$ eines Klassenzimmers streichen. Am Montag kommen 5 Maler, ab Donnerstag ist einer von ihnen krank. Was wird durch den Ausdruck $3 \cdot 5 \cdot \frac{3}{4} + 2 \cdot 4 \cdot \frac{3}{4}$ ausgerechnet?

14 Jim und John sind Goldsucher. Alle zwei Tage teilen sie das gefundene Gold. Gestern waren es 30 g, heute nur 10 g.

a) Der Rechenausdruck $\frac{1}{2} \cdot (30 + 10)$ passt zu der Geschichte. Was berechnet man damit?

b) Der Rechenausdruck $\frac{1}{2} \cdot 30 + \frac{1}{2} \cdot 10$ ergibt das gleiche Ergebnis. Schreibe die Geschichte so um, dass der Rechenausdruck passt.

c) Erfinde eine Geschichte zu dem Rechenausdruck $\frac{1}{4} \cdot (36 + 44) + \frac{1}{4} \cdot (28 + 52)$.

d) Wie könnte die Geschichte zu dem Ausdruck $\frac{1}{4} \cdot (16 + 24) + \frac{1}{3} (12 + 18)$ lauten?

Jetzt schürfen Jack und Joe noch mit.

Was mag mit Jim passiert sein?

15 Ein Kasten Orangenlimonade enthält 8 Flaschen mit je $1\frac{1}{2}$ l Limonade. $1\frac{1}{2}$ Liter Limonade wiegen $1\frac{1}{2}$ kg. Eine leere Flasche wiegt $\frac{1}{10}$ kg. Der Kasten selber wiegt $1\frac{1}{4}$ kg. Wie schwer ist der Kasten mit vollen Flaschen? Schaffst du es, für die ganze Rechnung einen einzigen Rechenausdruck aufzuschreiben? Ein Rechenbaum könnte dir dabei helfen.

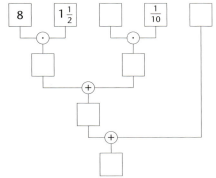

> Beim Rechnen mit Computern und Taschenrechnern ist es häufig hilfreich, Rechnungen mit einem Rechenausdruck aufzuschreiben.

Wo sind Rechenausdrücke wichtig?

16 Familie Neubau hat einen Wohnzimmerschrank für 450 € gekauft. Sie müssen $\frac{1}{5}$ davon anzahlen, der Rest wird in 9 Monatsraten bezahlt. Wie groß ist eine Monatsrate?
Du kannst in mehreren Schritten rechnen oder einen einzigen Rechenausdruck aufschreiben.

91

3.5 Strategien zur Lösung von Problemen

Was dich erwartet

Warum beschäftigt man sich eigentlich mit Mathematik? Hast du dir diese Frage auch schon einmal gestellt? Die Antwort ist ganz einfach. Mathematik macht das Leben leichter! Die Mathematik hilft, Probleme zu lösen, die sonst nur durch umständliches Probieren zu meistern sind. Aber du musst natürlich wissen, wie ein Mathematiker es anstellt, Probleme zu lösen. Bestimmt hast du davon bisher schon eine ganze Menge gelernt; nach diesem Kapitel wirst du es noch besser können.

Aufgaben

1 *Aus einem Knobelwettbewerb*
Drei Maler schaffen am Vormittag in 4 Stunden die Hälfte ihrer Arbeit. Am Nachmittag kommen noch zwei Lehrlinge hinzu, die aber nur halb so schnell arbeiten können. Wie lange dauert es noch, bis die ganze Arbeit geschafft ist? Was vermutest du?

a) Durch das Rechteck ist die gesamte Arbeit, die erledigt werden muss, dargestellt. Begründe, warum das Rechteck durch eine dicke Linie halbiert ist.
b) Welchen Sinn hat die Einteilung in Kästchen auf der linken Seite?
c) Auf der rechten Seite sind bereits einige gestrichelte Linien eingetragen und umrahmt. Was wird dadurch dargestellt?
d) Übertrage das gesamte Rechteck in dein Heft und ergänze die fehlenden Beschriftungen.
e) Ergänze im Heft die fehlenden Linien auf der rechten Seite und beantworte die Frage der Aufgabe.
f) Was müsste der Chef des Malerbetriebes machen, wenn er dieses Problem nicht mithilfe der Mathematik lösen könnte?

Und so könnte ein Mathematiker die Aufgabe lösen

2 *Eine Klassenfahrt wird geplant.*
Die Klasse 6c will eine Wanderfahrt machen. Es soll ins 165 km entfernte Waldbach gehen.
Dort wollen die 32 Schülerinnen und Schüler mit zwei Begleitern 5 Tage in der Jugendherberge bleiben.

Jugendherberge Waldbach
Angebot
Tagessatz 17 €
Bei mehr als 30 Personen gibt es 2 Freiplätze

Busse Reisen
Angebot
Bus mit 38 Plätzen
Waldbach hin und zurück: 800 €

3.5 Strategien zur Lösung von Problemen

Nun unterhalten sich die Schülerinnen und Schüler darüber, wie viel jeder einzelne bezahlen muss.

Aufgaben

> Da müssen wir die Gesamtkosten durch die Schülerzahl teilen.

> Kennst du denn die Gesamtkosten?

> Die müsste man doch ausrechnen können, das sind die Fahrtkosten und die Übernachtungskosten.

> Klasse, die Fahrtkosten sind 800 €, aber die Übernachtungskosten?

a) Setze das Gespräch fort.
b) Die 1. Sprechblase kann in die Sprache der Mathematik übersetzt werden:
   Einzelkosten = Gesamtkosten : Schülerzahl
Warum können die Einzelkosten noch nicht berechnet werden?
c) Übersetze die 3. Sprechblase und auch deine Fortsetzung des Gespräches in die Sprache der Mathematik.
d) Wann kannst du endlich anfangen zu rechnen?
e) Vergleiche die Reihenfolge, in der du rechnen musst, mit der Reihenfolge der Sprechblasen.
f) Welche Informationen aus der Aufgabe wurden zum Lösen nicht benötigt?

 Im täglichen Leben tauchen immer wieder Probleme auf.

Basiswissen

„Soll ich den roten oder den blauen Pullover anziehen?"
„Wie lange muss ich noch sparen, bis ich mir das neue Fahrrad kaufen kann?"
„Soll ich jetzt erst die Hausaufgaben machen und dann spielen oder umgekehrt?"
„Soll ich meinen Internetzugang bei ‚Comnet' buchen oder ist ‚Netcom' günstiger?"

Bei der Lösung einiger dieser Probleme kann die Mathematik helfen. Aber sie kann natürlich nicht alles lösen. Die Entscheidung über die Farbe des Pullovers kann sie dir nicht abnehmen. Es müssen schon Probleme sein, bei denen Zahlen eine wichtige Rolle spielen.

Auch Erwachsene müssen immer wieder Probleme lösen. Häufig sind diese Probleme umfangreich und schwierig zu bearbeiten. Im Laufe der Zeit hat man Tricks und Wege, die bei der Problemlösung helfen können, herausgefunden. Solche Tricks und Wege nennt man „**Strategien**". Die Mathematiker verwenden die gleichen Strategien, die du auch verwenden kannst.
Denke aber immer daran: Die Strategien sollen eine Hilfe sein. Wenn du das Problem auf andere Art und Weise lösen kannst, ist es auch in Ordnung.

3 Rechnen mit Brüchen

Basiswissen

Im Mathematikunterricht begegnen dir Probleme häufig als Textaufgaben. Was du tun musst, um solche Aufgaben zu lösen, hängt von der Aufgabe ab.
- Bei einfachen Aufgaben kannst du nach dem Lösen oder Hören der Aufgabe direkt anfangen zu rechnen.
- Wichtig ist es, sich klar zu machen, was man berechnen will.
- Wenn in der Aufgabe viele Daten vorkommen, dann ist es eine gute Idee, alle Daten aufzuschreiben. Dann kannst du leichter herausfinden, welche der Daten du benötigst. Vielleicht fehlen auch Informationen, um das Problem zu lösen.
- Manchmal schreibt man auch zuerst die Daten auf und findet dann heraus, was man berechnen will.
- Es ist oft hilfreich verschiedene Dinge auszuprobieren. So kann man z. B. versuchen, den Sachverhalt zeichnerisch darzustellen, ein Diagramm zu zeichnen, eine Tabelle aufzuschreiben usw. Auch Ausprobieren mit Zahlen, Vermutungen über die Lösung usw. kann dich auf einen richtigen Weg führen.

Merke dir: Der, der schnell losrechnet, ist oft nicht der bessere Problemlöser.

- Und besonders wichtig: Überprüfe, ob deine Lösung zu der Fragestellung „passt". Solltest du z. B. herausbekommen, dass dein Hamster in seinem Laufrad täglich 120 km läuft, dann ist vorher etwas falsch gelaufen.

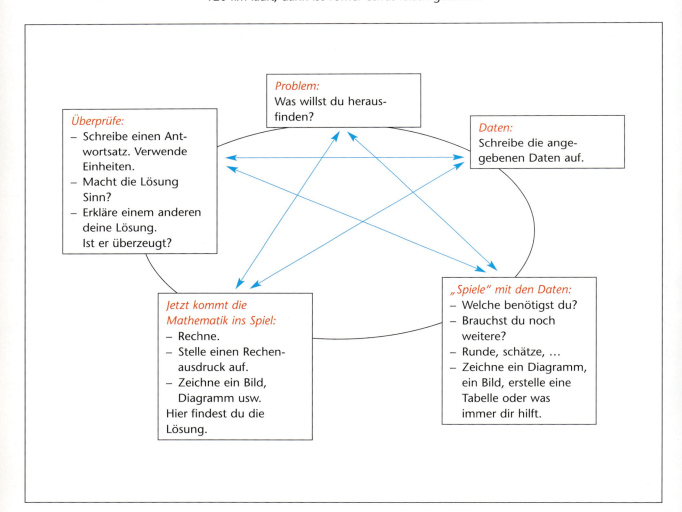

Sei nicht besorgt, wenn du nicht sofort alles beherrschst. Problemlöser wird man nicht von heute auf morgen. Man benötigt Zeit und Übung.

3.5 Strategien zur Lösung von Problemen

Beispiele

A Andrea möchte mit Keramikgießpulver basteln. Das Pulver muss mit Wasser angemischt und dann in eine Form gegossen werden. In der Gebrauchsanweisung steht: Auf 3 Teile Pulver kommt 1 Teil Wasser. Für ihre Form braucht Andrea insgesamt 570 g fertige Gießmasse.

Windlicht Weihnachtsmann
11 × 11 × 11 cm
Materialbedarf ca. 570 g

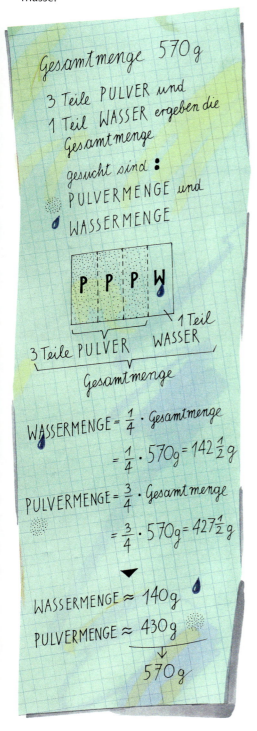

Andrea hat ein Problem zu lösen.

Sie schreibt zunächst einmal alle Informationen, die sie hat, übersichtlich auf und gibt ihnen einfache Namen.

Alle Daten aufschreiben

Sie überlegt, was sie eigentlich wissen möchte und gibt auch diesen gesuchten Informationen Namen.

Was ist gesucht?

Sie überlegt, wie sie die gesuchten Informationen herausfinden kann. Da es um Bruchteile geht, erinnert sie sich daran, dass Bruchteile mit Bildern gut veranschaulicht werden können.

Zeichnerische Darstellung

Nun kann Andrea die gesuchten Informationen in der Sprache der Mathematik ausdrücken. Anschließend rechnet sie.

Rechnung

Mit dem Rechenergebnis ist Andrea nicht zufrieden, da ihre Waage nur bis auf 10 g genau abwiegen kann. Deshalb rundet sie.

Ergebnisse überprüfen

„Also nehme ich 140 g Wasser und 430 g Pulver", sagt sie und beginnt mit dem Basteln.

3 Rechnen mit Brüchen

Übungen

3 *Pizza, Pizza, Pizza*
Sandy erwartet 11 Gäste zu ihrer Geburtstagsparty. Es soll Pizza geben. Welche Mengen der angegebenen Zutaten benötigt Sandy für den Pizzateig?

Pizzateig für 4 Personen

$\frac{1}{2}$ kg Weizenvollkornmehl
20 g Backpulver
10 g Kräutersalz
$\frac{1}{4}$ kg Magerquark
40 g saure Sahne
100 g Butter

4 *Blauwale, die größten Säugetiere, die auf der Erde leben*
Blauwale sind wahre Riesen. Sie werden bis zu 30 m lang und können mehr als 158 t wiegen. Täglich verzehren sie $\frac{1}{40}$ ihres Körpergewichtes an Algen, kleinen Krebsen und kleinen Fischen. Natürlich haben diese Riesen auch ein großes Herz. Es wiegt ungefähr 450 kg. Dieses Herz pumpt etwa $6\frac{1}{2}$ t Blut durch den Körper. Blauwale sind schnelle Schwimmer. Normalerweise schwimmen sie bis zu 30 km in einer Stunde. Walbabys, man nennt sie auch Kälber, trinken täglich zwischen 23 und 90 Liter Milch. Und glaubt bloß nicht, dass die „Babys" klein sind. Sie sind von $7\frac{1}{2}$ m (bei der Geburt) bis zu 13 m (im Alter von einem Jahr) groß.

a) Wie groß ist die tägliche Futtermenge in Tonnen?
b) Ein Sechstklässler wiegt ungefähr 50 kg. Um das Wievielfache ist das Herz eines Blauwales schwerer?
c) Welche Strecke können Blauwale in 3 Stunden zurücklegen?
d) Wie viele Pkws wiegen zusammen ungefähr so viel wie ein Blauwal?
e) Welche Informationen hast du zum Lösen der Aufgaben nicht benötigt?

5 *Zwei weltberühmte Monumente*
Der **Eiffelturm** in Paris wurde für die Weltausstellung 1889 in Paris erbaut. Er ist ganz aus Stahl und wiegt ungefähr 7000 t. Ihn halten insgesamt 2 500 000 Bolzen zusammen. Der Turm erhält alle 7 Jahre einen neuen Anstrich. Dazu werden 40 t dunkel-brauner Farbe benötigt. Der Eiffelturm ist 350,50 Meter hoch. Zu Fuß sind es 1652 Stufen bis ganz oben. Von dort hast du einen herrlichen Blick über Paris. An einem windigen Tag schwankt der Turm um 12 cm nach beiden Seiten.
Die **Freiheitsstatue** (the Statue of Liberty) ist ein Wahrzeichen von New York. Sie ist bei weitem nicht so groß wie der Eiffelturm. Sie ist 294 m kleiner und sie wiegt auch nur 225 t. Die Freiheitsstatue hat einen inneren Rahmen aus Stahl der mit Kupferblech überzogen ist. Das Kupfer wiegt $2\frac{1}{2}$-mal so viel wie die Farbe, die man für den Eiffelturm benötigt. Die Freiheitsstatue war ein Geschenk Frankreichs an die USA.
Schätzt einmal, wie viel Tonnen die Kupferbleche der Freiheitsstatue wiegen. Überprüft eure Schätzung mit einer Rechnung.

96

3.5 Strategien zur Lösung von Problemen

6 *Kuhnerts neues Auto*   *Übungen*

Familie Kuhnert möchte ein neues Auto kaufen. Das ausgesuchte Modell kostet 20 000 €. Die Kuhnerts überlegen lange hin und her, da sie nicht den ganzen Betrag haben. Der Verkäufer bietet den Verkauf mit Ratenzahlung an. Es muss dabei eine Anzahlung von 4 000 € geleistet werden. Der Rest kann in 24 Monatsraten gezahlt werden. Frau und Herr Kuhnert haben sich zusammengesetzt und gerechnet. Leider hat der kleine Klaus das Blatt, auf dem sie gerechnet haben, zerschnitten und die Teile durcheinander gebracht.
Bringe die Überlegungen und Rechnungen in die richtige Reihenfolge und überprüfe sie.

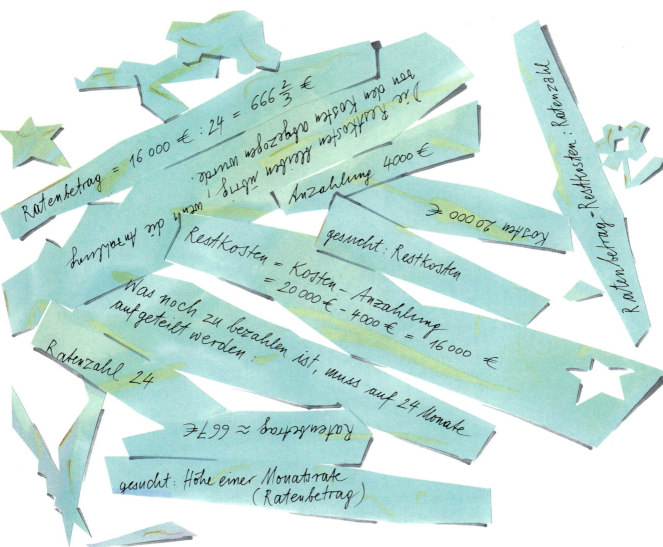

7 Messing ist eine Legierung aus Kupfer und Zink. Auf 5 Teile Kupfer kommen immer 3 Teile Zink.
a) In der Gießerei sollen 1400 kg Messing hergestellt werden. Wie viel Kupfer und wie viel Zink muss dafür genommen werden?
b) Wie viel Messing kann man mit 800 kg Kupfer herstellen? Wie viel Zink muss hinzugefügt werden?

3 Rechnen mit Brüchen

Übungen

8 In einem Buch über Balkonpflanzen findet Herr Schubert eine Anleitung zum Füllen eines Balkonkastens: „Mische 3 Teile Gartenerde, 2 Teile Torf und einen Teil Sand." Die Schuberts haben 4 Balkonkästen. Jeder hat einen Inhalt von 24 Liter. Wie viel Gartenerde, wie viel Torf und wie viel Sand werden benötigt?

9 Laut Schulstatistik kommen $\frac{3}{5}$ der Schüler des Sebastian-Münster-Gymnasiums von den umliegenden Ortschaften. Von diesen erhalten $\frac{5}{7}$ eine Busfahrkarte. Insgesamt wurden 360 Busfahrkarten ausgegeben.
a) Stelle die gegebenen Informationen in einem Bild dar. Übertrage dazu die Abbildung in dein Heft und ergänze die fehlenden Zahlen.

b) Wie groß ist der Anteil der Schülerinnen und Schüler, die eine Busfahrkarte besitzen?

Aufgaben

10 Die Firma **NetInter** macht das folgende Angebot:

Günstig surfen mit NetInter

Nur 5 € Grundgebühr im Monat lassen Sie 2 Stunden frei surfen. Und wer länger surft, zahlt nur 0,03 € pro Minute.

Jutta hat $5\frac{1}{6}$ Stunden gesurft.
Sie erhält von **NetInter** die folgende Abrechnung:

Surferin Jutta Kienle, Habenbach
Zeitraum: 1.3.2001 – 31.3.2001

	A	B	C
1	Grundgebühr	5,00	€
2	Freiminuten	120	Minuten
3	Kosten pro Minute	0,03	€
4	Surfzeit	310	Minuten
5	Bezahlzeit	190	Minuten
6	Zeitkosten	5,70	€
7			
8	**Gesamtkosten**	10,70	€

Die Abrechnung wurde in Form einer Tabelle von einem Computer erstellt. Die Spalten der Tabelle sind mit Buchstaben gekennzeichnet. Die Zeilen sind durchnummeriert. Jedes Feld der Tabelle, man sagt auch Zelle, kann man durch den Spaltennamen und die Zeilennummer exakt angeben. So steht z. B. die Zahl 120 in der Zelle B2.
a) Welchen Namen hat die Zelle, in der die Zahl 190 steht? In welcher Zelle befindet sich die Zahl 10,70?
b) In welchen Zellen stehen die Informationen aus dem Angebot der Firma **NetInter**?
c) In welcher Zelle steht die Anzahl der Minuten, die Jutta gesurft hat?
d) In welchen Zellen stehen die Zahlen, die man errechnen muss?
e) Die Bezahlzeit berechnet sich nach der Formel:

Bezahlzeit = Surfzeit – Freiminuten.   Man kann dies auch kurz schreiben als
B5   = B4   – B2

Schreibe auch für die anderen zwei Berechnungen je eine „Langformel" und „Kurzformel".
f) **NetInter** hat die Zahl der Freistunden erhöht. Die ersten 3 Stunden sind frei. Wie viel müsste Jutta jetzt zahlen?
Erstelle eine Rechnung in Tabellenform. In welchen Zellen muss man die Zahlen ändern? Muss man eine der Berechnungsformeln ändern?

3.5 Strategien zur Lösung von Problemen

Computer können unermüdlich, schnell und ohne Fehler Rechnungen ausführen. Sie sind die idealen Gehilfen bei jeder Rechnung.
Was muss der Computer wissen für die Rechnung in Tabellen?
Er benötigt: – Rechenvorschriften,
                – Daten, mit denen er rechnen soll.
Er muss wissen, – wo die Daten stehen,
                – wohin er die Ergebnisse schreiben soll.

Tabellenkalkulation: Rechnen in Tabellen

Bekannte Programme für Tabellenkalkulationen: Excel, Works.

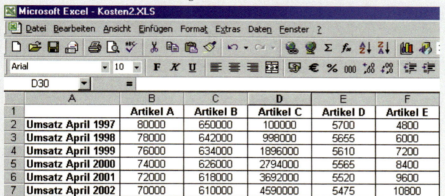

Tabellen oder Rechenblätter eignen sich zum Rechnen hervorragend. Man kann nämlich leicht ausdrücken, wo eine Zahl in der Tabelle steht und wie man Formeln eingeben kann. Du musst nur einmal bei Aufgabe 10 nachlesen. Auf dem Rechenblatt sieht man in der Regel nur die Daten und die berechneten Ergebnisse.
Besonders toll ist, dass der Computer auf „Knopfdruck" reagiert. Ändert man eine Zahl in der Tabelle, dann rechnet der Computer sofort die neuen Ergebnisse aus und trägt sie in der Tabelle ein. Dies ist toll, denn man erspart sich sehr viel „Handarbeit".

Aufgaben

11 Die beiden folgenden Rechnungen wurden mit einer Tabellenkalkulation auf dem Computer erstellt. Vergleiche die beiden Rechnungen.

Rechnung 1

	A	B	C
1	Grundgebühr	5,00	€
2	Freiminuten	120	Minuten
3	Kosten pro Minute	0,03	€
4	Surfzeit	310	Minuten
5	Bezahlzeit	190	Minuten
6	Zeitkosten	5,70	€
7			
8	Gesamtkosten	10,70	€

Rechnung 2

	A	B	C
1	Grundgebühr	5,00	€
2	Freiminuten	120	Minuten
3	Kosten pro Minute	0,03	€
4	Surfzeit	620	Minuten
5	Bezahlzeit	500	Minuten
6	Zeitkosten	15,00	€
7			
8	Gesamtkosten	20,00	€

a) Gib die Namen der Zellen an, in denen sich die Rechnung 2 von der Rechnung 1 unterscheidet.
b) In welchen Zellen wurden die Zahlen von dem Computer geändert?

12 Die Lehmanns haben bei der Firma Wolk ein Wohnmobil für eine Woche gemietet. Täglich kostet die Wagenmiete 120,– €. In dem Mietpreis sind 1400 Freikilometer für eine Woche inbegriffen. Jeder weitere Kilometer kostet 0,60 € extra. Die Lehmanns sind insgesamt 1750 km gefahren. Erstelle eine übersichtliche Rechnung in Form einer Tabelle.

*Nur bei **Wolk Wohnmobil**
Mietpreis: 120,– €
       pro Tag
Pro Woche 1400 km frei
Jeder weitere Kilometer:
0,60 €*

99

Erinnern, Können, Gebrauchen

CHECK-UP

Gleichnamige Brüche
addieren und subtrahieren

Zähler + Zähler und Nenner beibehalten
$\frac{3}{7} + \frac{2}{7} = \frac{5}{7}$

Zähler − Zähler und Nenner beibehalten
$\frac{8}{9} - \frac{7}{9} = \frac{1}{9}$

Ungleichnamige Brüche
addieren und subtrahieren

gleichnamig machen:
$\frac{1}{6} + \frac{4}{9} = \frac{3}{18} + \frac{8}{18} = \frac{11}{18}$

$\frac{5}{6} - \frac{2}{3} = \frac{5}{6} - \frac{4}{6} = \frac{1}{6}$

Multiplizieren eines Bruches mit einer natürlichen Zahl

Zähler · natürliche Zahl, Nenner beibehalten
$4 \cdot \frac{2}{3} = \frac{8}{3}$

Multiplizieren von Brüchen

Zähler · Zähler, Nenner · Nenner
$\frac{2}{5} \cdot \frac{3}{4} = \frac{6}{20} = \frac{3}{10}$

1 Kopfrechnen
a) $\frac{3}{4} - \frac{1}{4}$ b) $\frac{2}{5} + \frac{3}{5} - \frac{1}{5}$ c) $\frac{3}{8} - \frac{1}{8} + \frac{7}{8}$ d) $\frac{5}{3} + \frac{2}{3} - \frac{4}{3}$
e) $\frac{3}{8} + \frac{1}{4}$ f) $\frac{7}{10} - \frac{1}{5}$ g) $\frac{1}{2} - \frac{1}{4} + \frac{3}{4}$ h) $\frac{5}{6} + \frac{2}{3} - \frac{1}{6}$
i) $\frac{1}{2} - \frac{1}{3} + \frac{1}{6}$ j) $\frac{1}{2} + \frac{1}{4} + \frac{1}{8}$ k) $\frac{3}{10} + \frac{4}{5} - \frac{1}{5} + \frac{1}{2}$

2 Welche Rechnung wird durch das Bild dargestellt?

a) 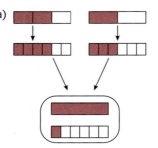 b)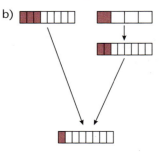

3 Stelle die Rechnungen durch ein Bild dar.
a) $\frac{1}{3} + \frac{1}{6}$ b) $\frac{1}{2} + \frac{1}{4}$ c) $\frac{3}{5} + \frac{3}{10}$ d) $\frac{3}{4} - \frac{1}{8}$

4 Berechne.
a) $\frac{3}{8} + \frac{1}{6}$ b) $\frac{2}{3} + \frac{3}{4}$ c) $\frac{9}{10} - \frac{3}{5} + \frac{1}{2}$ d) $\frac{2}{3} + \frac{3}{8} - \frac{5}{6}$
e) $\frac{1}{2} + \frac{3}{8} - \frac{1}{6}$ f) $\frac{3}{4} + \frac{7}{10} - \frac{1}{2}$ g) $\frac{5}{6} - \frac{4}{9} + \frac{2}{3}$

5 Finde die fehlende Zahl.
a) $\frac{7}{10} - \otimes = \frac{2}{5}$ b) $\frac{3}{8} + \otimes = \frac{3}{4}$ c) $\otimes - \frac{1}{6} = \frac{2}{3}$ d) $\otimes + \frac{3}{10} = \frac{4}{5}$
e) $\frac{6}{5} - \otimes = \frac{9}{15}$ f) $\frac{1}{6} + \otimes = \frac{13}{5}$ g) $\frac{7}{8} - \otimes = \frac{1}{16}$ h) $\otimes + \frac{1}{3} = \frac{9}{8}$

6 Übertrage die Rechenpyramide in dein Heft und fülle die leeren Felder aus. Mit der Zahl in der Spitze kannst du testen, ob du richtig gerechnet hast.

a) 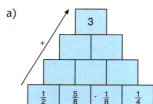 b)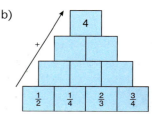

7 Frank möchte ein neues Fahrrad kaufen. Das Fahrrad kostet 240 €. Ein Drittel des Geldes hat er schon gespart. Die Hälfte soll er zum Geburtstag bekommen. Welcher Anteil fehlt ihm noch? Wie viel Euro sind das?

8 Kopfrechnen.
a) $3 \cdot \frac{5}{6}$ b) $\frac{3}{4} \cdot 12$ c) $\frac{6}{7} : 2$ d) $\frac{2}{3} \cdot \frac{4}{5}$ e) $\frac{3}{8} \cdot \frac{5}{6}$
f) $\frac{7}{8} : \frac{1}{2}$ g) $\frac{1}{3} : \frac{2}{3}$ h) $\frac{7}{8} \cdot \frac{2}{3}$ i) $5 : \frac{3}{5}$ j) $\frac{2}{3} : \frac{3}{2}$

9 Multipliziere und dividiere; kürze rechtzeitig.

a) $\frac{2}{3} \cdot \frac{4}{5} \cdot \frac{3}{4}$ b) $\frac{5}{6} \cdot \frac{3}{10} : \frac{2}{3}$ c) $\frac{7}{10} \cdot \frac{5}{8} : \frac{7}{2}$ d) $\frac{2}{3} : \frac{5}{6} : \frac{5}{8}$

e) $\frac{2}{5} : \frac{2}{10} \cdot \frac{1}{3}$ f) $\frac{7}{9} : \frac{15}{18} : \frac{4}{3}$ g) $\frac{19}{11} \cdot \frac{3}{38} \cdot \frac{11}{7}$ h) $\frac{18}{21} \cdot \frac{42}{9} : 42$

10 Finde die fehlende Zahl.

a) $\frac{1}{3} \cdot \otimes = \frac{1}{4}$ b) $\frac{1}{2} : \otimes = 3$ c) $\otimes : \frac{3}{4} = \frac{1}{2}$ d) $\otimes \cdot \frac{7}{2} = \frac{14}{3}$

e) $\frac{5}{3} : \otimes = \frac{5}{18}$ f) $\frac{14}{11} \cdot \otimes = \frac{7}{11}$ g) $\otimes : 3 = \frac{5}{24}$ h) $\otimes : 13 = \frac{17}{39}$

11 Übertrage die Rechenbilder in dein Heft und fülle die freien Stellen aus.

a) 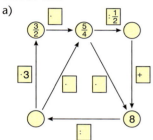   b)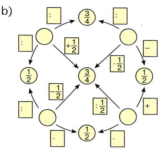

12 Bernd möchte eine Zeichnung verkleinern. Er stellt den Kopierer auf den Verkleinerungsfaktor $\frac{7}{10}$ ein. Wie lang sind die Seiten seines DIN-A4-Blattes nach dem Verkleinern? Um welchen Faktor wird die Fläche der Zeichnung verkleinert?

13 Die Klasse 6a hat 32 Schülerinnen und Schüler. $\frac{3}{4}$ von ihnen sind Schwimmer. Die Hälfte von den Schwimmern besitzt nur das Schwimmabzeichen in Silber, ein Viertel der Schwimmer hat auch das Abzeichen in Gold. Wie groß ist der Anteil der Schülerinnen und Schüler mit Silber bzw. Gold? Wie viele sind das jeweils?

14 Aus einem Intelligenztest: „Wie viel ist 30 durch ein Halb plus 10?"

15 Berechne die Rechenausdrücke. Zeichne zu jedem Rechenausdruck einen Rechenbaum.

a) $\frac{1}{3} \cdot (\frac{3}{8} + \frac{1}{4})$ b) $\frac{1}{4} \cdot \frac{1}{2} + \frac{1}{2}$ c) $(\frac{1}{3} + \frac{1}{6}) \cdot (\frac{2}{5} + \frac{1}{2})$

d) $4 \cdot (\frac{5}{8} - \frac{3}{8})$ e) $\frac{1}{3} + \frac{8}{9} : 4$ f) $\frac{3}{5} - \frac{1}{4} : \frac{1}{2} + \frac{1}{3}$

16 Verteilen oder Zusammenfassen, was ist vorteilhafter?

a) $\frac{3}{7} \cdot (\frac{4}{5} + \frac{3}{5})$ b) $\frac{6}{7} \cdot (\frac{21}{12} - \frac{7}{18})$ c) $\frac{3}{4} : \frac{1}{6} + \frac{1}{4} : \frac{1}{6}$

17 Herr Schulze kauft ein Auto. $\frac{2}{5}$ des Kaufpreises muss er als Anzahlung leisten. Den Rest bezahlt er in 24 Monatsraten. Welchen Anteil am Kaufpreis macht eine Monatsrate aus? Beschreibe die Rechnung auch durch einen einzigen Rechenausdruck.

CHECK-UP

Division eines Bruches durch eine natürliche Zahl

Nenner · natürliche Zahl, Zähler beibehalten

$\frac{5}{6} : 2 = \frac{5}{12}$

Division zweier Brüche

Multiplikation des ersten Bruches mit dem Kehrbruch des zweiten Bruches

$\frac{3}{7} : \frac{2}{5} = \frac{3}{7} \cdot \frac{5}{2} = \frac{15}{14}$

Vorfahrtsregeln

Punkt- vor Strichrechnung

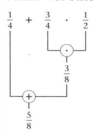

Klammern zuerst bearbeiten

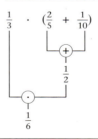

4 Wahrscheinlichkeitsrechnung

4.1 Voraussagen mit relativen Häufigkeiten

Was dich erwartet

■ „Mensch, Eva hat schon dreimal hintereinander eine Sechs gewürfelt. Eva kann gut würfeln. Aber beim nächsten Mal wird sie sicher keine Sechs bekommen."

„Soll ich wirklich mit meinem neuen Freund um die Wette auf den Basketballkorb werfen? Ich weiß doch gar nicht, wie gut er trifft. Vielleicht lasse ich besser die Finger davon."

So oder ähnlich könnte es lauten, wenn man nicht genau weiß, wie etwas ausgeht, wenn also der Zufall ins Spiel kommt. Wie kann man Gewinnchancen beurteilen? Was versteht man eigentlich unter der Wahrscheinlichkeit, mit der ein bestimmtes Ergebnis eintritt, und wie kann man diese in konkreten Fällen ermitteln? Kann man den Zufall vielleicht „berechnen"?

Aufgaben

1 Zwei Münzen sollen 40-mal gleichzeitig geworfen werden und die Ergebnisse „2-mal Zahl", „1-mal Zahl" und „0-mal Zahl" mit einer Strichliste festgehalten werden.
a) Stelle eine Prognose (Voraussage) für dieses Experiment auf und begründe sie.
b) Führe den Versuch mit einem Partner durch. Welchen Anteil aller Würfe macht jedes der drei Ergebnisse aus?
c) Diskutiere. Wie kann man die Ergebnisse aus b) benutzen, um die Prognose vielleicht zu verbessern?

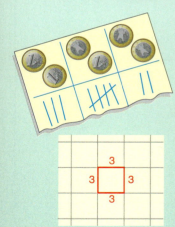

2 *Gut gezielt?*
Zeichne in ein Quadrat mit der Seitenlänge von 15 cm ein Raster mit einer Rastergröße von 3 cm × 3 cm. Eine 5-Cent-Münze soll auf dieses Papier geworfen werden. Liegt eine Münze vollständig in einem Feld, so hast du einen Treffer erzielt.
a) Lasse die Münze 50-mal fallen und zähle die Anzahl der Treffer. Berechne daraus den Anteil der Treffer in Prozent.
b) Angenommen, du möchtest das folgende Spiel spielen:

> „Treffer gewinnt."
> Das Spiel wird zu zweit gespielt. Einer der Spieler ist Bankhalter, der andere der Spieler. Der Spieler wirft seinen Einsatz, eine 5-Cent-Münze auf das Spielfeld. Erzielt er einen Treffer, so erhält er seinen Einsatz und 5 Cent von der Bank. Wenn nicht, dann gewinnt die Bank den Einsatz des Spielers.

Wärest du lieber Bankhalter oder Spieler? Begründe deine Entscheidung.

4.1 Voraussagen mit relativen Häufigkeiten

3 *„Differenz trifft"*

Die richtige Wahl zu treffen, ist nicht immer einfach, insbesondere dann, wenn der Zufall im Spiel ist. Bei dem Spiel *„Differenz trifft"* kann man durch eine kluge Wahl seine Gewinnchancen vergrößern.

Aufgaben

Projekt Zufall

Etwas zum Spielen

Differenz trifft

Spielregeln

- Das Spiel wird mit 2 oder 3 Spielern gespielt.
- Benötigt werden:
  – 2 Würfel
  – ein Spielblatt für jeden Spieler (siehe Abbildung)
  – 18 Chips pro Spieler (Cent-Stücke o. ä.)
- Jeder Spieler verteilt seine 18 Chips auf die Spalten nach seiner Wahl.
- Es wird reihum jeweils mit 2 Würfeln gewürfelt. Der Jüngste beginnt. Das Ergebnis eines Wurfes ist die Differenz der Augenzahlen.
- Wenn die Differenz z. B. 3 beträgt, so wird ein Chip aus der Spalte „3" entfernt. Befindet sich dort kein Chip, dann hat man Pech gehabt.
- Gewonnen hat, wer zuerst alle Chips abgeräumt hat.

Spielblatt

0 | 1 | 2 | 3 | 4 | 5

Statt der Chips könnt ihr auch 18 Kreise auf die Spalten verteilen. Wegnehmen bedeutet dann einfach das Streichen eines Kreises. Dadurch könnt ihr nach dem Ende des Spiels noch eure „Anfangsverteilung" vergleichen.

Spielt das Spiel viermal. Wer ist in eurer Gruppe der Champion?

a) Auf welchen Teil des Spieles hast du Einfluss, wo regiert ausschließlich der Zufall?

b) Wie hast du deine Chips verteilt? Warum ist es wohl nicht günstig, in jede Spalte 3 Chips zu legen?

c) Welche Differenz kommt deiner Meinung nach selten vor? Solltest du in die entsprechende Spalte wenige oder viele Chips legen? Begründe deine Entscheidung.

d) Ein Tipp von einem Experten:

„Will man eine gute Wahl treffen, wie die Chips zu verteilen sind, dann ist es hilfreich zu wissen, wie groß die Wahrscheinlichkeit ist, eine bestimmte Differenz zu würfeln".

Wieso ist dies ein guter Tipp?

e) Experiment: Würfele mit 2 Würfeln 30-mal. Notiere, wie häufig die Differenzen 0, 1, 2, 3, 4, 5 auftreten.

Etwas zum Nachdenken

Etwas zum Ausprobieren

Differenz	0	1	2	3	4	5
Häufigkeit						

f) Auswertung: Welche Differenzen treten am häufigsten, welche am wenigsten auf?

g) Mit welchen relativen Häufigkeiten traten in dem Experiment die Differenzen 0, 1, 2, 3, 4, 5 auf? Vergleiche deine Auswertungsergebnisse mit denen deiner Nachbarn.

Relative Häufigkeit für die Differenz 2:

$$h = \frac{\text{Häufigkeit der Differenz 2}}{\text{Anzahl der Würfe}}$$

103

4 Wahrscheinlichkeitsrechnung

Basiswissen

Wenn man z. B. zwei Würfel wirft und registriert, welche Differenz der Augenzahlen auftritt, dann führt man ein Zufallsexperiment aus. Die jeweilige Differenz ist das Ergebnis des Zufallsversuches.

Bei einem **Zufallsexperiment** kann es verschiedene Ergebnisse geben.
Die Ergebnisse können mit unterschiedlicher **Wahrscheinlichkeit** auftreten.
Wir geben die Wahrscheinlichkeit durch eine Zahl zwischen 0 und 1 an. Je größer die Zahl ist, umso größer ist die Wahrscheinlichkeit.

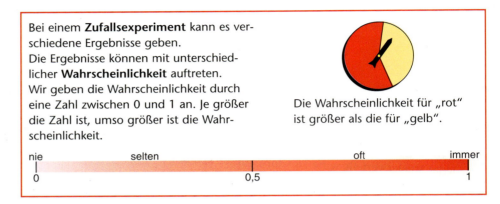

Die Wahrscheinlichkeit für „rot" ist größer als die für „gelb".

nie	selten		oft	immer
0		0,5		1

Schätzen von Wahrscheinlichkeiten

Wiederholen wir ein Zufallsexperiment häufig, so können wir die **relative Häufigkeit**, mit der ein Ergebnis eintritt, berechnen.

Die relative Häufigkeit ist ein **Schätzwert für die Wahrscheinlichkeit**, mit der das betreffende Ergebnis eintritt.
Statt Schätzwert sagen wir auch:
„**empirische Wahrscheinlichkeit**".

Empirisch: aus einem Experiment gewonnen.

Experiment:
– 30 Würfe mit 2 Würfeln,
– die Differenz 3 tritt 7-mal auf
– die relative Häufigkeit der 3 beträgt $\frac{7}{30}$.

Wie erhält man einen guten Schätzwert?

Ein Experiment wird oft durchgeführt und die relative Häufigkeit ermittelt, mit der ein Ergebnis eintritt. Dies ist ein Schätzwert für die Wahrscheinlichkeit.
Einen guten Schätzwert erhält man in der Regel, wenn man das Zufallsexperiment sehr oft (z. B. 100-mal und mehr) ausführt.

Gute Schätzwerte:
300 Würfe mit einem Würfel

Anzahl der Sechsen	Relative Häufigkeit
52	$\frac{52}{300} \approx 0{,}173$
47	$\frac{47}{300} \approx 0{,}157$
49	$\frac{49}{300} \approx 0{,}163$

Die Schätzwerte stimmen in allen Versuchsreihen gut überein.
Die Wahrscheinlichkeit für eine Sechs ist etwa 0,16.

Beispiele

A Angenommen, bei 18 Würfen mit 2 Würfeln erzielst du 6-mal die 1 als Differenz der Augenzahlen. Die relative Häufigkeit $\frac{6}{18} = \frac{1}{3}$ ist ein Schätzwert für die Wahrscheinlichkeit, mit der die Differenz 1 auftritt.
Ob es ein guter Schätzwert ist, kannst du selbst feststellen. Du würfelst z. B. 100-mal, ermittelst die relative Häufigkeit und vergleichst mit dem Schätzwert.

104

Beispiele

B Welchem Schätzwert vertraust du mehr?

Anja: „Ich habe 5-mal mit 2 Würfeln gewürfelt und dabei einmal die Differenz 2 erhalten. Die Wahrscheinlichkeit, die Differenz 2 zu erhalten, beträgt, also $\frac{1}{5}$."

Peter: „Ich habe 100-mal gewürfelt und dabei 26-mal die Differenz 2 erhalten. Ich meine, die Wahrscheinlichkeit ist eher $\frac{1}{4}$."

Dem Schätzwert $\frac{1}{4}$ vertrauen wir mehr, da er bei einer langen Versuchsreihe ermittelt wurde. Schätzwerten aus Versuchsreihen mit wenig Versuchen vertrauen wir weniger.

Wahrscheinlichkeit bestimmen:
Zufallsexperiment planen: U. a. auf was wollen wir achten?
↓
Zufallsexperiment wiederholt ausführen.
↓
Auswerten: Relative Häufigkeit ermitteln.

C Klaus fährt an jedem Morgen mit dem Bus zur Schule. Wie könnte er feststellen, mit welcher Wahrscheinlichkeit der Bus mit Verspätung ankommt?

1. Den Versuch planen:
– Zu welchem Zeitpunkt kommt der Bus fahrplanmäßig an?
– Was ist eine Verspätung (z. B. mindestens 2 Minuten zu spät)?

2. Den Versuch durchführen:
– Eine genau gehende Uhr verwenden.
– Bei 20 aufeinanderfolgenden Fahrten zur Schule feststellen, wie häufig der Bus zu spät ankommt.

3. Den Versuch auswerten:
– Die relative Häufigkeit der Verspätungen berechnen (z. B. $\frac{7}{20}$).
Die relative Häufigkeit ist ein Schätzwert für die Wahrscheinlichkeit, kurz die empirische Wahrscheinlichkeit dafür, dass der Bus zu spät ankommt.

Beachte:
Relative Häufigkeiten machen immer Aussagen über bereits **durchgeführte Zufallsversuche.** Dabei kann man beobachten, dass die relativen Häufigkeiten bei einer langen Versuchsreihe um eine Zahl schwanken.

Wahrscheinlichkeiten geben Auskunft über die Chancen in **bevorstehenden** Zufallsversuchen und dienen somit der **Vorhersage.**

Übungen

4 Patrick hat 18-mal mit zwei Würfeln gewürfelt und die Versuchsreihe ausgewertet.

Differenz der Augenzahlen	0	1	2	3	4	5	
Häufigkeit	4	5	4	2	3	0	
Relative Häufigkeit	$\frac{4}{18}$	$\frac{5}{18}$	$\frac{4}{18}$	$\frac{2}{18}$	$\frac{3}{18}$	0	

a) Diskutiere, wie man die relativen Häufigkeiten benutzen kann, um die Wahrscheinlichkeiten zu beschreiben, mit denen die Differenzen 0, 1, 2, 3, 4, 5 auftreten?
b) Patrick stellt fest: „Die Differenz 5 tritt mit der empirischen Wahrscheinlichkeit 0 auf. Eigenartig. Tritt die Differenz 5 nie auf?"
c) Mit welcher Wahrscheinlichkeit ist die Differenz kleiner als 6? Was denkst du, bedeutet eine Wahrscheinlichkeit 1?

5 Der englische Mathematiker Pearson hat eine Münze 24 000-mal geworfen und dabei 12 057-mal „Kopf" erhalten.
Was hat er wohl als Schätzwert für die Wahrscheinlichkeit angegeben, mit der man beim Werfen einer Münze „Kopf" erhält?

6 Die Inhaberin des „TopHop" möchte 100 Sweatshirts bestellen. Wie kann sie herausfinden, wie viele Sweatshirts der Größe S (small), M (medium), L (large) oder XL (extra large) sie ordern soll?

4 Wahrscheinlichkeitsrechnung

Übungen

7 *Mathematik am Telefonbuch*

Dortmund
Fahldusch Michael 0 13 25 12 78 30 Fa.
 (Vin) Wendehager 85
-Oliver u. Melanie 8 78 12 16 Fahr
 (Bem) Kirchgarten 12
-Peter u. Albrecht Julia 45 03 51
Fahldusch Oskar Rechtsanwalt 45 60 99
Fahldusch R. Wegsfeld 62 89 28 27
-Raimund Landesgerichtsrat 10 19 12
 Mommen-83A

a) Mit welcher Wahrscheinlichkeit endet eine Telefonnummer mit der Ziffer 5? Untersuche dazu im Telefonbuch 100 aufeinanderfolgende Nummern und stelle fest, wie groß der Anteil der Nummern ist, die auf 5 enden.
b) Schätze mit demselben Verfahren wie in Aufgabe a) die Wahrscheinlichkeit, dass die 1. Ziffer eine 5 ist. Fällt dir etwas auf?

8 *Kopf oder Zahl*

Ein Klassenexperiment

Eine Münze wird oft verwendet: Bei der Seitenwahl im Sport, beim Auslosen, wer beim Tennis den ersten Aufschlag hat usw. Bei einer Münze kann man nicht vorhersagen, ob „Wappen" oder „Zahl" oben liegt.
a) Auch ohne Experiment kann man schätzen, mit welcher Wahrscheinlichkeit das Ergebnis „Wappen" oder „Zahl" auftritt. Schätze.
b) Wirf die Münze 2 (10, 50)-mal. Wie häufig liegt „Zahl" oben. Berechne die relative Häufigkeit für „Zahl". Bist du mit dem Schätzwert aus a) zufrieden?
c) Wie häufig habt ihr in der Klasse die Münze insgesamt geworfen und wie häufig trat das Ergebnis „Wappen" insgesamt auf. Berechne aus diesen Daten die relative Häufigkeit für „Wappen". Was beobachtest du?

9 Was hältst du von der Aussage?
„Butterbrote fallen immer mit der belegten Seite nach unten auf den Boden oder auf die Hose."

10 Schätzen von Wahrscheinlichkeiten durch Ausprobieren bei Experimenten mit ungewissem Ausgang:
Lässt man eine Wäscheklammer oder einen Kronkorken aus der Hand auf den Tisch fallen, dann gibt es bei jedem dieser Experimente zwei mögliche Ergebnisse.

	Wäscheklammer		Kronkorken	
Ergebnisse				
vermutete Wahrscheinlichkeit				
relative Häufigkeit				

a) Übertrage die Tabelle in dein Heft und trage deine Schätzungen ein. Schätze die Wahrscheinlichkeit für das jeweilige Ergebnis.
b) Du kannst leicht überprüfen, ob deine Schätzungen gut lagen. Man muss das entsprechende Zufallsexperiment nur häufig wiederholen. In der Klasse geht das schnell. Jeder in der Klasse führt das betreffende Experiment 10-mal aus. Stelle dabei fest, wie häufig z. B. die Wäscheklammer insgesamt geworfen wurde und wie häufig sie dabei auf der Seite liegt. Übrigens, statt eine Wäscheklammer z. B. 20-mal zu werfen, kann man auch 20 Klammern auf einmal werfen.
Mit diesen Daten kann man die relative Häufigkeit ermitteln. Ergänze die Tabelle und vergleiche deine Vermutung mit der ermittelten relativen Häufigkeit. Bei welchem Versuch hast du dich am meisten geirrt?

4.1 Voraussagen mit relativen Häufigkeiten

Übungen

11 Fällt eine Streichholzschachtel auf den Boden, so kann sie auf den „Reibeflächen" liegen bleiben, auf den schmalen Seiten oder auf einer der flachen Seiten.

A B C

In der Tabelle findest du verschiedene Schätzungen für die Wahrscheinlichkeit, dass das Ergebnis A, B oder C auftritt.

	A	B	C
Inge	0,33	0,33	0,33
Peter	0,1	0,2	0,7
Jutta	0,2	0,2	0,4
Heinz	0	0	1

a) Welche der Schätzungen sind deiner Meinung nach gut?
b) Was sind deine Argumente, die anderen Schätzungen abzulehnen?
Untersuche selbst, wie groß die Wahrscheinlichkeiten sein könnten.
c) Macht es einen Unterschied, ob die Streichholzschachtel leer oder gefüllt ist?

12 Bei dieser Aufgabe müsst ihr in Gruppen zu viert zusammenarbeiten, um euch langweilige Arbeit zu sparen.
Beim Werfen mit 2 Würfeln ist „Pasch" ein besonderes Ergebnis.
a) Was meint ihr, wie groß ist die Wahrscheinlichkeit, mit der ein Pasch eintritt? Begründet eure Vermutung.
b) Durch Ausprobieren wollen wir einen Schätzwert für die Wahrscheinlichkeit ermitteln, mit der ein Pasch auftritt. Jeder in der Gruppe wirft 12-mal mit 2 Würfeln und trägt seine Ergebnisse in das folgende von euch angefertigte Arbeitsblatt ein.

Ergebnis Pasch	Person P1	P2	P3	P4	alle
Absolute Häufigkeit					
Relative Häufigkeit					

c) Vergleicht die Wahrscheinlichkeiten der einzelnen Personen miteinander, dann die Gesamtergebnisse der Gruppen in eurer Klasse, was stellt ihr fest?
d) Urteilt selbst. Welche relativen Häufigkeiten sind eine bessere Schätzung für die Wahrscheinlichkeit, mit der ein Pasch geworfen wird, die des einzelnen Gruppenmitgliedes oder die der ganzen Gruppe?
e) Wie könnte man mit den Versuchsergebnissen einen Schätzwert erhalten, dem man noch mehr vertrauen kann, als dem der einzelnen Gruppen?

13 *Ist der Würfel „gezinkt"?*
Ob ein Würfel gefälscht ist, die Experten sprechen von einem „gezinkten" Würfel, ist gar nicht so leicht festzustellen. Man kann ihn
– genau betrachten,
– auseinander schneiden, um zu sehen, ob er auf einer Seite beschwert ist,
– man kann ihn ausprobieren,
– ....

Claudia erzählt, sie habe 20-mal gewürfelt und festgestellt, dass die Sechs mit einer relativen Häufigkeit von $\frac{12}{20}$ aufgetreten ist.
a) Diskutiere und beurteile die Aussage:
„Bei diesem Würfel tritt die Sechs mit einer Wahrscheinlichkeit von $\frac{12}{20}$ auf."
b) Kann man behaupten, dass der Würfel gezinkt ist?

107

4 Wahrscheinlichkeitsrechnung

Übungen

14 Jessica hat keine große Lust, das Auto zu waschen. Der Vater schlägt ein Spiel vor: „Wir würfeln einmal. Würfelst du eine Sechs, dann bezahle ich für dich und deine Freundin das Kino Freitag nachmittag und du brauchst das Auto nicht zu waschen. Würfelst du eine andere Augenzahl, dann musst du das Auto heute waschen."
Was meint ihr, geht Jessica auf das Spiel ein? Versucht euch einmal vorzustellen, welche Überlegungen Jessica anstellen und was sie gegeneinander abwägen könnte.

Basiswissen

Ob man etwas tut, hängt ab von
– den möglichen Folgen des Tuns und
– der Wahrscheinlichkeit, mit der diese Folgen eintreten.

Die Wahrscheinlichkeit wird in Prozent angegeben.

| unmöglich | kaum wahr-scheinlich | | größte Unsicherheit | | sehr wahr-scheinlich | | sicher |

0%   50%   100%

Wie groß die **Wahrscheinlichkeit** für das Eintreten des erwünschten oder nicht erwünschten Ereignisses ist,
- glauben wir zu wissen, weil wir ein Gefühl dafür haben,
- schätzen wir mit unserer Erfahrung,
- schätzen wir durch Ausprobieren und Berechnen der relativen Häufigkeit.

Beispiele

D Dein Freund bietet dir eine Wette an: „Wir werfen 10-mal von der Freiwurflinie auf den Basketballkorb. Treffe ich häufiger als du, dann musst du mir eine Cola ausgeben, wenn nicht, dann gebe ich dir eine Cola aus." Lässt du dich auf die Wette ein?
Dies könnten mögliche Überlegungen sein:
- Wer trifft in der Regel mit einer größeren Wahrscheinlichkeit?
- Wie groß ist der Unterschied in der Trefferwahrscheinlichkeit?
- Wie viel kostet eine Cola und wie viel Geld hast du noch übrig?
- ....

Übungen

15 Eine Firma möchte eine große Werbekampagne im Fernsehen starten. In der Sitzung der Geschäftsleitung wird diskutiert, innerhalb welcher Sendung man die Werbung platzieren möchte.

a) Welche der folgenden Vorschläge wird wohl die Geschäftsleitung aufgreifen?
- Geschäftsführer Schnaufer: „Ich sehe gerne die Sendung „Die Börse". Ich bin der Meinung, wir sollten die Werbung dort platzieren."
- Abteilungsleiter Nansen: „Ich habe mich umgehört. Meine Freunde sehen alle gerne „Achtung Notruf". Das wäre die Sendung meiner Wahl."
- Frau Closen, die Chefin der Werbeabteilung: „Lasst uns alle unsere Mitarbeiter befragen."

b) Diskutiert in der Klasse, nach welchen Gesichtspunkten ihr die Sendung auswählen wollt, in der ihr die Werbung platziert.
c) Die Gesellschaft für Kommunikationsforschung schätzt die Einschaltquoten für die unterschiedlichen Sendungen. Was meint ihr, wie dies gemacht wird?

4.1 Voraussagen mit relativen Häufigkeiten

Aufgaben

16 Es muss ein tolles Gefühl sein, an einem Fallschirm in der Luft zu schweben, wenn der Absprung nicht wäre. Es wird behauptet, dass der erste Fallschirmspringer ein Hammel gewesen sei, der vor mehr als 200 Jahren aus einem Ballon mit einem Fallschirm abgeworfen wurde und sicher landete. Heutzutage ist der Fallschirm ein Sportgerät. Zu vielen Wettkämpfen der Fallschirmspringer gehört die „Ziellandung" auf einer kleinen Zielfläche.

Projekt

Wir werden einen Zielsprungwettbewerb der Fallschirmspringer mit einer Art Hubschrauber simulieren. Dazu basteln wir uns einen „Propeller" aus Papier.

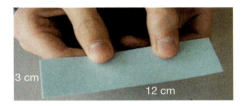

Schneide ein 3 cm breites und 12 cm langes Rechteck aus.

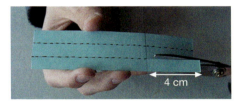

Schneide das Rechteck zweimal 4 cm tief ein.

Falte das Rechteck zu einem dreiseitigen Prisma zusammen und klebe die Kanten zusammen.

Falte die eingeschnittenen Streifen so auseinander, dass sie rechtwinklig abstehen.

Schneide als Ziel ein quadratisches Stück Papier (wenn möglich rot) mit der Kantenlänge 20 cm aus und befestige es auf den Boden.

Wettbewerb 1: Wer in der Klasse trifft das Ziel am besten? Lasse den Propeller aus Schulterhöhe auf das Ziel fallen (nicht werfen). Der Propeller ist im Ziel gelandet, wenn er vollständig innerhalb des Quadrates liegt.
Bestimme die Wahrscheinlichkeit, mit der du triffst. Wer ist der Beste in eurer Klasse? Schummeln ist natürlich verboten.

Wettbewerb 2: Drehe den Propeller schnell zwischen deinen Händen. Lasse ihn dann aus Schulterhöhe fallen. Mit welcher Wahrscheinlichkeit triffst du das Ziel jetzt?
Gibt es in eurer Klasse einen neuen Champion?

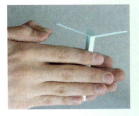

109

4 Wahrscheinlichkeitsrechnung

Projekt

17 *Entschlüsseln von Geheimschriften*

Schon aus dem Altertum sind Verfahren überliefert, wie man Texte verschlüsseln kann.
Ein besonders bekanntes Verfahren beschreibt Julius Cäsar. Dabei ersetzt man jeden Buchstaben des Textes mit demjenigen Buchstaben, der im Alphabet an einer bestimmten Stelle weiter hinten folgt.
Beispiel einer Verschiebung um 4 Buchstaben.

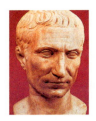

JULIUS CÄSAR
*100 v. Chr.   †44 v. Chr.

Textalphabet	A	B	C	D	E	F	G	H	I	J	K	L	M	N	O	P	Q	R	S	T	U	V	W	X	Y	Z
Geheimtextalphabet	E	F	G	H	I	J	K	L	M	N	O	P	Q	R	S	T	U	V	W	X	Y	Z	A	B	C	D

Wenn man die relative Häufigkeit der Buchstaben im Deutschen untersucht, kann man die folgende Tabelle erhalten:

Relative Häufigkeit der Buchstaben im Deutschen

e	0,1740	t	0,0615	g	0,0301	k	0,0121	x	0,0003
n	0,0978	d	0,0508	m	0,0253	z	0,0113	q	0,0002
i	0,0755	h	0,0476	o	0,0251	p	0,0079		
s	0,0727	u	0,0435	b	0,0189	v	0,0067		
r	0,0700	l	0,0344	w	0,0189	j	0,0027		
a	0,0651	c	0,0306	f	0,0166	y	0,0004		

a) Welche Informationen kann man der Tabelle entnehmen?
b) Es gibt noch andere Tabellen mit geringfügig anderen relativen Häufigkeiten. Wenn du im Internet suchst, wirst du bestimmt noch weitere Tabellen finden. Wieso gibt es Unterschiede?
c) Suche dir einen Text und zähle die Buchstaben. Vergleiche deine relativen Häufigkeiten mit den Werten aus der Tabelle.
d) Erstelle einen Text und verschlüssele ihn mithilfe des „Cäsar-Verfahrens". Gibt diesen Geheimtext einer Mitschülerin/einem Mitschüler zum Entschlüsseln.
e) In Band 5 hast du schon das Morsealphabet kennen gelernt (S. 132). Der amerikanische Maler und Erfinder Samuel Morse (1791–1872) hat die Länge der Zeichenfolgen mit Bedacht ausgewählt. Vergleiche die Länge der Zeichenfolgen im Morsealphabet mit den relativen Häufigkeiten der Buchstaben. Begründe die Unterschiede.

17 c) eignet sich besonders für die Arbeit in Gruppen

Das Morsealphabet

a .-	b -...	c -.-.	d -..	e .	f ..-.
g --.	h	i ..	j .---	k -.-	l .-..
m --	n -.	o ---	p .--.	q --.-	r .-.
s ...	t -	u ..-	v ...-	w .--	x -..-
y -.--	z --..				

f) Wenn man die relative Häufigkeit der Buchstaben im Englischen untersucht, kann man die folgende Tabelle erhalten:

Relative Häufigkeit der Buchstaben im Englischen

e	0,1262	n	0,0670	u	0,0243	g	0,0153	j	0,0011
t	0,1020	r	0,0665	f	0,0239	v	0,0110	q	0,0007
a	0,0899	h	0,0507	w	0,0210	b	0,0091		
s	0,0809	l	0,0388	p	0,0178	k	0,0064		
i	0,0776	d	0,0386	m	0,0175	z	0,0015		
o	0,0672	c	0,0279	y	0,0160	x	0,0011		

Vergleiche die relativen Häufigkeiten in beiden Tabellen.
Erstellt eine eigene Tabelle. Wie könnte man vorgehen?

4.2 Theoretische Wahrscheinlichkeiten

Bei einer Reihe von Zufallsgeräten kann man ohne eine lange Versuchsreihe die Wahrscheinlichkeit bestimmen, mit der ein bestimmtes Ergebnis eintritt. Bei einem Würfel z. B. weiß man auch ohne zu würfeln, dass die Sechs mit einer Wahrscheinlichkeit von $\frac{1}{6}$ eintritt. Damit kann man z. B. vorhersagen, dass bei 300 Würfen jede Augenzahl etwa 50-mal auftritt.
Warum ist dies so, bei welchen anderen Experimenten kann man die Wahrscheinlichkeit durch Nachdenken bestimmen und was kann man mit solchen theoretisch bestimmten Wahrscheinlichkeiten so alles anfangen?

Was dich erwartet

1 Die Klasse 7a baut für das Schulfest ein Glücksrad.
a) Worauf müssen die Schüler beim Bau des Glücksrades achten?
b) Die 9 soll der Hauptgewinn sein. Angenommen, es wird 350-mal gespielt. Mit wie vielen Hauptgewinnen ist zu rechnen? Überlege dir zunächst, wie groß die Wahrscheinlichkeit für den Hauptgewinn ist.
c) Bleibt der Zeiger auf einem weißen Feld stehen, dann erhält man einen Trostpreis. Mit welcher Wahrscheinlichkeit gewinnt man einen Trostpreis?

Aufgaben

2 *Seltsame Würfel*

Hast du schon solche Würfel gesehen?
a) Einige von ihnen eignen sich recht gut für Würfelspiele, andere wiederum nicht? Welche könnte man für Würfelspiele verwenden. Begründe deine Entscheidung.
b) Für einige der „Würfel" kannst du die Wahrscheinlichkeit schätzen, mit der die jeweiligen Augenzahlen auftreten.

3 Bei einem Fest wurden die Lose mit den Nummern 000 bis 999 verkauft. Auf der Bühne werden drei Glücksräder gedreht, um den Hauptgewinner zu ermitteln.
Der Hauptgewinn fällt auf das Los mit der vom Glücksrad „gezogenen" Nummer.
a) Mit welcher Wahrscheinlichkeit gewinnt das Los Nummer 345?
b) Alle Lose, deren Endziffer mit der Endziffer der gezogenen Zahl übereinstimmen, erhalten einen Gutschein für eine Fahrt mit der Achterbahn. Mit welcher Wahrscheinlichkeit gewinnt Inga eine Freifahrt, wenn sie nur ein Los kauft?

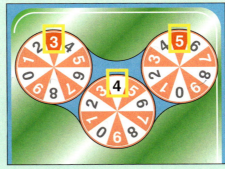

4 Wahrscheinlichkeitsrechnung

Basiswissen

Bei einem „normalen" Würfel kann man annehmen, dass jede der sechs verschiedenen Augenzahlen mit einer Wahrscheinlichkeit von $\frac{1}{6}$ auftritt. Warum soll auch eine der Augenzahlen bevorzugt werden?

Bei einer Reihe von Zufallsexperimenten kann man annehmen, dass jedes einzelne Ergebnis mit der gleichen Wahrscheinlichkeit eintritt.

Spielgerät			
Münze	Würfel	Glücksrad	Urne
Ergebnismenge			
{Z, W}	{1, 2, 3, 4, 5, 6}	{0, 1, ..., 9}	{1, 2, ..., 49}
Anzahl der Ergebnisse			
2	6	10	49
Wahrscheinlichkeit für jedes Ergebnis			
$\frac{1}{2}$	$\frac{1}{6}$	$\frac{1}{10}$	$\frac{1}{49}$

Gibt es **n verschiedene Ergebnisse**, die **gleich wahrscheinlich** sind, dann ist die **Wahrscheinlichkeit** für jedes Ergebnis $\frac{1}{n}$.

n gleich große Felder.

CHEVALIER DE LAPLACE
*1749 †1827

Ein Zufallsexperiment, dessen Ergebnisse alle gleich wahrscheinlich sind, nennt man **Laplace-Experiment**.
Chevalier de Laplace war ein berühmter französischer Mathematiker, der sich mit Wahrscheinlichkeitsrechnung beschäftigt hat.

Schreibweise:
Statt des langen Wortes Wahrscheinlichkeit schreiben wir kurz: p
p steht für probability
(eng.: Wahrscheinlichkeit)

Beispiele

A Bei dem Glücksrad ist die Ergebnismenge {1, 2, 3, 4}.
a) Mit welcher Wahrscheinlichkeit p treten die Ergebnisse jeweils ein?
b) Wie häufig tritt etwa jedes Ergebnis auf, wenn man das Glücksrad 200-mal dreht?

Da das Glücksrad **gleichmäßig aufgeteilt** ist, sind alle Ergebnisse gleich wahrscheinlich.
Daher gilt für jedes Ergebnis $p = \frac{1}{4}$.
Dreht man das Glücksrad 200-mal, dann tritt jedes Ergebnis ungefähr 50-mal auf.

4.2 Theoretische Wahrscheinlichkeiten

Beispiele

B Das abgebildete Spielgerät kann beim Wurf nur auf einer der vier Seiten zum Liegen kommen. „Damit kann man gut würfeln", meint Andreas. Was meinst du?
Das Spielgerät wird öfter auf einer Seite liegen bleiben als auf dem „Kopf". Die Ergebnisse sind also nicht gleich wahrscheinlich. Von einem guten Würfel erwarten wir aber, dass alle Ergebnisse mit der gleichen Wahrscheinlichkeit auftreten.

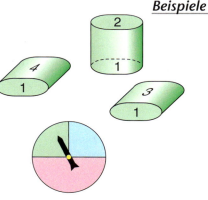

C Bei diesem Glücksrad sind die Ergebnisse „Rot", „Grün" und „Blau". Die Farben treten nicht gleich wahrscheinlich auf. Dennoch kann man auch bei diesem Glücksrad die entsprechenden Wahrscheinlichkeiten ohne Experiment herausfinden.
$P(\text{rot}) = \frac{1}{2}$, $P(\text{grün}) = \frac{1}{4}$, $P(\text{blau}) = \frac{1}{4}$

Übungen

4 Beim Spiel mit dem Glücksrad kann man auf Zahl oder auf Farbe setzen. Mit welcher Wahrscheinlichkeit gewinnt man, wenn man
a) auf Rot,   b) auf Weiß,
c) auf die Zahl 5,   d) auf die Zahl 6 setzt?

5 Bei allen abgebildeten Geräten spielt der Zufall mit. Bestimme die Wahrscheinlichkeit, mit der eines der möglichen Ergebnisse eintritt? Bei einigen der Spielgeräte gelingt dies, bei anderen nicht.

a) Glücksrad   b) Wurfscheibe   c) Roulette

d) Urne   e) Kreisel   f) Minigolf

6 Klaus schlägt seinem Freund Jan eine Wette vor: „Ich würfele einmal. Wenn ich eine Eins erziele, gebe ich dir ein Eis aus, ansonsten gibst du mir ein Eis aus."
a) Sollte Jan die Wette annehmen? Überlege dazu, mit welcher Wahrscheinlichkeit er gewinnt?
b) Klaus sagt: „Würdest du auch auf die folgende Wette eingehen? Wenn ich eine Eins würfele, dann musst du mir einen Eisbecher mit 6 Kugeln zahlen, sonst muss ich dir eine Eiskugel ausgeben." Was hältst du von dieser Wette?

113

4 Wahrscheinlichkeitsrechnung

Übungen

7 Denke dir ein „Spielgerät" aus, bei dem alle Ergebnisse mit einer Wahrscheinlichkeit von
a) $\frac{1}{5}$ b) $\frac{1}{20}$ c) $\frac{1}{50}$ eintreten.

Findest du jeweils mehrere verschiedene „Spiele"?

8 Bei einer Tombola wurden insgesamt 4 852 nummerierte Lose verkauft. Bei der Verlosung werden als Hauptgewinne eine Reise in die USA und 10 Reisen nach Paris, ins Disneyworld, gezogen.
Katja kauft ein Los. Wie groß ist die Wahrscheinlichkeit, dass sie die Reise in die USA (die Reise nach Disneyworld Paris) gewinnt?

9 Die Klasse 6e macht beim Schulfest ein Quiz. Jeder Kandidat hat 10 Fragen zu beantworten. Bei jeder Frage entscheidet der Zufall, aus welchem Sachgebiet die Frage ist. Der Kandidat muss jedes Mal mit verbundenen Augen aus der Urne eine Kugel ziehen. Rot bedeutet „Sport", blau „Musik" und grün „Film". Die Kugel wird nach jedem Zug wieder in die Urne gelegt.

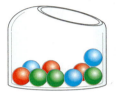

a) Mit welcher Wahrscheinlichkeit wird dem Kandidat eine Frage aus dem Sachgebiet Film (Sport, Musik) gestellt?
b) Peter aus der 6a beschwert sich: „Ihr habt geschummelt. Ich hatte bei 10 Fragen nur Fragen über Filme." Was meint ihr, hat die 6e geschummelt?

10 Petras Mathelehrer macht den folgenden Vorschlag: „Jeden Tag losen wir aus, wer keine Mathehausaufgaben machen muss. Dazu schreibt ihr alle eure Namen auf einen Zettel. Die zusammengefalteten Zettel legen wir in eine Kiste und ziehen jeden Tag einen Namen. Wer gezogen wird, muss keine Hausaufgaben an diesem Tag machen. Den gezogenen Namen legen wir zurück in die Kiste. Mit etwas Glück könnt ihr sogar zweimal hintereinander gezogen werden."
a) In Petras Klasse sind 27 Schülerinnen und Schüler. Mit welcher Wahrscheinlichkeit wird morgen in der Mathestunde Petra gezogen?
b) Klaus hat festgestellt, dass es im kommenden Schuljahr 135 Mathestunden geben wird. Wie oft wird er wahrscheinlich ausgelost?
c) Kann es wirklich sein, dass Christian Pech hat und im kommenden Jahr kein einziges Mal ausgelost wird?

11 *Achtung – Zahl kommt*
Bei einem Schulfest zugunsten der Partnerschule in Brasilien veranstaltet die Klasse 6c eine Lotterie. Beim „Großen Glücksrad" kann man auf eine Zahl setzen. Jessica, Benjamin, Daniel und Johanna machen je einen Vorschlag für einen Gewinnplan.

Für welchen Gewinnplan sollte sich die 6c entscheiden? Diskutiere deine Entscheidung mit deinen Klassenkameraden.

4.2 Theoretische Wahrscheinlichkeiten

Übungen

12 Aus einem Kartenspiel wird eine Karte gezogen.
a) Wie groß ist die Wahrscheinlichkeit, das Kreuz-Ass zu ziehen?
b) Beim „Mau-Mau" ist die „Sieben" besonders wichtig. Mit welcher Wahrscheinlichkeit zieht man aus dem Kartenspiel eine Sieben?
c) Anika zieht eine Karte. Ihre Freundin Inga sagt: „Ich bin eine Hellseherin. Ich weiß, dass die Farbe deiner Karte rot ist."
Inga hatte recht. Ist sie wirklich eine Hellseherin? Urteile selbst und begründe deine Meinung.

13 Beim Roulette sind die möglichen Ergebnisse die Zahlen von 0 bis 36.
a) Wie groß ist die Wahrscheinlichkeit, dass eine bestimmte Zahl (z. B. 21) „fällt"?
b) Charly Doll, der bekannte Spieler, setzt auf „Rot". Er gewinnt also, wenn die Kugel auf „Rot" fällt. Schreibe auf, bei welchen Ergebnissen Herr Doll gewinnt.
c) Wie groß ist die Wahrscheinlichkeit, dass „Rot" kommt?

Basiswissen

Die wichtigsten Begriffe:
- **Zufallsexperiment:** ein Experiment, bei dem verschiedene Ergebnisse eintreten können.
- **Ergebnismenge:** Zusammenfassung aller möglichen Ergebnisse.
- **Ereignis:** Zusammenfassung einiger Ergebnisse (Teilmenge der Ergebnismenge).
- **Wahrscheinlichkeit:** Eine Zahl zwischen 0 und 1 (0 % und 100 %), die angibt, wie wahrscheinlich ein Ergebnis (Ereignis) eintritt.

Zufallsexperiment: Würfeln

Menge der Ergebnisse:
{1, 2, 3, 4, 5, 6}

Ereignis: Zusammenfassung von Ergebnissen

Beispiele für Ereignisse:
– gerade Zahlen {2, 4, 6}
– Augenzahl kleiner 3 {1, 2}

Sind alle Ergebnisse gleich wahrscheinlich, dann kann man die Wahrscheinlichkeit p eines Ereignisses leicht theoretisch ermitteln:

$$p = \frac{\text{Anzahl der günstigen Ergebnisse}}{\text{Anzahl der möglichen Ergebnisse}}$$

$p(\text{grün}) = \frac{5}{12} \approx 41{,}7\,\%$

$p(\text{grün}) = \frac{5}{12}$
Lies: Die Wahrscheinlichkeit von Grün ist $\frac{5}{12}$.

4 Wahrscheinlichkeitsrechnung

Beispiele

D Wie groß ist die Wahrscheinlichkeit, aus der Urne eine blaue Kugel zu ziehen?
In der Urne sind 12 Kugeln, davon sind 4 blau.
Die Wahrscheinlichkeit eine blaue Kugel zu ziehen ist also p (blau) = $\frac{4}{12}$ = $\frac{1}{3}$.

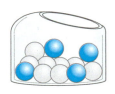

E Petra wirft eine 1-€-Münze und eine 50-Cent-Münze. Wie groß ist die Wahrscheinlichkeit, dass
a) beide Münzen mit „Zahl" nach oben liegen,
b) eine der Münzen mit „Zahl" nach oben und die andere mit „Zahl" nach unten liegt?

Mögliche Ergebnisse

Ereignis: zweimal „Zahl"   einmal „Zahl" und einmal „Wappen"   zweimal „Wappen"

Die Wahrscheinlichkeit für das Ereignis: „zweimal Zahl" beträgt $\frac{1}{4}$ = 25 %.
Die Wahrscheinlichkeit für das Ereignis: „einmal Zahl und einmal Wappen" beträgt $\frac{2}{4}$ = 50 %.

Übungen

14 Aus der Urne wird eine Kugel gezogen.
a) Wie groß ist die Wahrscheinlichkeit, dass die Kugel rot ist?
b) Die gezogene rote Kugel wird nicht zurückgelegt. Es wird eine weitere Kugel gezogen. Wie groß ist die Wahrscheinlichkeit, dass diese ebenfalls rot ist?

15 Annika stellt fest: „Sonntagskind zu sein, ist nichts Besonderes. Ich kann dir sagen, wie groß die Wahrscheinlichkeit ist, an einem Sonntag geboren zu sein."
Kannst du dies auch?

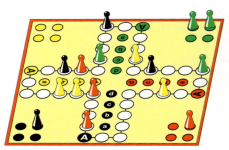

16 Wie groß ist die Wahrscheinlichkeit, dass Rot beim nächsten Wurf mit einem Würfel eine der gelben Figuren rauswirft?

17 Das Glücksrad ist in verschieden große Sektoren eingeteilt. Dennoch kann man die Wahrscheinlichkeiten berechnen, mit denen bestimmte **Ereignisse** eintreten.
Man muss nur die Wahrscheinlichkeiten für die einzelnen **Ergebnisse** kennen. Mathematiker berechnen die Wahrscheinlichkeiten von Ereignissen häufig mit der „**Summenregel**".
Berechne mit dieser Regel die Wahrscheinlichkeit, mit der jeweils das folgende Ereignis eintritt:
Die Glückszahl ist eine gerade Zahl (ungerade Zahl, Quadratzahl, Primzahl).

Summenregel:
Die Wahrscheinlichkeit eines Ereignisses ist die Summe der Wahrscheinlichkeiten der zugehörigen Ergebnisse.

Ergebnis	p
1	10 %
2	20 %
4	25 %
5	30 %
9	15 %

116

4.2 Theoretische Wahrscheinlichkeiten

Übungen

18 Wie viele rote, gelbe, grüne und blaue Kugeln müssten in einer Urne sein, damit mit den folgenden Wahrscheinlichkeiten die entsprechenden farbigen Kugeln gezogen werden?

a)
Farbe	Rot	Gelb	Grün	Blau
p	$\frac{2}{15}$	$\frac{7}{15}$	$\frac{1}{15}$	$\frac{5}{15}$

b)
Farbe	Rot	Gelb	Grün	Blau
p	$\frac{1}{5}$	$\frac{1}{3}$	$\frac{3}{10}$	$\frac{1}{6}$

19 Karen will durch Überlegen herausfinden, mit welcher Wahrscheinlichkeit beim Wurf mit 3 Münzen alle drei mit „Zahl" nach oben liegen.
a) Welche möglichen Ergebnisse gibt es bei diesem Zufallsexperiment? Stelle dir dazu vor, du würdest mit einer 1-Cent-Münze, einer 10-Cent-Münze und einer 1-€-Münze werfen.
b) Wie groß ist die Wahrscheinlichkeit für „dreimal Zahl"?

20 Die „Glücksspirale" ist ein beliebtes Glücksspiel. Auf jedem Los der „Glücksspirale" ist eine Zahl aufgedruckt, mit der man an dem Spiel teilnimmt. Für die Teilnahme muss man 5 € zahlen. Am Wochenende wird mit einem Glücksrad eine siebenstellige Glückszahl gezogen. Und das ist der Gewinnplan:

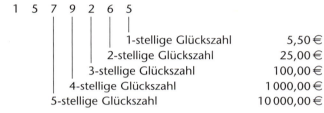

Stimmt die Zahl auf dem Los in der letzten Stelle mit der gezogenen Zahl überein, so gewinnt man 5,50 €; stimmen die beiden Zahlen sogar in den letzten beiden Stellen überein, so gewinnt man 25 €, usw.
Wie groß ist die Wahrscheinlichkeit, den jeweiligen Geldbetrag zu gewinnen?

21 „Immer wenn ich an die Ampel komme, ist sie rot", ärgert sich Nadines Vater. Das kann nicht sein. Die Ampel ist auf feste Zeiten für die einzelnen Phasen geschaltet. Nadine misst mit ihrer Armbanduhr die jeweiligen Zeiten.

Ampel	Zeit
Rot	45 s
Rot-Gelb	5 s
Grün	30 s
Gelb	5 s

a) Wie groß ist die Wahrscheinlichkeit, dass die Ampel auf Rot steht, wenn Nadines Vater ankommt?
b) Wie groß ist die Wahrscheinlichkeit, dass die Ampel auf Rot-Gelb oder Grün steht?

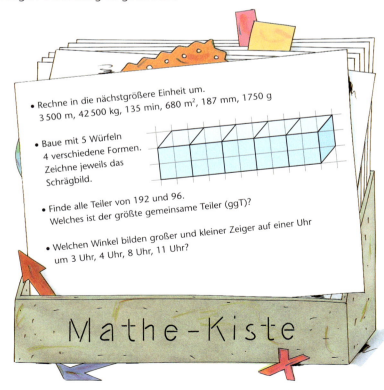

Mathe-Kiste

- Rechne in die nächstgrößere Einheit um.
3 500 m, 42 500 kg, 135 min, 680 m², 187 mm, 1750 g
- Baue mit 5 Würfeln 4 verschiedene Formen. Zeichne jeweils das Schrägbild.
- Finde alle Teiler von 192 und 96. Welches ist der größte gemeinsame Teiler (ggT)?
- Welchen Winkel bilden großer und kleiner Zeiger auf einer Uhr um 3 Uhr, 4 Uhr, 8 Uhr, 11 Uhr?

4 Wahrscheinlichkeitsrechnung

Aufgaben

22 Ein besonders „schönes" Ergebnis beim Würfeln mit zwei Würfeln ist ein Pasch. Kommt dieses Ereignis häufig vor? In Inges Klasse wird heftig diskutiert. Wie groß ist die Wahrscheinlichkeit für einen Pasch?

Lisas Vorschlag: „Beim Wurf mit zwei Würfeln gibt es 21 verschiedene Ergebnisse. Es gibt 6 verschiedene Paschs. Also ist die Wahrscheinlichkeit für einen Pasch $\frac{6}{21} \approx 28{,}6\,\%$."

(1|1); (1|2); (1|3); (1|4); (1|5); (1|6);
(2|2); (2|3); (2|4); (2|5); (2|6);
(3|3); (3|4); (3|5); (3|6);
(4|4); (4|5); (5|6);
(5|5); (5|6);
(6|6).

Peter: „Das geht doch viel einfacher. Man erzielt einen Pasch oder keinen Pasch. Also ist die Wahrscheinlichkeit für einen Pasch $\frac{1}{2} = 50\,\%$."

Nicole: „Ganz so einfach ist das auch nicht. Beim Würfeln mit zwei Würfel erzielt man keine Sechs, eine Sechs oder zwei Sechsen. Es gibt also 3 verschiedene Ergebnisse. Die Wahrscheinlichkeit für einen Sechserpasch ist somit $\frac{1}{3}$. Bei allen anderen Paschs ist das genauso. Damit ist die Wahrscheinlichkeit für einen Pasch 33,3 %."

Toni hat einen ganz anderen Vorschlag: „Es gibt 36 verschiedene Ergebnisse. Darunter sind 6 Paschs. Die Wahrscheinlichkeit für einen Pasch ist $\frac{6}{36} \approx 16{,}7\,\%$."

(1|1); (1|2); (1|3); (1|4); (1|5); (1|6);
(2|1); (2|2); (2|3); (2|4); (2|5); (2|6);
(3|1); (3|2); (3|3); (3|4); (3|5); (3|6);
(4|1); (4|2); (4|3); (4|4); (4|5); (4|6);
(5|1); (5|2); (5|3); (5|4); (5|5); (5|6);
(6|1); (6|2); (6|3); (6|4); (6|5); (6|6).

a) Bei einigen Lösungsvorschlägen kannst du erkennen, dass diese falsch sind. Bei welchen? Begründe deine Antwort.
b) In der Klasse kann man leicht herausfinden, welche Lösung richtig ist. Man muss nur oft mit 2 Würfel würfeln (z. B. 300-mal) und dabei feststellen, wie oft ein Pasch erzielt wird. Die relative Häufigkeit ist ein guter Schätzwert für die Wahrscheinlichkeit für einen Pasch.
c) Vielleicht bist du noch nicht überzeugt, dass Tonis Vorschlag richtig ist. Dann müssen wir Farbe ins Spiel bringen:

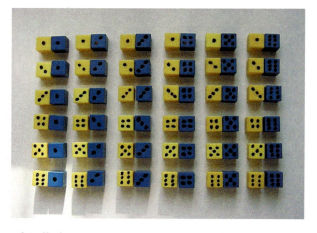

Wie viele unterschiedliche Ergebnisse gibt es? Wie viel davon sind Paschs?
Wie groß ist die Wahrscheinlichkeit für einen Pasch?
Stelle dir vor, die beiden Würfel würden sich nur durch kleine Farbtupfer unterscheiden. Werden dann die Antworten auf die Fragen anders ausfallen?

4.2 Theoretische Wahrscheinlichkeiten

Aufgaben

23 *Was ist ein faires Spiel?*
Bei vielen Glücksspielen muss man einen Geldbetrag einsetzen. Je nachdem, welches Ereignis dann eintritt, gewinnt man einen bestimmten Betrag, oder man verliert den Einsatz.
a) Angenommen, du würdest mit dem Glücksrad 1000-mal spielen und jedes Mal auf die Zahl 1 setzen.
– Wie viel Geld hast du dann eingesetzt?
– Wie oft hast du ungefähr gewonnen?
– Wie viel Geld hast du etwa gewonnen?
– Vergleiche den eingesetzten Geldbetrag mit dem gewonnenen. Was stellst du fest?

GEWINNPLAN

Einsatz		2
Gewinn	Zahl	10
	Farbe	6
	gerade-ungerade	3

b) Mache eine entsprechende Berechnung, wenn du auf „grün" oder auf „gerade" setzt. Welche Wette sollte der Spieler eingehen: auf Zahl, auf Farbe oder auf „gerade/ungerade" setzen?
c) Wie müsste der Gewinnplan aussehen, wenn das Spiel fair sein soll? Diskutiere zunächst mit deinen Mitschülern, was man bei einem Glücksspiel unter „fair" verstehen soll. Finde für die Wette „Gerade/Ungerade" einen fairen Gewinnplan.

Die Capture-Recapture-Methode

24 In einem großen See sind viele Fische. Der Besitzer des Sees möchte gerne wissen, wie viele Fische ungefähr in dem See sind.
a) Seine erste Idee war: Man pumpt den See leer und zählt alle Fische, die man im Schlamm findet. Was haltet ihr von dieser Idee?
b) Durchgeführt hat er dann das folgende Verfahren: Er fing 80 Fische und markierte sie. Dann setzte er die Fische wieder aus. Im Laufe des folgenden Jahres fingen seine Freunde und er 320 Fische. Davon waren 20 markiert. Dann hat er gerechnet und herausgefunden, dass in seinem See etwa 1300 Fische waren. Wie hat er wohl gerechnet?

Wie zählt man etwas, was man nicht zählen kann?

Grizzlies sind die Könige der Rocky Mountains in den USA. Sie haben keine Feinde, außer dem Menschen. Das Zusammentreffen der Grizzlies mit den Menschen endet für die großen Bären jedoch fast tödlich. Wie viele Grizzlies gibt es noch?
In Montana in den Rocky Mountains wurden 43 Kameras mit Wärmesensoren in den Wäldern aufgehängt. Registrierten die Sensoren die Wärme eines großen Tieres, dann wurde ein Bild „geschossen". Leider waren die Grizzlies etwas fotoscheu. Wurden sie geblitzt, dann zerstörten sie jedes Mal mit einem Hieb ihrer kräftigen Tatzen den Fotoapparat.

25 Wie könnte man die Anzahl der Grizzlies mit der Methode „Fische im Teich" (Aufgabe 24) schätzen?

119

Erinnern, Können, Gebrauchen

CHECK-UP

Wahrscheinlichkeitsrechnung

Zufallsexperimente

Würfeln

Beim Basketball auf den Korb werfen.

Ein **Zufallsexperiment** ist ein Experiment, bei dem verschiedene Ergebnisse möglich sind.

Ergebnismenge: {rot, blau, gelb}

Wiederholt man den Versuch, so kann man die **relative Häufigkeit** berechnen, mit der ein bestimmtes Ergebnis eintritt.

	blau	gelb	rot
Häufigkeit	32	20	48
relative Häufigkeit	$\frac{32}{100}$	$\frac{20}{100}$	$\frac{48}{100}$

Die relative Häufigkeit ist ein Schätzwert für die Wahrscheinlichkeit, mit der das jeweilige Ergebnis eintritt.

p (rot) = 48 %
p (blau) = 32 %
p (gelb) = 20 %

Die jeweiligen Ergebnisse können mit verschiedener **Wahrscheinlichkeit p** auftreten.

Wie erhält man einen guten Schätzwert für Wahrscheinlichkeiten?

Man wiederholt den Zufallsversuch sehr oft (z. B. 100-mal oder mehr).

Die relative Häufigkeit, mit der das Ergebnis eintritt, ist in der Regel ein guter Schätzwert für die Wahrscheinlichkeit.

1 In einer Urne befinden sich verschiedenfarbige Kugeln. Einige dieser Kugeln sind blau. Wie kann man herausfinden, wie groß der Anteil der blauen Kugeln ist, ohne dass man alle Kugeln aus der Urne holt und nachzählt?

2 Clemens trainiert eine Basketballmannschaft. Er hat genau Buch darüber geführt, wie häufig seine Spielerinnen während der letzten 5 Spiele auf den Korb geworfen und wie oft sie dabei getroffen haben.

Name	Würfe	Treffer
Petra	24	15
Sandy	26	10
Sina	3	2
Caroline	34	14
Natascha	42	15
Andrea	2	2
Julia	19	9
Angela	37	16

a) Ermittle für jede der Spielerinnen die Wahrscheinlichkeit in Prozent, mit der sie den Korb trifft.
b) Zu Andrea und Sina sagt der Trainer: „Über die Wahrscheinlichkeit, mit der ihr trefft, kann ich keine richtige Aussage machen." Was meint ihr, warum der Trainer dies sagt?

3 Zeichne das Glücksrad in dein Heft. Achte dabei darauf, dass der rote Sektor einen Öffnungswinkel von 50° hat. Halte eine Büroklammer mit einem Zirkel genau im Mittelpunkt. Lass die Büroklammer mit einem kräftigen Fingerschnipser um die Zirkelspitze kreisen.

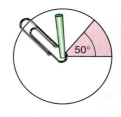

a) Wie häufig zeigt die Klammer bei 100 Versuchen auf „Rot". Schätze mit deiner Versuchsserie die Wahrscheinlichkeit dafür, dass „Rot" kommt.
b) Ermittle die Wahrscheinlichkeit für „Rot" aus der Zeichnung theoretisch, d. h. ohne ein Experiment zu machen. Vergleiche den theoretisch erhaltenen Wert mit dem aus der Aufgabe a).

4 Beim Würfeln mit zwei Würfeln tritt ein Pasch mit einer theoretischen Wahrscheinlichkeit von 16,7 % auf.
a) Mit wie vielen „Paschs" kann man bei 200 Würfen mit zwei Würfeln etwa rechnen?
b) Und jetzt eine Frage, die man auch ohne Mathematik beantworten kann: Wie viele „Paschs" erzielt man mit einem Wurf?

5 Anna ist Linkshänderin. Wie groß ist der Anteil der Linkshänder in der Bevölkerung? Anna befragt Verwandte. Sie findet unter 25 Befragten 6 Linkshänder. Damit schätzt sie den Anteil der Linkshänder in der Bevölkerung auf ca. 25 %. Was meint ihr zu Annas Untersuchung?

6 Ein Glücksrad hat 60 gleich große Felder, die von 1 bis 60 nummeriert sind. Den Superpreis gewinnt man mit der Zahl 55, einen Hauptgewinn mit Zahlen, die durch 10 teilbar sind.
a) Wie groß ist die Wahrscheinlichkeit, den Superpreis (einen Hauptgewinn) zu gewinnen?
b) Wie häufig erzielt man in etwa einen Hauptgewinn, wenn man 100-mal spielt?

7 *Knobeln*
Das Spiel „Knobeln" ist auf der ganzen Welt bekannt. Bei dem Spiel benutzt man drei verschiedene Handzeichen: Stein, Papier, Schere. Die beiden Spieler zählen bis drei. Bei „Drei" zeigen sie eines der Zeichen mit der Hand. Die möglichen Ergebnisse sind in der Abbildung dargestellt. Zeigen die beiden Spieler dasselbe Zeichen, dann endet die Spielrunde unentschieden.

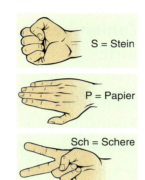

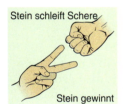

Spiele 20 Runden „Knobeln" mit einem Partner.
a) Schreibe nach jeder Runde auf, was die beiden Spieler gewählt haben und wer gewonnen hat.

Runde	Spieler A	Spieler B	Sieger
1	S	P	B
2	Sch	Sch	–

b) Schätze auf Grundlage der 20 Spielrunden die Wahrscheinlichkeit, mit der Spieler A (Spieler B) gewinnt. Wie groß ist die Wahrscheinlichkeit für ein Unentschieden?

8 In einem Becher befinden sich 11 blaue, 7 rote und 5 schwarze Kugeln.
Bestimme die Wahrscheinlichkeit für das Ziehen einer
a) blauen Kugel;
b) schwarzen Kugel;
c) roten Kugel;
d) Kugel, die nicht rot ist;
e) roten Kugel, wenn man vorher eine blaue Kugel gezogen hat und diese nicht wieder in den Becher zurücklegt.

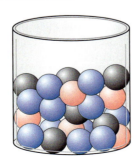

Erinnern, Können, Gebrauchen

CHECK-UP

Laplace-Wahrscheinlichkeit

Es gibt Zufallsexperimente, bei denen man ohne Ausprobieren die Wahrscheinlichkeit ermitteln kann, mit der ein Ergebnis eintritt.

Man kann dies immer dann, wenn alle Ergebnisse gleich wahrscheinlich sind.

Würfeln:

Ergebnismenge:
$\{1, 2, 3, 4, 5, 6\}$

Alle sechs Ergebnisse sind gleich wahrscheinlich.
Damit ist $p(1) = \frac{1}{6}$
$p(2) = \frac{1}{6}$
...

Ein **Ereignis** ist die Zusammenfassung bestimmter Ergebnisse.

Ereignis: Augenzahl ist durch 3 teilbar: $\{3, 6\}$

Bestimmen der Wahrscheinlichkeit für das Eintreten eines Ereignisses

durch Zählen: $p = \frac{\text{Anzahl der günstigen Ergebnisse}}{\text{Anzahl der möglichen Ergebnisse}} = \frac{2}{6}$

oder mit der Summenregel: $p = \frac{1}{6} + \frac{1}{6} = \frac{2}{6}$

5 Rationale Zahlen

5.1 Negative Zahlen beschreiben Situationen und Vorgänge

Was dich erwartet

Negative Zahlen oder „Minuszahlen" kennst du bereits von der Temperaturskala, z.B. −5° Celsius. Auch in den Nachrichten, etwa bei Kursverlusten an der Börse, ist von ihnen die Rede. Bei welchen Vorgängen sind negative Zahlen außerdem nützlich? Gibt es noch mehr Situationen, in denen die negativen Zahlen in der Mathematik etwas bewegen? Dazu jetzt mehr.

Aufgaben

1 Auf Schatzsuche mit der Sea Wolf

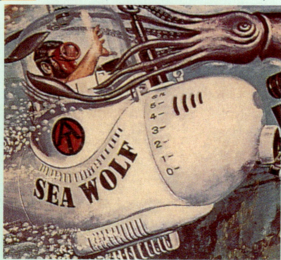

Bei einer Tauchfahrt in einem Unterwasserlabyrinth muss man genau navigieren, damit das Boot nicht an den Felswänden beschädigt wird. Auf dem Tauchplan siehst du die verschiedenen Phasen der Tauchfahrt.
a) Was geben die Zahlen an den Pfeilen jeweils an?
b) Überprüfe anhand der Karte, ob du auch mit folgenden Tauchfahrten zum Schatz kommst:

(0|−3)	(4|−3)	(−3|−5)	(−4|1)
(3|0)	(0|−9)	(−2|−3)	(−4|2)

Finde anschließend eine weitere Tauchroute, die das Boot zum Schatz führt.
c) Max zählt an der Karte ab: „Die Zielposition des Bootes liegt 3 Einheiten links vom Startpunkt, 10 Einheiten unterhalb vom Startpunkt."
Cindy: „Das kann ich auch aus den Zahlen an den Pfeilen ermitteln."
d) Zeichne selbst ein Labyrinth auf kariertes Papier und finde einen Weg hindurch.

5.1 Negative Zahlen beschreiben Situationen und Vorgänge

Aufgaben

2 *Geballte Informationen*
Betrachte eine Weile Familie Schüssels Bankauszug.
a) Wo haben sich hier negative Zahlen versteckt? Beschreibe, wie sie gekennzeichnet sind.
b) Wie viel Euro hatte Familie Schüssel, wie viel hat sie insgesamt ausgegeben, wie viel Geld kam in dieser Zeit dazu?
c) Wie könnte man Ausgaben und Einnahmen noch anders kenntlich machen? Schau auf einem Kontoauszug nach.

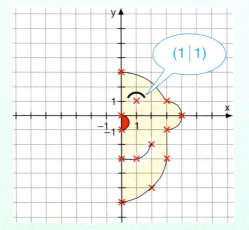

3 *Der Clown im Koordinatenkreuz*
a) Übertrage das Koordinatenkreuz mit dem halben Clowngesicht in dein Heft. Beschrifte anschließend alle Punkte mit den zugehörigen Koordinaten. Für das Auge ist es schon vorgemacht.
b) Ergänze nun dein Punktemuster zu einem vollständigen Clowngesicht. Gib zu jedem Punkt die Koordinaten an.
c) Vergleiche die Koordinaten des linken und des rechten Auges, des linken und des rechten Mundwinkels. Was fällt dir auf?

Negative Zahlen in den Naturwissenschaften

Dass tiefe Temperaturen durch negative Zahlen ausgedrückt werden können, ist für dich nichts Neues. Die Temperaturskala muss man aber nicht wie die negativen Zahlen beliebig weit unter Null fortsetzen. Es gibt eine tiefste Temperatur, an die sich Wissenschaftler mit aufwendigen Apparaturen immer weiter „herantasten", mit einem einfachen Kühlschrank ist es da nicht getan. Diese Temperatur, auch „absoluter Nullpunkt" genannt, beträgt −273,15 °C. Für ein Experiment, bei dem diese Temperatur fast erreicht wurde, erhielten 1996 drei amerikanische Wissenschaftler den Nobelpreis für Physik.
In anderen Bereichen lassen sich mit negativen Zahlen Begriffe vereinheitlichen: Beim raschen Anfahren erlebst du, dass du durch die große Beschleunigung nach hinten in den Sitz gedrückt wirst. Bei einer starken Bremsung erfährst du das umgekehrte Phänomen: Du wirst nach vorne in die Gurte gepresst. Die Physik spricht daher bei Bremsvorgängen auch von negativer Beschleunigung.
Wie du von jeder Batterie her weißt, wird auch in der Elektrizitätslehre der Gegensatz negativ – positiv benutzt. So ist z. B. ein Körper elektrisch neutral, wenn sich in ihm ebenso viele positive wie negative „Ladungen" befinden.

5 Rationale Zahlen

Basiswissen ■ Ob auf dem Kontoauszug, in Statistiken oder auf dem Thermometer, in vielen Situationen erweisen sich negative Zahlen als sehr nützlich.

Negative Zahlen findest du als Beschreibung
von **Zuständen** und von **Veränderungen** …

… auf *Skalen* und *Anzeigen*:

Temperatur: −12 °C Wasserstandsänderung: −1 m

… auf *Kontoauszügen*:

Buchungstag/Wert/Vorgang		Soll	Haben
	Alter Kontostand EUR		252,75
03.10. 04.10. Möbelhaus Johann		355,00	
	Neuer Kontostand EUR	102,25	

Alter Kontostand: 252,75 €   Kontostandsänderung: −355,00 €
Neuer Kontostand: −102,25 €

… bei *graphischen Darstellungen*:

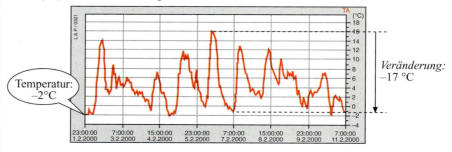

Temperatur: −2°C   Veränderung: −17 °C

… bei *Koordinaten*:   … bei *Verschiebepfeilen*:

Bei den Koordinaten ist es wie im Alphabet: zuerst kommt **x**, dann **y**.

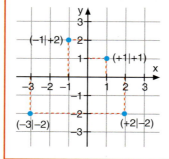

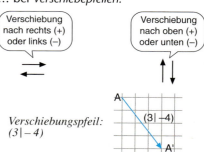

Verschiebung nach rechts (+) oder links (−)

Verschiebung nach oben (+) oder unten (−)

Verschiebungspfeil: (3|−4)

124

5.1 Negative Zahlen beschreiben Situationen und Vorgänge

Beispiele

A Auf dem Girokonto sind noch 705 € Guthaben. Wie lautet der Kontostand nach folgenden Buchungen?

Datum	Verwendungszweck	Wert	Betrag
25.02.	Telefonrechnung 121276	26.02.	82,00 S
27.02.	Autoreparatur Meisterbetrieb	28.02.	823,00 S

Alter Kontostand: 705 €   Abbuchungen: 905,00 €
Neuer Kontostand: −200 €

B Erstelle aus dem folgenden Schaubild eine Wertetabelle für die Temperaturen vom 5. bis zum 10. Januar. Zwischen welchen Tagen fiel das Thermometer am stärksten, wie groß war diese Temperaturänderung?

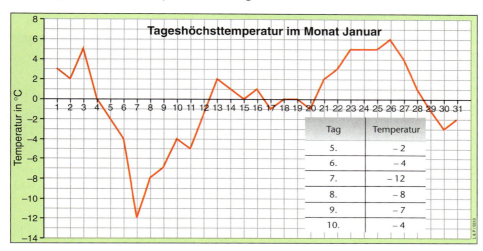

Tag	Temperatur
5.	−2
6.	−4
7.	−12
8.	−8
9.	−7
10.	−4

Das Thermometer fiel am stärksten vom 6. zum 7. Januar.
Die Temperaturänderung betrug −8 °C.

C a) Trage die folgenden Punkte in das Koordinatenkreuz ein.
A(2|−3)   B(3|−1)   C(−4|−3)   D(−3|2)
b) Lies die Koordinaten der Punkte E, F und G ab.
Die Punkte E, F und G haben die Koordinaten.
E(−5|4)   F(−6|−2)   G(5|−3)

Übungen

4 Celine nimmt einen Film auf. Die Abbildungen zeigen das Display des Videorecorders vor und nach der Aufnahme. Wie lang war der Film? Überschlage zuerst.

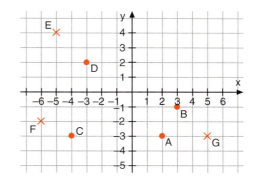

5 Ein U-Boot befindet sich auf Tauchfahrt in 275 m Tiefe. Das Sehrohr des Bootes kann 6,5 m ausgefahren werden. Wie viel Meter muss das U-Boot aufsteigen, damit das Sehrohr 2 m über die Wasseroberfläche hinausragt?

4 Die richtige Lösung ist dabei:
2 h 13 min 12 s
1 h 8 min 45 s
1 h 57 min 15 s
58 min 55 s

125

5 Rationale Zahlen

Übungen

Wie viel Meter ein Ort über dem Meeresspiegel liegt (ü. NN) oder wie weit unter dem Meeresspiegel (u. NN), sagt dir die geographische Höhe. Frag deinen Erdkundelehrer, was NN bedeutet.

6 *Warum heißen die Niederlande so?*
Die Karte rechts gibt da einen Hinweis.
a) Zeichne eine senkrechte Skala und trage die holländischen Städte mit ihrer Höhe ein. Tipp: Überlege dir zuerst einen geschickten Maßstab.
b) Welche Lage ü. NN hat dein Wohnort? Gib den Höhenunterschied zu Rotterdam an.

7 *Hoch hinauf und tief hinab*
a) Die Wasseroberfläche des Toten Meeres liegt 393 m unter dem Meeresspiegel, die tiefste Stelle 749 m unter dem Meeresspiegel. Wie tief ist dort das Tote Meer?
b) Der Titicaca-See im Hochland der Anden liegt 3 812 m über dem Meeresspiegel. Wie groß ist der Höhenunterschied zwischen Titicaca-See und Totem Meer?

8 Der amerikanische Tiefseeforscher Robert D. Ballard entdeckte 1985 das Wrack der 1912 gesunkenen Titanic in 3890 m Tiefe. 1989 fand er das Wrack der Bismarck, die 1941 gesunken war, in einer Tiefe von 4 800 m.
a) Wie viel Meter liegt die Bismarck tiefer als die Titanic?
b) Wie viele Eiffel-Türme (Höhe 321 m) müsste man mindestens übereinander stapeln, um von der Titanic (der Bismarck) wieder zur Meeresoberfläche zu gelangen? Wie weit würde der oberste Turm aus dem Meer ragen?

9 a) Finde einen geschickten Maßstab für eine senkrechte Skala, auf der du die Gipfelhöhen und Meerestiefen aus der Tabelle eintragen kannst. Tipp: Runde für das Einzeichnen auf 100 m.
b) Bestimme alle Höhenunterschiede.

Mount Everest	8,848 km
Mont Blanc	4 810 m
Zugspitze	2,963 km
Puerto-Rico-Graben	–9219 m
Kurillengraben	–10,542 km
Marianengraben	–11 023 m

10 Am 22. Januar 1943 stieg die Temperatur in Spearfish (Süd Dakota, USA) innerhalb von 2 Minuten von –20 °C auf 7 °C. Im Ort Tummel Bridge (Schottland) kletterte das Thermometer am 9. Mai 1978 von –7 °C auf 22 °C. Stelle die Temperaturanstiege auf einer geeigneten Skala dar: Um wie viel Grad Celsius stieg jeweils die Temperatur? Vergleiche.

11 *Astronomische Temperaturen*
In der Tabelle kannst du sehen, wie ungemütlich es auf anderen Himmelskörpern sein kann.

Himmelskörper	Höchsttemperatur	Tiefsttemperatur
Erde	+67 °C	–92 °C
Mond	+124 °C	–160 °C
Merkur	+490 °C	–190 °C
Mars	+29 °C	–137 °C

a) Trage auf einer senkrechten Skala (1 cm ≙ 50 °C) die Temperaturen ein. Runde falls nötig.
b) Um wie viel °C unterscheiden sich jeweils Höchst- und Tiefsttemperatur? Welche Spanne ist am größten, welche am kleinsten?
c) Wie unterscheiden sich die Tiefsttemperaturen der Himmelskörper? Lege eine Rangliste an, beginne mit dem kältesten.

5.1 Negative Zahlen beschreiben Situationen und Vorgänge

12 Der Graph zeigt den Temperaturverlauf eines Tages in Peking.
a) Erstelle eine Tabelle mit Uhrzeit und Temperatur. Gib jeweils von Zeile zu Zeile die Temperaturveränderung an.

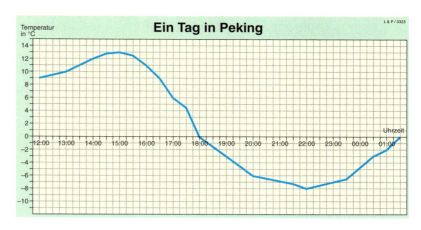

Uhrzeit	Temperatur
12.00	9 °C
13.00	10 °C
■	■

+1 °C

b) In welcher Stunde gab es den größten Temperaturanstieg, wann den stärksten Rückgang?

13 *Sieben-Fünf-Drei, Rom schlüpft aus dem Ei*
So kannst du dir merken, wann Rom (der Sage nach) gegründet wurde, nämlich 753 v. Chr.
a) In welchem Jahr konnte Rom den 1 000. (2 000.) Geburtstag feiern?
b) Wie alt wirst du sein, wenn Rom die 2 800-Jahr-Feier der Stadtgründung begeht?
c) Die Hauptstadt Armeniens, Eriwan, feierte 1968 ihren 2750. Geburtstag. Wann wurde sie gegründet? Wann feierte sie wohl 1 000-jähriges Bestehen?

Frage deinen Geschichtslehrer: Gab es das Jahr 0?

14 In der Karte siehst du, in welche Zeitzonen die Welt eingeteilt ist.
a) Herr Sumo lebt in Tokio und geht um 22 Uhr zu Bett. Welche Zeit zeigen die Uhren dann in New York an?
b) Mrs. Smith fliegt um 14.00 Uhr von London nach Mexico-City. Der Flug dauert genau $11\frac{1}{2}$ Stunden. Zu welcher Ortszeit landet sie in Mexico-City?
c) Sollte man aus Peking um 21.00 Uhr Ortszeit in Deutschland anrufen?

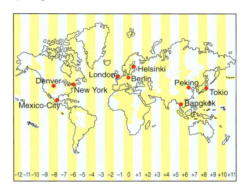

Stelle selbst ein Rätsel, z. B. mit einer Zeitverschiebung zwischen Denver und Berlin.

15 Entscheide durch Zeichnen im Koordinatenkreuz, ob
a) die Punkte A(–1|–3), B(–0,5|–1), C(0|1), D(0,5|2) auf einer Geraden liegen.
b) die Punkte E(–5|2), F(–3|2), G(2|2), H(–0,5|2) auf einer Geraden liegen.
c) die Punkte L(–3|3), M(–1|1), N(–3|–1), P(–5|1) die Eckpunkte eines Quadrates sind.

Geometrische Probleme

16 *Ein Muster im Koordinatenkreuz*
Vera hat im Koordinatenkreuz eine eckige Schnecke entworfen. „Bei (0|0) habe ich begonnen, dann kam ich zum Punkt (0|–1), von dort ging es dann mit (1|–1) weiter ..." Übertrage das Koordinatenkreuz samt Muster in dein Heft und führe die Schnecke weiter. Gib die Koordinaten der Eckpunkte an, die du für die Fortsetzung der Schnecke benötigst. Kannst du die Koordinaten der nächsten fünf Eckpunkte angeben, bevor du sie zeichnest?

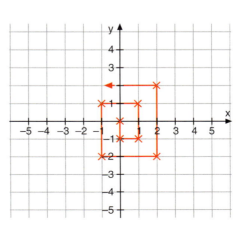

127

5 Rationale Zahlen

Aufgaben

Projekt „Pfeilrennen"

17 Pfeilrennen

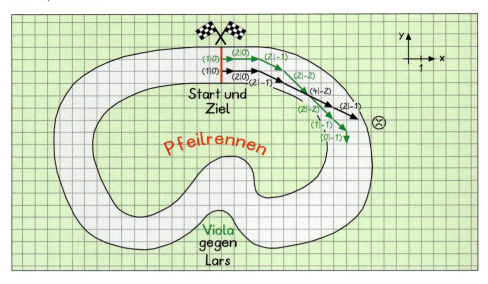

Benötigtes Material 1 DIN-A4-Blatt (kariert), Stifte, Lineal

Bau der Rennstrecke Legt mit Bleistift den Verlauf der Rennstrecke fest. Achtet zunächst darauf, dass die Strecke nicht zu kurvenreich oder zu eng ist. Die Fahrbahn sollte mindestens 2,5 cm breit sein. Für die ersten Versuche reicht ein einfacher Rundkurs aus. Die Start- und Ziellinie liegt auf dem oberen Teil des Rennkurses, der im Uhrzeigersinn umfahren wird.

Ziel des Spiels Wer als erster eine Runde auf der Rennbahn schafft, ohne von der Rennstrecke abzukommen, hat gewonnen. Wie in einem richtigen Rennen kommt es darauf an, an den richtigen Stellen zu beschleunigen, zu bremsen oder zu lenken.

Regeln des Spiels

> **Regel 1:**
> Begonnen wird mit dem **Pfeil (1|0)** nebeneinander an der Start-Ziel-Linie. Der oder die jüngere beginnt.
>
> **Regel 2:**
> **In einem Spielzug** darfst du **höchstens eine Aktion** durchführen. Du kannst
> - deinen Wagen **lenken**, in dem du **eine Pfeilkoordinate** um **eine Einheit** verkleinerst oder vergrößerst.
> - deinen Wagen **beschleunigen**, in dem du **beide Koordinaten** deines Pfeils **verdoppelst**.
> - deinen Wagen **abbremsen**, in dem du **beide Koordinaten** deines Pfeils **halbierst**.
> - den Pfeil beibehalten.
>
> **Regel 3:**
> Wenn der Pfeil eines Spielers über die Begrenzung der Strecke hinausgeht, so startet dieser wieder mit dem **Pfeil (1|0)** an der Startlinie.

Hier siehst du Beispiele:

Linkskurve

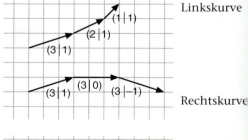
Rechtskurve

Bremsen

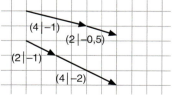
Beschleunigen

5.2 Anordnung und Betrag an der Zahlengeraden

■ *Welche Zahl ist „größer": – 7 oder + 3? Wie alt wurde der griechische Philosoph Aristoteles und was hat diese Frage mit negativen Zahlen zu tun? Was ist der „Betrag" einer Zahl, und warum könnte man die „Minuszahlen" auch „Spiegelzahlen" nennen?*

Was dich erwartet

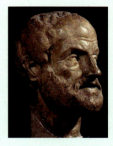

ARISTOTELES

1 *Von Philosophen und Königen*
Aristoteles lebte 384–322 vor Christus, er war Lehrer Alexanders des Großen, der von 356–323 vor Christus lebte.
a) Zeichne eine Zeitachse, in der du die Lebensdaten der beiden Männer eintragen kannst. Wie alt wurden sie jeweils? Wer war der ältere?
b) Platon, ein anderer großer Philosoph, lebte von 427–348 vor Christus. Konnte er Aristoteles kennen? Wie alt wurde Platon?

2 *Wir erweitern den Zahlenstrahl*
Für diese Aufgabe benötigst du einen Spiegel. Wenn du ihn direkt auf der Spiegellinie aufsetzt, erkennst du das Spiegelbild des Zahlenstrahls. Der Spiegel hilft dir auch beim Lesen der Arbeitsaufträge.

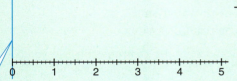

a) Beschreibe, wie sich die Reihenfolge der Zahlen im Spiegelbild verändert hat.
b) Gibt es Zahlen, die kein Spiegelbild besitzen? Begründe.
c) Was ist mit den Abständen zwischen den Zahlen geschehen?

d) Warum haben sich in der Mathematik andere Bezeichnungen als ..., 4, 3, 2, 1 für die Spiegelzahlen durchgesetzt? Begründe.
Welche Bezeichnungen werden benutzt?

3 *Warum reicht der Zahlenstrahl nicht aus?*
Dieser Frage wirst du jetzt nachgehen.
a) Übertrage die Tabelle unten in dein Heft und ergänze die Lücken. Stelle jede Subtraktion auch am Zahlenstrahl dar.

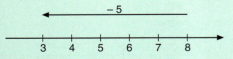

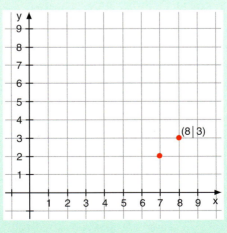

b) Ab welcher Stelle ergeben sich Schwierigkeiten und wie kann man sie lösen?
c) Zeichne alle Wertepaare aus der Tabelle in ein Koordinatenkreuz. Den ersten Punkt haben wir schon verraten: (8|3)

x	8	7	6	5	4	3	2	1	0
x – 5	3	■	■	■	■	■	■	■	■

129

5 Rationale Zahlen

Basiswissen

Wir brauchen neue Zahlen. Zum Beispiel um Punkte in der Koordinatenebene kennzeichnen zu können oder um Terme auswerten zu können. Um die Zahlen in gewohnter Weise darzustellen, müssen wir den Zahlenstrahl erweitern. Welche Begriffe mit den Minuszahlen hinzukommen, siehst du im Kasten. Beachte, dass alles, was du bisher über die Zahlen gelernt hast, seine Gültigkeit behält, du musst also nichts Neues lernen, sondern nur dein Wissen erweitern.

Das Vorzeichen bei positiven Zahlen wird fast immer weggelassen.

Der **Zahlenstrahl** wird zu einer **Zahlengeraden** erweitert.

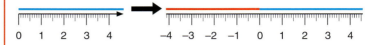

Der **Betrag** einer Zahl gibt an, wie weit sie von der 0 entfernt ist. Der Betrag ist nie negativ.

Entfernung zur 0

$|-30| = 30$ Lies: „Betrag von minus dreißig ist gleich dreißig."

$|20| = 20$

Zu jeder Zahl gibt es eine **Gegenzahl**, auch **Spiegelzahl** genannt.

Gegenzahl zu 4 ist -4.
Gegenzahl zu -4 ist 4.
Gegenzahl zu 0 ist 0.
Gegenzahl zu a ist $-a$.

Eine Zahl a ist kleiner als eine Zahl b, wenn a auf der Zahlengerade links von b liegt.

$-20 < 5$

Menge der natürlichen Zahlen:
$\mathbb{N} = \{1, 2, 3, 4, ...\}$
Menge der ganzen Zahlen:
$\mathbb{Z} = \{..., -3, -2, -1, 0, 1, 2, 3, ...\}$

Die Menge aller jetzt vorhandenen Zahlen (also die positiven, die negativen und die Zahl 0) wird **Menge der rationalen Zahlen** genannt und mit $\mathbb{Q}$ bezeichnet.

Beispiele

A Welche Zahlen sind markiert?

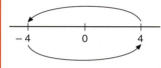

a) $-1{,}25$
b) $-0{,}75$
c) $-0{,}4$
d) $0{,}5$

B Wähle zwei Zahlen a und b so, dass $a < b$ und $|a| > |b|$.

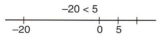

$-5 < 2$
$|-5| = 5 > |2|$

C Zeichne einen passenden Ausschnitt einer Zahlengerade und trage ein:

$-\frac{2}{3}$ -1 $-\frac{5}{6}$ $\frac{1}{6}$ $-\frac{1}{2}$

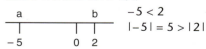

D M liegt genau in der Mitte zwischen S und T. Wo liegt M? Der Abstand zwischen S und T beträgt 20. M liegt also 10 Einheiten rechts von S und 10 Einheiten links von T. M liegt bei 7.

5.2 Anordnung und Betrag an der Zahlengeraden

Übungen

4 *Wer wohnt wo auf der Zahlengerade?*
Übertrage die Zahlengeraden aus der Abbildung in dein Heft. Achte dabei auf die unterschiedlichen Einteilungen. Gib anschließend an, auf welche Zahlen die Pfeile jeweils deuten.

5 Zeichne jeweils den passenden Ausschnitt einer Zahlengeraden und trage die Zahlen ein.
a) −0,5; 0,2; −0,05; −0,1; −0,15
b) −1; −1,5; −0,5; 2; −0,25
c) −10; 1; −9,9; −0,1; −0,9

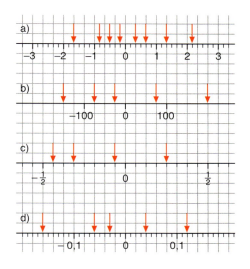

6 *Rätselhaftes an der Zahlengerade*
Bei manchen Aufgaben hilft es dir sicher, eine Zahlengerade zu zeichnen und daran zu probieren. Manchmal klappt es auch mit „scharfem Hinsehen".

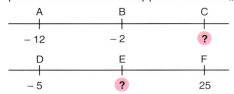

a) B liegt genau in der Mitte zwischen A und C. Welche Zahl liegt bei C?

b) E liegt genau in der Mitte zwischen D und F. Wo liegt E?

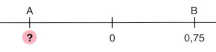

c) A ist genauso weit von der Null entfernt wie B. Wo liegt A?

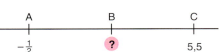

d) B liegt genau in der Mitte zwischen A und C, wo liegt B? Entscheide zuerst, ob die Null links oder rechts von B liegt!

7 Ordne die folgenden Zahlen der Größe nach. Beginne jeweils mit der kleinsten Zahl. Ordne anschließend die Zahlen auch nach ihren Beträgen.
a) 7   −3   −2   2,5   −2,1   −2,01
b) $-\frac{2}{5}$ 0,6   −0,1 $\frac{3}{8}$ $-\frac{9}{10}$ 0,4
c) $-\frac{7}{100}$ 0,09   −0,1 $-\frac{9}{125}$ −0,19 $-\frac{3}{100}$
d) $\frac{55}{100}$ $\frac{7}{10}$ $-\frac{1}{2}$ $-\frac{2}{3}$ $\frac{2}{5}$ $-\frac{1}{20}$

a)
−3 < −2,1 < …
|−2| < |−2,01| < …

8 Gib jeweils fünf Zahlen an,
a) die zwischen −1 und 0 liegen.
b) die zwischen −2 und 2 liegen.
c) die kleiner als Null sind und deren Betrag größer als $\frac{1}{2}$ ist.
d) die größer als −5 sind, aber einen größeren Betrag als die Zahl −5 haben.

9 Übertrage in dein Heft und setze <, >, = ein:
a) −8 ■ −7,9
b) $-\frac{2}{3}$ ■ $-\frac{3}{4}$
c) −1,5 ■ $-\frac{1}{5}$
d) |−0,1| ■ |−0,01|
e) |1| ■ |−99|
f) 1 ■ −10
g) −7,5 ■ $-\frac{15}{2}$
h) 4,79 ■ 4,8
i) |−4,79| ■ |−4,8|
k) $\left|-\frac{5}{8}\right|$ ■ |−0,625|

10 Fülle die Lücken in der Tabelle. Beachte, es kann mehrere Möglichkeiten geben.

Zahl	12	■	■	$-\frac{5}{9}$	■
Betrag	■	■	0,7	■	1,09
Spiegelzahl	■	$2\frac{1}{4}$	■	■	■

5 Rationale Zahlen

Übungen

11 Ordne auch hier der Größe nach. Beginne mit der kleinsten Zahl. Hast du es richtig gemacht ergibt sich jeweils ein Lösungswort.

a) 1,5 $\frac{1}{5}$ $-0,5$ 0,3 $-\frac{2}{5}$
   R   U   B   E   A

b) $-0,01$ $-\frac{1}{10}$ $-0,12$ $+\frac{1}{4}$ $\frac{1}{100}$
   H   O   K   E   L

c) 0,1 -10 $-9,9$ $-0,99$ 0,09
   E   S   E   I   F

d) 1 -99 0,1 -1 -9
   L   K   E   M   A

e) $-\frac{1}{4}$ $\frac{5}{4}$ $\frac{1}{2}$ $-\frac{3}{4}$ $\frac{3}{4}$ $-\frac{1}{2}$
   A   N   T   S   E   K

f) 0,2 $-0,02$ $-2,2$ $\frac{1}{2}$ $-0,2$
   E   S   A   L   M

12 *Die unbewohnte Zahlengerade*
Als es noch keine Zahlen gab, gab es natürlich auch noch keine Zahlengerade. Stell dir vor, die Zahlengerade wäre Schritt für Schritt von den Zahlen „besiedelt" worden. Welches waren wohl die ersten „Bewohner", wer kam anschließend?
Schreibe eine Geschichte, in der du die Besiedlung der Zahlengeraden beschreibst. Verwende dabei die Begriffe und Bezeichnungen, die auf Seite 130 zu finden sind.
Tipp: Denke auch daran, in welcher Reihenfolge du die Zahlen kennengelernt hast.

Du kannst auch mit einer Zeichnung an der Zahlengeraden begründen.

13 Welche der folgenden Aussagen sind richtig, welche falsch? Begründe. Bei den falschen Aussagen reicht ein Gegenbeispiel.

a) Ist a > b, so ist die Gegenzahl von a kleiner als die Gegenzahl von b.
b) Es gibt keine rationale Zahl, die gleich ihrer Gegenzahl ist.
c) -2 ist eine ganze Zahl, aber keine natürliche Zahl.
d) $-\frac{1}{3}$ ist eine negative rationale Zahl, aber kein Element aus $\mathbb{Z}$.
e) Jede natürliche Zahl ist auch eine ganze Zahl.
f) Es gibt rationale Zahlen, die keine ganzen Zahlen oder natürliche Zahlen sind.
g) Eine rationale Zahl und ihre Gegenzahl liegen symmetrisch zur Null.
h) Ist a < b, dann ist immer $|a| < |b|$.
i) Wenn $-a$ die Gegenzahl von a ist, so ist $-a$ positiv.

Aufgaben

14 *Auch messen will gelernt sein*
Fünf Vermessungsteams haben die Höhe eines Kirchturms bestimmt. In der Tabelle siehst du, wie gut die Teams jeweils gemessen haben. Nach Beendigung der Messungen verrät der Pfarrer die exakte Höhe des Kirchturms. Sie beträgt 38,75 m.

Team	Abweichung
A	+0,07 m
B	−0,08 m
C	+0,24 m
D	−0,25 m
E	−0,11 m

a) Welches Team lag am nächsten mit seiner Messung? Erstelle eine Rangliste.
b) Welche Höhen haben die Teams jeweils gemessen? Lege eine Tabelle an.
c) Im Abschlussbericht steht: „Durchschnittlich lagen die Messungen der Teams um 18 cm daneben." Stimmt das?

5.2 Anordnung und Betrag an der Zahlengeraden

Aufgaben

15 *Der Konstruktionspunkt (K-Punkt)*
So nennt man die Stelle auf der Landepiste von Skisprungschanzen, die den Übergang vom Aufsprunghang in den Auslauf markiert.
Die erzielte sportliche Leistung eines Skispringers setzt sich aus der erreichten Sprungweite (Weitennote) und der Qualität des Sprungs (Haltungsnoten) zusammen. Die Sprungweite wird in eine Weitennote wie folgt umgerechnet:
Eine Sprungweite, die bis zum K-Punkt geht (vgl. Tabelle), wird mit 60 Weitenpunkten bewertet. Weicht die erzielte Sprungweite vom K-Punkt ab (kürzerer oder längerer Sprung), erfolgen Punktabzüge bzw. Punktzuschläge.
Die Größe der Punktabzüge oder -zuschläge für eine bestimmte Weitendifferenz gegenüber der K-Punkt-Weite sind abhängig von der Größe der Schanze.

K-Punkt-Weite	Punktwert
20 – 24 m	3,2 Pkt./m
25 – 29 m	3,0 Pkt./m
30 – 24 m	2,8 Pkt./m
35 – 39 m	2,6 Pkt./m
40 – 49 m	2,4 Pkt./m
50 – 59 m	2,2 Pkt./m
60 – 69 m	2,0 Pkt./m
70 – 79 m	1,8 Pkt./m
80 – 99 m	1,6 Pkt./m
100 – 120 m	1,4 Pkt./m
145 – 185 m	1,0 Pkt./m

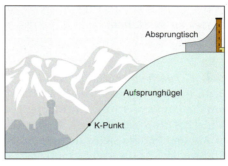

Beim Springen auf der Hintertollinger Schanze (K-Punkt-Weite 97 m) hatten die Springer in den beiden Durchgängen nebenstehende Abweichungen vom K-Punkt.

Springer	1. Sprung Abweichung vom K-Punkt	2. Sprung Abweichung vom K-Punkt
Martin	+ 3 m	+ 4 m
Johann	+ 1 m	– 3 m
Mikka	– 4 m	0 m
Hiroito	– 1 m	+ 7 m
Sepp	+ 2 m	– 1 m
Enzio	– 3 m	– 4 m

a) Lege eine Tabelle an, in der du die Sprungweiten und die Weitenpunkte der Springer einträgst.

b) Sepps Trainer hat nach den Springen in Hintertollingen und Obergrüzing (K-Punkt-Weite 111 m) in seinem Notizbuch stehen:

2 · 60 + [2 + (– 1)] · 1,6 + 2 · 60
+ [(– 6) + 3] · 1,4

Was hat sich der Trainer notiert? Auch ohne mit negativen Zahlen rechnen zu können, kannst du den Rechenausdruck auswerten.

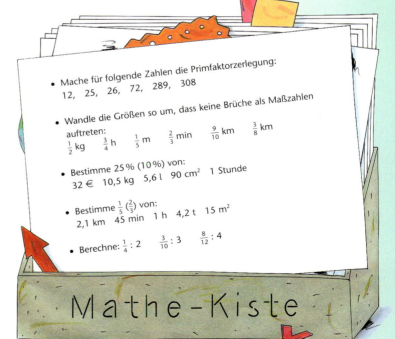

- Mache für folgende Zahlen die Primfaktorzerlegung:
  12, 25, 26, 72, 289, 308

- Wandle die Größen so um, dass keine Brüche als Maßzahlen auftreten:
  $\frac{1}{2}$ kg $\frac{3}{4}$ h $\frac{1}{5}$ m $\frac{2}{3}$ min $\frac{9}{10}$ km $\frac{3}{8}$ km

- Bestimme 25 % (10 %) von:
  32 €   10,5 kg   5,6 l   90 cm²   1 Stunde

- Bestimme $\frac{1}{5}$ ($\frac{2}{3}$) von:
  2,1 km   45 min   1 h   4,2 t   15 m²

- Berechne: $\frac{1}{4}$: 2 $\frac{3}{10}$: 3 $\frac{8}{12}$: 4

Mathe-Kiste

5.3 Addieren und Subtrahieren mit rationalen Zahlen

Was dich erwartet

Natürlich weißt du schon, wie man addiert und subtrahiert, und die Gesetze, die du bisher gelernt hast, behalten alle ihre Gültigkeit. Doch jetzt lassen sich auch Aufgaben vom Typ 6 + ? = – 2 lösen, die bisher Schwierigkeiten bereiteten. Anhand verschiedener Situationen, etwa bei Schulden oder Temperaturen wirst du sehen, dass man mit negativen Zahlen genauso rechnen kann wie mit positiven. Die Zahlengerade und Pfeilbilder helfen dir, das noch besser zu verstehen.

Aufgaben

1 *Eiskunstlauf in Schlitterbach*

Beim regionalen Eiskunstlauf-Wettbewerb in Schlitterbach kämpfen die Athleten um die Punkte der Jury. Die Richter können auf einer Punkteskala von – 6 (sehr schlecht) bis 6 (sehr gut) die Eiskunstläufer bewerten.

a) Auf den Bildern siehst du, wie Punktrichter in zwei Fällen abgestimmt haben. Ermittle jeweils die Gesamtpunktzahl und schreibe eine Rechnung dazu auf.

b) Leider geht in Schlitterbach nicht alles mit rechten Dingen zu: Manche Punktrichter sind parteiisch und werden disqualifiziert. Wie hat sich die Gesamtpunktzahl dadurch jeweils verändert? Schreibe für **vorher** und **nachher** jeweils eine Rechnung auf. Beschreibe deine Beobachtungen.

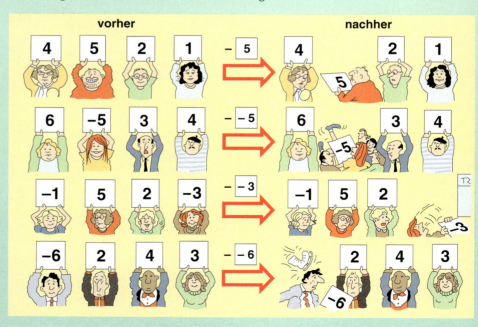

5.3 Addieren und Subtrahieren mit rationalen Zahlen

2 *Geldgeschäfte in Entenhausen*

a) Donald schuldet seinen drei Neffen noch Taschengeld. Von den Stadtwerken erhält er eine Gutschrift von 79 Talern. Kann er damit seine Schulden begleichen?
b) Der Computer der Bank in Entenhausen streikt. Er hat nur einen unvollständigen Ausdruck der Bewegungen auf Dagobert Ducks Konto ausgedruckt. Kannst du die fehlenden Zahlen ergänzen?

Aufgaben

Taschengeld
Tick 35,–
Trick 28,–
Track 19,–

Datum	1.4.	2.4.	3.4	4.4	5.4
Alter Kontostand	−14	6	■	80	■
Veränderung	■	−52	■	−220	−67
Neuer Kontostand	6	■	80	■	■

Donald zeichnet und rechnet, um den ersten fehlenden Eintrag herauszufinden:

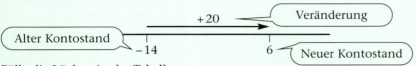

Rechnung:
−14 + 20 = 6

Fülle die Lücken in der Tabelle.

3 *In drei Schritten zum Ergebnis*

Egal ob es sich um Addition oder Subtraktion rationaler Zahlen handelt – mit der folgenden Methode kannst du das Ergebnis immer selbst herausfinden.
a) Betrachte zunächst das Beispiel und lies die Anleitung zu den Schritten ①–③:

Bei schönem Wetter kann man auch auf dem Schulhof eine Zahlengerade zeichnen und daran rechnen.

① Stelle dich an den Startpunkt auf der Zahlengerade.

② Das Rechenzeichen gibt die Richtung an, in die du dich drehen musst.
  + positive Richtung
  − negative Richtung

③ Nun heißt es marschieren:
Bei einer positiven Zahl vorwärts,
bei einer negativen Zahl rückwärts.

b) Führe die folgenden Aufgaben selbst an der Zahlengeraden aus. Notiere die Anweisungen und die Ergebnisse.
(−4) + (−2)   3 + (−5)   3 − 7   1 − (−6)   (−4) + 10
10 + (−4)   (−2) + (−3) − (−8)   (−2,5) + (−3,5)

c) Schaffst du es auch schon ohne die Zahlengerade? Probiere es aus.
(−13) − (−25)   8 + (−15)   3,5 − (−17)
2,7 + (−6)   (−24,9) + 25,1   1,3 + (−4,5) − (−3,2)

(−4) + (−2)
① Startpunkt (−4)
② Drehe dich in die positive Richtung.
③ Gehe 2 Schritte rückwärts.
Ergebnis: (−6)

135

5 Rationale Zahlen

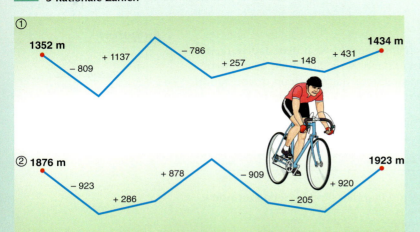

4 *Bergauf – Bergab*

a) Im Höhenprofil sind die Steigungen und die Gefälle von Jans Trainingstour eingezeichnet. Sein Trainer lacht: „Insgesamt bist du ja nur 82 m hoch gefahren." Jan schreibt eine Additionsaufgabe und rechnet nach:
(−809 m) + (+1 137 m) + (−786 m) …
Hat der Trainer recht?

b) Aus Start- und Zielhöhe kannst du auch aus dem zweiten Höhenprofil den gesamten Höhenunterschied bestimmen. Rechne mithilfe der Gefälle und Steigungen nach wie in Teil a).

c) Welche Anstiege hat der Radfahrer in beiden Fällen insgesamt bewältigt?

Basiswissen

Ob bei der Punktebewertung im Sport, bei Schulden oder bei Höhen- und Tiefenangaben – ist der Zusammenhang klar, so fällt das Rechnen mit negativen Zahlen gar nicht schwer. Bei reinen Rechenaufgaben ist dies nicht immer so einfach, hier hilft die Zahlengerade.

Addition rationaler Zahlen

Addieren bedeutet: Du wendest dich nach rechts. Addierst du …

…eine positive Zahl, so gehst du vorwärts, d. h. auf der Zahlengeraden nach rechts.
$-4 + 9 = 5$

…eine negative Zahl, so gehst du rückwärts, d. h. auf der Zahlengeraden nach links.
$3 + (-7) = (-4)$

Subtrahieren rationaler Zahlen

Subtrahieren bedeutet: Du wendest dich nach links. Subtrahierst du …

…eine positive Zahl, so gehst du vorwärts, d. h. auf der Zahlengeraden nach links.
$7 - (+8) = -1$

…eine negative Zahl, so gehst du rückwärts, d. h. auf der Zahlengeraden nach rechts.
$6 - (-3) = 9$

Beispiele

A Berechne −3 − (−5) und stelle die Rechnung an der Zahlengeraden dar. Zur Unterscheidung von Vorzeichen und Rechenzeichen benutzt man Klammern.

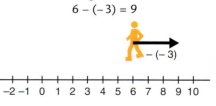

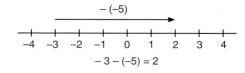

$-3 - (-5) = 2$

5.3 Addieren und Subtrahieren mit rationalen Zahlen

B Betrachte die Buchung auf dem Konto. Schreibe als Additionsaufgabe und bestimme den Endstand. Runde und mache zunächst eine Überschlagsrechnung.

Kontostand	1 378,00 €
Buchung	−2 045,89 €
Endstand	■

Überschlagsrechnung:
1 400 + (−2 000) = −600
Exakte Rechnung:
1 378 + (−2 045,89) = −667,89

Der Kontostand beträgt −667,89 €.

Beispiele

Bilde die Differenz der Beträge.

C Finde die fehlenden Angaben der Temperaturbeobachtung.

a) ■ $\xrightarrow{-9\,°C}$ −11,5 °C

Die Ausgangstemperatur beträgt −2,5 °C, denn
−2,5 °C − 9 °C = −11,5 °C

b) 3 °C $\xrightarrow{■}$ −9,5 °C

Die Temperaturveränderung beträgt −12,5 °C, denn
3 °C − **12,5** °C = −9,5 °C

5 Stelle folgende Rechnungen an der Zahlengerade dar. Rechne.

a) −8 + (−2)
   −3 + 15
   2,5 + (−6)
   −5,5 + (−2,5)
   −0,5 + (−0,5)
   $-\frac{1}{2} + (-\frac{1}{2})$

b) 3 − 7
   −8 − 1
   −2 − (−5)
   $(-\frac{2}{3}) - (-\frac{8}{9})$
   $\frac{9}{10} - (-4,5)$
   (−7) − (−7)

c) $-\frac{9}{10} - (+\frac{1}{2})$
   $-\frac{1}{5} + (-2,6)$
   $1\frac{2}{3} + (-3\frac{5}{6})$
   $-0,8 - (-3\frac{1}{2})$
   $-1,25 + (-\frac{3}{4})$

d) 3,2 + (−½) − (+0,9)
   −4,6 − (−2,3) + (−1,8)
   −5,2 + (−11)
   (−2,75) − (−0,75)
   $-\frac{5}{2} - 3,8 + (-3,8)$
   $-\frac{7}{10} - 1\frac{3}{5} + \frac{9}{10}$

Übungen

Wie addiert oder subtrahiert man Brüche?

$\frac{3}{4} - \frac{2}{3} =$

Mache die Brüche gleichnamig.

$\frac{9}{12} - \frac{8}{12} = \frac{1}{12}$

Subtrahiere die Zähler, der Nenner bleibt erhalten.

6 Die Bilder zeigen Additionen oder Subtraktionen an der Zahlengeraden. Einige Angaben fehlen jedoch. Übertrage ins Heft und schreibe eine Rechnung dazu auf. Achte auf die Pfeilrichtung.

a)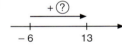
b)
c)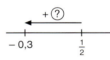
d)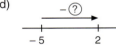
e)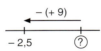
f)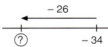

a)
−6 + **?** = 13
−6 + **19** = 13

7 Schreibe die Zahlen aus dem rechten Kasten jeweils als
a) Summe zweier Zahlen mit verschiedenen Vorzeichen.
b) Differenz zweier positiver Zahlen.
c) Differenz zweier negativer Zahlen.
d) Differenz zweier Zahlen mit verschiedenen Vorzeichen.

−5	−19
	19
4,5	−7,5
37	$-\frac{1}{2}$
$\frac{1}{2}$	−6,25

−5
= 2 + (−7)
= 10 − 15
= −20 − (−15)
= −1 − 4

8 *Durchschnittstemperaturen*
An vier verschiedenen Tagen wurde in einer Forschungsstation die Temperatur gemessen, immer zu den gleichen Uhrzeiten.
Bestimme hieraus die Tagesdurchschnittstemperaturen.

Datum	8 Uhr	12 Uhr	16 Uhr	20 Uhr
21. November	−17 °C	−1 °C	−3 °C	−7 °C
6. Dezember	−2 °C	5 °C	8 °C	1 °C
20. Dezember	−1 °C	1 °C	0 °C	−4 °C
14. Januar	−33 °C	−26 °C	−29 °C	−42 °C

8 Die richtigen Durchschnittstemperaturen sind dabei.
−7 °C   −9 °C
3 °C   −1 °C   0 °C
−32,5 °C   −28 °C

5 Rationale Zahlen

Übungen

9 Löse an der Zahlengeraden.
a) $3,5 - (-4,5) = \boxed{?}$ b) $-16 + \boxed{?} = 0$ c) $\boxed{?} - (-41) = 50$
   $12 - \boxed{?} = 5$ $\boxed{?} + 3 = -7$ $81 - \boxed{?} = -2$
   $13 + \boxed{?} = -27$ $-7 - \boxed{?} = 10$ $\boxed{?} + 14 = 0$

> Rechne an der Zahlengeraden rückwärts.

10 a) Lukas denkt sich eine Zahl. Er addiert 25 und subtrahiert anschließend 17 und erhält schließlich (–8). Welche Zahl hat er sich ausgedacht?
b) Violetta subtrahiert von einer Zahl 3 und addiert anschließend 17,5. Als Ergebnis erhält sie 0.
c) Überlege dir selbst ein solches Rätsel und stelle es deiner Banknachbarin oder deinem Banknachbarn.

START	STOPP
21:06	48:05
–12:45	23:17
–09:26	–02:13
–43:56	18:47
–3:25	1:04:51

11 *Endzeit minus Anfangszeit*
Mit dieser einfachen Formel kannst du die Zeitdauer von Videoaufnahmen berechnen. Die Tabelle enthält die Anfangs- und Endzeiten verschiedener Aufnahmen. Berechne die Länge der Beiträge.
Spielt das Vorzeichen der Ergebnisse eine Rolle?

12 *Trainingseinheit*
Übertrage die Tabellen in dein Heft und fülle sie aus. Benötigst du für das Ausfüllen weniger als 3 Minuten, so bist du fit!

+	–5	3,2	$-\frac{3}{4}$	–10,9
–2	■	■	■	■
$-\frac{1}{2}$	■	■	■	■
3	■	■	■	■

–	4,6	–8,9	$-\frac{5}{8}$	0,78
2,7	–1,9	■	■	■
$-\frac{3}{5}$	■	■	■	■
–0,13	■	■	■	■

13 a) Finde durch Ausprobieren vier verschiedene Zahlen x, für die gilt: $|5 - x| \leq 2$
b) Übertrage die Zahlengerade in dein Heft und zeichne die vier Zahlen, die du in a) gefunden hast, auf der Geraden ein.
Welche anderen Zahlen würden auch „passen"?
Markiere den betreffenden „Bereich" farbig.
c) Verfahre genauso für $|3 - x| \leq 7$

14 *Magische Quadrate*
Übertrage die Quadrate ins Heft. Fülle die Felder so aus, dass die Summe der Zahlen in Spalten, Zeilen und Diagonalen gleich ist.

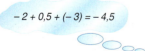

a)
–2	0,5	–3
□	□	–0,5
0	□	□

b)
□	2	–12
□	–6	□
0	□	□

c)
–4	4	–3
□	□	–2
□	–6	□

d)
□	1,5	□	–3,5
$\frac{1}{2}$	□	–2,5	□
□	0	$-\frac{1}{2}$	–3
1	–4,5	□	□

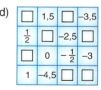

15 *Vorzeichen und Rechenzeichen gesucht*
Übertrage ins Heft und setze die richtigen Vorzeichen ein.
a) ■15 – (■7) = 22
   ■46 – (–12,5) = ■58,5
   ■46 – (–12,5) = ■33,5
   43 ■ (–4,5) = ■38,5

b) ■$\frac{7}{15}$ – (■$\frac{2}{3}$) = –$\frac{1}{5}$
   ■2,3 – (–12,5) = ■14,8
   –6,95 + (■$\frac{11}{20}$) = ■7,5
   ■3,25 ■ (–1,75) = 5

5.3 Addieren und Subtrahieren mit rationalen Zahlen

Übungen

16 *Rechenpyramiden*
Zwei nebeneinanderstehende Zahlen musst du entweder addieren oder subtrahieren, hast du alles richtig gemacht, so erkennst du das an der „Spitzenzahl".

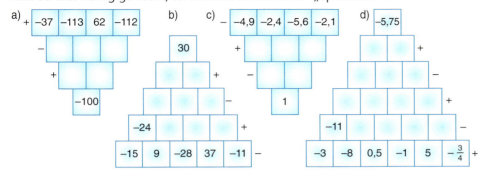

17 *Große Lücken*
a) ■ + ■ − ■ =
Setze die Zahlen 4   −2   5
jeweils so in die Kästchen ein, dass du die Ergebnisse 11   −1   −3 erhältst.
b) Welche verschiedenen Ergebnisse erhältst du, wenn du die Zahlen
1,5 $-\frac{1}{2}$ −2,8
in folgenden Rechenausdruck einsetzt:
■ + ■ − ■ = ?

18 Löse im Kopf. Schaffst du die Kolonne in $1\frac{1}{2}$ Minuten bist du fit!
9 − (−15) =
(−7) + (−45) =
9 − (+38) =
(−25) − (−56) =
−2,8 + (−5,7) =
−2,8 − (−5,7) =
0,2 − 10 − (−9,8) =
0,75 + (−12,25) + 11 − 0,5 =
$-\frac{1}{2}$ + (−0,9) + 0,55 + (−20) =

17 b) Die richtigen Lösungen sind dabei und ergeben ein Lösungswort
−4,8 −1,3 4,8
  B   H   L
−0,8 −0,2 3,8
  Ä   E   R

19 Auch der Taschenrechner kann mit negativen Zahlen rechnen.
a) Versuche mit deinem Taschenrechner (−2) − (−9) und (−7) + (−23) zu lösen.
b) Schreibe eine kurze Anleitung mit Beispielen, wie du mit deinem Taschenrechner mit negativen Zahlen rechnest. Beachte möglichst verschiedene Fälle.

Forscheraufgabe

Welche Tasten sind auf deinem Rechner und welche Wirkung haben sie?

20 a) Welche Konten sind nach den Buchungen überzogen? Runde und notiere einen Überschlag.
b) Berechne die Kontostände nach den Buchungen mit dem Taschenrechner. Vergleiche mit deinen Überschlägen.

Kontostand	359,78	3 235,81	−128,54	654,23	−1 984,89
Buchung	−279,67	−402,00	+1 012,98	+347,66	−51,37
Buchung	−376,56	−2 604,12	−801,75	−1 551,77	+2 026,11
Endstand	■	■	■	■	■

21 Jonas hat die Aufgabe so umgeschrieben, dass sie z. B. ein Schüler der 6. Klasse lösen kann. Stelle auch die folgenden Aufgaben so dar, dass sie lösbar werden. Bei welchen gelingt es dir nicht? Begründe.

15,9 − (−8,3) + (−4,2) =
⇩   ⇩
15,9 + 8,3 − 4,2 = 20

Klammern schaffen Ordnung!
Sie helfen, damit du Rechenzeichen und Vorzeichen nicht verwechselst. Besteht keine Verwechslungsgefahr, so kann man sie weglassen.
(−5) + (−2) =
−5 + (−2) =

a) 46,9 − (+2,8) + (−36,7) − (−5,1)
b) 0,69 + $(-\frac{1}{2})$ − $(-\frac{3}{10})$ + $(-\frac{7}{8})$
c) −22,8 + (−7,2) − 3,3
d) $-\frac{11}{8}$ + (−0,67) − (−5,07)
e) 83,25 − $(-\frac{3}{4})$ + (−27,8) − (+$12\frac{1}{2}$)
f) $\frac{1}{5}$ + $(-\frac{1}{3})$ − $(-\frac{3}{4})$ + $(-3\frac{5}{6})$
g) 27,3 + (−4,5) − (−2,7) + (+4,1)
h) $\frac{1}{2}$ + $(-\frac{1}{5})$ + $(-\frac{3}{4})$ − $(+\frac{4}{5})$

5 Rationale Zahlen

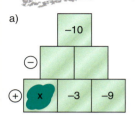

22 Die richtigen Ergebnisse sind dabei:
−1   −2 $\frac{1}{3}$ −11,25
−7   15,2   −$\frac{1}{2}$
0,3

22 *Harte Nüsse*
Die folgenden Aufgaben stellen dich auf eine harte Probe.
Tipp: Berechne zuerst die Ausdrücke in den Klammern. Arbeite dich dann weiter vor.
a) $-1{,}11 + (-5\frac{1}{4} - 1{,}89) - (7{,}28 - 13{,}89) + 0{,}64$ c) $(-\frac{4}{9} + (-5\frac{5}{6})) - 2\frac{1}{18} + \frac{4}{3}$
b) $(-3{,}17 + (-0{,}57)) + (-6{,}39) - (-2{,}18) + (-3\frac{3}{10})$ d) $(-\frac{2}{3} + 2\frac{1}{3}) - (2\frac{5}{6} - (-1\frac{1}{6}))$

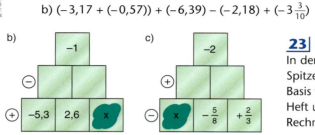

23 *Pyramiden mit Lücken*
In den Rechenpyramiden ist zwar die Spitzenzahl angegeben, doch in der Basis fehlt eine Angabe. Übertrage ins Heft und fülle die Lücken, notiere deine Rechnungen. Mache die Probe.

Aufgaben

a) (−1 | −4)
(5 | 2)

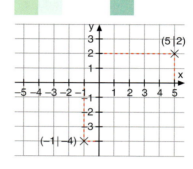

24 *Zeichnen und Addieren*
a) Trage im Koordinatenkreuz Punkte ein, deren Koordinaten die Differenz 3 haben. Was fällt dir auf?
b) Welches Muster ergibt sich für Punkte mit der Koordinatendifferenz (−5)?
c) Formuliere eine Regel und begründe diese.

25 *Altertümliches Rechnen*
So ähnlich notierte man im Fernen Osten vor 2000 Jahren Rechnungen auf Tontafeln. Einige davon überdauerten die Zeit …
a) Kannst du die verschiedenen Zahlzeichen übersetzen? Leider ist ein großer Teil der Übersetzungstafel unbrauchbar.
b) Was wurde gerechnet? Was bedeuten die Querstriche über den Zahlzeichen? Stimmen die Ergebnisse? Erkläre.

25
249   −6
28   588   64
293   −32

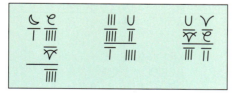

c) Damals kannte man noch keine Minuszahlen, Paul übersetzt trotzdem seine Rechnungen. Er ist sich aber nicht so sicher, ob er richtig gerechnet hat, übersetze und überprüfe.

26 *Auch Verschiebungspfeile kann man addieren*
Betrachte die Abbildung rechts. Nach der Methode „Ende an Spitze" kannst du zeichnerisch aus zwei oder mehr Verschiebungspfeilen einen einzigen machen.
a) Kannst du die blaue Verschiebung aus den beiden anderen berechnen? Beschreibe, wie du vorgegangen bist.
b) Zeichne ebenso und berechne.
(4 | −3) + (−0,5 | −1)   (−3 | −1) + (2 | −4)   (0,5 | −4,5) + (−3 | −0,5)

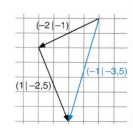

140

5.4 Multiplikation und Division rationaler Zahlen

Wie multipliziert oder dividiert man mit rationalen Zahlen? Welches Ergebnis liefert etwa $(-3) \cdot (-2)$? Tatsächlich waren die Mathematiker sich lange Zeit uneinig darüber, welches Vorzeichen das Produkt zweier negativer Zahlen haben sollte. Deswegen geht es in diesem Kapitel neben dem Üben von Multiplikation und Division auch darum, wie man die Rechenregeln verständlich machen kann, die Veranschaulichung an der Zahlengerade hilft dir dabei.

Was dich erwartet

Aufgaben

1 *Immer so weiter?*
Celina hat mit einer Tabelle begonnen. Die Wertepaare, die sie erhält, trägt sie als Punkte direkt in ein Koordinatenkreuz ein.

x	5	4	3	2	1	0	–1	–2	–3	–4	–5
x · 3	15	12	■	■	■	■	■	■	■	■	■

a) Übertrage Tabelle und Koordinatenkreuz in dein Heft, ergänze die Tabelle und zeichne das Schaubild.
b) Lege eine 2. Tabelle für x und x · (–2) an und zeichne.
c) Vergleiche die beiden Schaubilder miteinander, was fällt dir auf?

„Bis zur Null weiß ich ja, wie es geht, doch dann …? Vielleicht hilft mir das Schaubild ja weiter! …"

2 *Strecken und stauchen*
Willst du einen Zahlpfeil z. B. um das **dreifache** verlängern, so kannst du ihn mit der Zahl 3 multiplizieren (siehe Bild).

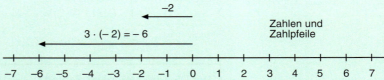

Zahlen und Zahlpfeile

a) Überlege dir mithilfe der Zahlpfeile auch die Ergebnisse folgender Rechnungen und zeichne die zugehörigen Pfeilbilder.
$3 \cdot (-2)$ $4 \cdot (-3{,}5)$ $0{,}5 \cdot (+5)$ $\frac{1}{3} \cdot (-9)$ $(-4) \cdot \frac{1}{2}$ $0{,}2 \cdot (-5)$
b) Auch Divisionen lassen sich an der Zahlengerade darstellen.
$4 : 2$ $(-4) : 2$ $(-2{,}5) : 5$ $(-1) : 1$ $(-4{,}5) : 3$
c) Eine Multiplikation aus a) und eine Division aus b) liefern das gleiche Ergebnis. Erkläre.

3 *Minus mal Minus gibt …?*
Um das herauszufinden benutzen wir einen Trick. Das Verteilungsgesetz (Distributivgesetz) kennst du schon. Auch für negative Zahlen soll das Distributivgesetz gelten. Julia und Thomas rechnen:

a) Julia rechnet:
$(-3) \cdot [(+6) + (-6)] = \ldots$

Setze Julias Rechnung fort. Welches Ergebnis erhält sie?

b) Thomas rechnet:
$(-3) \cdot [(+6) + (-6)] = (-3) \cdot (+6) + (-3) \cdot (-6) = \ldots$
Das Ergebnis von Julia kennt er. Außerdem weiß er, dass $(-3) \cdot 6 = -18$. Welches Ergebnis muss er für $(-3) \cdot (-6)$ einsetzen, damit die Rechnung stimmt?

c) Welches Vorzeichen muss man für das Produkt von zwei negativen Zahlen festlegen, damit das Distributivgesetz gültig bleibt?

Julia: „Ich rechne zuerst die eckige Klammer aus!"

Thomas „Ich löse zuerst die Klammer mit dem Verteilungsgesetz auf. $(-3) \cdot (+6)$ kann ich an der Zahlengeraden erklären."

141

5 Rationale Zahlen

Basiswissen

Die Rechengesetze, die du bisher kennengelernt hast, sollen für die rationalen Zahlen ihre Gültigkeit behalten. Damit weisen sie auch den Weg zur Festlegung der Vorzeichenregeln für die Multiplikation und Division. Im Kasten bekommst du nicht nur Hilfen zum Rechnen. Mit dem Modell des Zahlpfeils kannst du dir die Multiplikation rationaler Zahlen auch veranschaulichen.

Rechenregel:
Multipliziere die Beträge. Das Produkt ist negativ, falls beide Faktoren verschiedene Vorzeichen haben.

Die Multiplikation rationaler Zahlen
Die Multiplikation mit einer positiven Zahl *streckt* oder *staucht* den Zahlpfeil. Seine Richtung bleibt gleich.

$$-2 \cdot 3 = -6 \qquad\qquad 6 \cdot \tfrac{1}{2} = 3$$

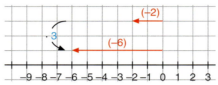 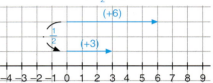

Die Multiplikation mit einer negativen Zahl *streckt* oder *staucht* den Zahlpfeil. **Zusätzlich** dreht er seine Richtung um.

$$-2 \cdot (-3) = 6 \qquad\qquad 5 \cdot (-\tfrac{1}{2}) = -2{,}5$$

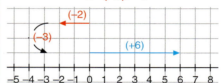 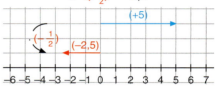

Beispiele

A Berechne schrittweise.
$\underbrace{(-3) \cdot (-7)}_{\text{erstes Produkt}} \cdot (-\tfrac{1}{2}) = (+21) \cdot (-\tfrac{1}{2}) = -\tfrac{21}{2} = -10{,}5$

B Welche Zahl passt?
$-3 \cdot x = 27$
$x = -9$

Die Division rationaler Zahlen
Die Division durch eine positive Zahl *staucht* oder *streckt* den Zahlpfeil. Seine Richtung bleibt gleich.

$$5 : 2 = 2{,}5 \qquad\qquad (-3) : \tfrac{1}{2} = -6$$

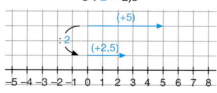 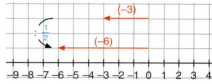

Vorsicht! Die Division durch 0 ist verboten!

Die Division durch eine negative Zahl *staucht* oder *streckt* den Zahlpfeil. **Zusätzlich** dreht er seine Richtung um.

$$(-3) : (-3) = 1 \qquad\qquad 3 : (-\tfrac{1}{2}) = -6$$

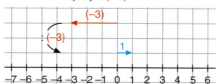 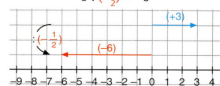

142

5.4 Multiplikation und Division rationaler Zahlen

C Veranschauliche mithilfe von Zahlpfeilen.   *Beispiele*

a) $(-1,2) \cdot 5 = -6$
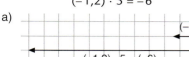

b) $(-4) : (-8) = \frac{1}{2}$
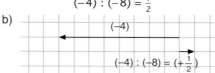

4 *Strecken und Stauchen*   *Übungen*
Übertrage die Pfeilbilder in dein Heft und notiere zu jedem eine Multiplikationsaufgabe.

a)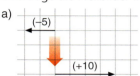
b)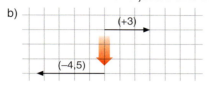
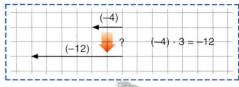
$(-4) \cdot 3 = -12$

c)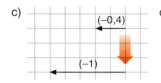
d)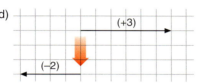

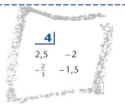
4
| 2,5 | −2 |
| −$\frac{2}{3}$ | −1,5 |

5 17 Schüler und Schülerinnen der 6b haben bei ihrer Lehrerin noch nicht die 3,50 € Schulden für den Museumseintritt beglichen.
a) Wie viel € Schulden haben alle zusammen bei der Lehrerin?
b) Notiere eine Multiplikationsaufgabe, in der du die Schulden als negative Zahl schreibst.

6 *Aus Plus wird Mal*
Formuliere als Multiplikationsaufgaben und berechne.
a) $(-3) + (-3) + (-3) + (-3) + (-3) + (-3)$
b) $(-\frac{3}{4}) + (-\frac{3}{4}) + (-\frac{3}{4}) + (-\frac{3}{4}) + (-\frac{3}{4}) + (-\frac{3}{4})$
c) $(-2,35) + (-2,35) + (-2,35) + (-2,35)$
d) $-1,3 - 1,3 - 1,3 - 1,3 - 1,3$
e) $(-\frac{2}{3}) + (-\frac{2}{3}) + (-\frac{2}{3}) + (-\frac{2}{3}) + (-\frac{2}{3})$
f) $(-\frac{5}{8}) + (-\frac{5}{8}) - \frac{5}{8} - \frac{5}{8} + (-\frac{5}{8})$

7 Übertrage die Wertetabelle in dein Heft und fülle die Lücken. Zeichne zu a), b) und c) die Schaubilder in *ein* Koordinatenkreuz.

	x	−2	−1,5	−1	−0,5	0	0,5	1	1,5	2
a)	4 · x	−8	■	■	■	■	■	■	■	■
b)	x · (−4)	■	■	■	2	■	■	■	■	■
c)	x · ■	■	4,5	■	■	0	■	■	■	■

8 *Viele Faktoren*
Bestimme die Ergebnisse.
Tipp: Multipliziere zuerst zwei Zahlen miteinander.
a) $11 \cdot (-4) \cdot (-3)$
b) $(-9) \cdot 6 \cdot 8$
c) $7 \cdot (-2) \cdot 3 \cdot (-10)$
d) $(-4) \cdot 7 \cdot (-3,5) \cdot (-2)$
e) $(-\frac{2}{3}) \cdot (-\frac{1}{2}) \cdot (-\frac{4}{5})$
f) $(-1,2) \cdot (-0,5) \cdot (-4) \cdot (-5)$
g) $\frac{1}{7} \cdot (-63) \cdot \frac{5}{9} \cdot (-81)$
h) $(-\frac{6}{13}) \cdot (-\frac{2}{5}) \cdot (-65) \cdot (-\frac{1}{12})$
i) $\frac{3}{8} \cdot (-\frac{1}{3}) \cdot (-4)$
j) $(-9) \cdot (-\frac{4}{3}) \cdot (-\frac{1}{6}) \cdot 5$

9 *Verlustgeschäfte*
Jonas, Luisa und Clara haben auf dem Hobbymarkt Gebasteltes verkauft. Sie haben 36€ eingenommen, mussten jedoch 20 € für die Stellfläche zahlen und hatten einen Materialaufwand von 46 €. Der Verlust soll gleichmäßig aufgeteilt werden.

5 Rationale Zahlen

Übungen

10 *Vorzeichen gesucht*
a) Welches Vorzeichen hat das Ergebnis? Überlege zuerst ohne zu rechnen.
b) Runde auf ganze Zahlen und mache einen Überschlag.
c) Bestimme mit dem Taschenrechner die exakten Ergebnisse und vergleiche mit deinem Überschlag.

$(-2,1) \cdot (-5,8) \cdot (0,8) \cdot (-3,9) \cdot (-4,7) \cdot (-10,2)$
$13 \cdot (-7,9) \cdot 3,4 \cdot (-3,3) \cdot (-1,5) \cdot 12,2 \cdot (-7,8) \cdot (-6,1)$
$(-7,4) \cdot (-0,9) \cdot 1,2 \cdot (-2) \cdot (-19,8) \cdot 2,9 \cdot (0,5) \cdot (-98)$

> $2^5 = 2 \cdot 2 \cdot 2 \cdot 2 \cdot 2$
> $(-1)^3 = (-1) \cdot (-1) \cdot (-1)$

11 *Potenzen*
Multiplizierst du eine Zahl mehrmals mit sich selbst, so kannst du sie als **Potenz** schreiben.
a) Schreibe die Potenzen aus dem Kasten als Produkte und berechne.
b) Kannst du das Vorzeichen schon bestimmen, wenn du dir nur die Hochzahl betrachtest? Formuliere eine Regel.

$(-3)^3 \quad (-0,5)^2 \quad (-1,6)^2$
$(-5)^3 \quad (-\frac{1}{3})^4 \quad (-8)^2$
$(-2)^6 \quad (-2)^5 \quad (-0,2)^5$
$(-10)^5 \quad (-\frac{2}{5})^5 \quad (-\frac{3}{4})^3$

12 Zehn rationale Zahlen werden miteinander multipliziert. Welches Vorzeichen hat das Ergebnis, wenn
a) neun Zahlen positiv und eine negativ ist.
b) alle zehn negativ sind.
c) die Hälfte positiv, die Hälfte negativ ist.
d) die ersten drei negativ und die letzen sieben positiv sind.

·	+	−
+	+	?
−	?	?

13 *Durch und Mal mit rationaler Zahl*
Um sich die Vorzeichenregeln der Multiplikation und Division besser merken zu können, möchte sich Benedikt eine Übersicht zeichnen, in der alle Möglichkeiten auftauchen.
Leider ist er nicht fertig geworden.
Übertrage die Vorzeichentabelle ins Heft und finde zu jedem Feld ein Beispiel. Wie sieht die Vorzeichentafel für die Division aus?

14 *Gefährliche Mischung*
An den folgenden Aufgaben tauchen alle 4 Rechenarten auf. Löse die Aufgaben im Kopf. Beurteile anschließend selbst: Beherrscht du alle Regeln?
a) $(-3) - (-7)$ b) $0 \cdot (-6,25)$ c) $(-9) + 4,2$ d) $(-13)^2$
e) $(-3) \cdot (-4)$ f) $(-18) : (-3)$ g) $(-18) - (-3)$ h) $(0,5) + (-3,2)$
i) $(-8) + (-7)$ k) $(-\frac{1}{2}) + (-2,5)$ l) $(-20) : (-\frac{4}{5})$ m) $(-1\,234) \cdot (-1)$

> Schreibe zu jeder Teilaufgabe erst einmal ein Beispiel auf.

15 *Sehr theoretisch*
Ein Produkt besteht aus einer unbekannten Zahl von Faktoren. Welche Bedingungen müssen erfüllt sein, damit das Produkt positiv ist? Wann ist es negativ?

16 Es gibt auch magische Quadrate, in denen die Produkte der Zahlen in jeder Zeile, Spalte oder Diagonale denselben Wert ergeben, wir haben den Wert P genannt. Übertrage die Quadrate in dein Heft und ergänze die fehlenden Zahlen.

a)

5	−4	50
		20

b)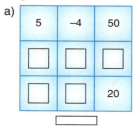

P = −27

c)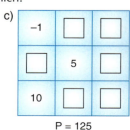

P = 125

5.4 Multiplikation und Division rationaler Zahlen

Übungen

17 *Kopfrechnen*
Benötigst du für die richtige Lösung der 8 Aufgaben weniger als 3 Minuten, so bist du wirklich fit!
a) $(-4) \cdot (-3) \cdot 16 =$
b) $(-5)^2 \cdot (-4) =$
c) $(-5) \cdot 3 \cdot 17 =$
d) $(-3)^3 \cdot 2 \cdot (-5) =$
e) $(-9) \cdot (-8) \cdot (-7) =$
f) $(-11)^2 \cdot (-7) =$
g) $8 \cdot (-3{,}5) \cdot (-2) \cdot (-3) =$
h) $(-7)^2 \cdot (-10)^2 \cdot (-\frac{1}{2}) =$

Mit Brüchen dividieren
Du dividierst durch einen Bruch, in dem du mit dem Kehrbruch multiplizierst.

Beispiele:
$5 : \frac{3}{2} = 5 \cdot \frac{2}{3} = \frac{5 \cdot 2}{3} = \frac{10}{3} = 3\frac{1}{3}$

$\frac{2}{3} : \frac{4}{5} = \frac{2}{3} \cdot \frac{5}{4} = \frac{2 \cdot 5}{3 \cdot 4} = \frac{10}{12} = \frac{5}{6}$

---

18 Berechne:
a) $(-18) : (\frac{6}{7}) = \ldots$
b) $(-\frac{5}{9}) : (-0{,}2) = \ldots$
c) $(-48) : (-\frac{3}{4}) = \ldots$
d) $(0{,}8) : (-4) = \ldots$
e) $(-\frac{3}{2}) : (\frac{5}{7}) = \ldots$
f) $(-\frac{7}{8}) : (0{,}125) = \ldots$
g) $(\frac{4}{5}) : (-\frac{3}{10}) = \ldots$
h) $(-\frac{2}{7}) : (-\frac{5}{2}) = \ldots$
i) $(-5) : (\frac{10}{12}) = \ldots$
j) $(-0{,}4) : (1{,}8) = \ldots$

18
$-6 \quad -\frac{2}{9} \quad -21$
$-2{,}1 \quad \frac{25}{9}$
$-0{,}2 \quad 64 \quad -2\frac{2}{3}$
-7
$\frac{4}{35}$

---

19 Übertrage die Divisionstafel ins Heft und fülle die Lücken.

:	−4	−1,6	$\frac{1}{5}$	−0,6
−2	■	■	■	■
$-\frac{4}{5}$	■	■	■	■
0,5	■	■	■	■
6,4	■	■	■	■

$(-2) : (-4) = ??$

„Dividieren durch einen Bruch – mit dem Kehrbruch multiplizieren."

---

20 x steht für die gesuchte Zahl. Finde für x die richtige Zahl und mache die Probe. Beschreibe, wie du vorgegangen bist.
a) $(-3) \cdot x \cdot (-7) = -42$
b) $(-\frac{4}{5}) \cdot x = 1$
c) $8 \cdot x \cdot (-6) = 48$
d) $(-2) \cdot (-5) \cdot x \cdot (-3) = -240$
e) $(-\frac{1}{3}) \cdot x \cdot (-5) = -25$
f) $x \cdot (-6)^2 = -18$

20
$-2 \quad 8$
$-\frac{5}{4} \quad -15$
$-\frac{1}{2} \quad -1$

---

21 *Rechenvorteile nutzen*
Im Beispiel rechts siehst du, wie du mit dem Verteilungsgesetz zwei Multiplikationen durch eine einzige ersetzen kannst. Benutze das Verteilungsgesetz um die angegebenen Terme geschickt zu berechnen:
a) $(-3) \cdot (-4) + 7 \cdot (-4)$
b) $99 \cdot (-19) + 99 \cdot (20)$
c) $(-6) \cdot (-4) + 7 \cdot (-4)$
d) $(-19) \cdot 104 + (-19) \cdot (-99)$
e) $1{,}7 \cdot (-3{,}9) + 1{,}7 \cdot (-6{,}1)$
f) $(-0{,}5) \cdot 8{,}7 + (-0{,}5) \cdot 9{,}3$
g) $(-\frac{1}{4}) \cdot \frac{7}{5} + (-\frac{1}{4}) \cdot (-\frac{13}{5})$
h) $(-\frac{7}{5}) \cdot 3 + (-\frac{7}{5}) \cdot (-2)$
i) $0{,}1 \cdot (-9{,}3) + 0{,}1 \cdot (-0{,}7)$

$(-7) \cdot (-63) + (-7) \cdot 59$
$= (-7) \cdot [(-63) + 59]$
$= (-7) \cdot (-4) = 28$

---

22 Übertrage die Tabelle in dein Heft und fülle sie aus. Wenn du vor dem Rechnen genau überlegst, kannst du dir einige Rechnungen sparen.

a	b	c	a · b	(a · b) · c	b · c	a + b + c	a · (b + c)
−9	2	−5	−18	■	■	■	■
19	−3	■	■	■	12	■	■
−1,8	0,3	2,5	■	■	■	■	■
$-\frac{24}{25}$	$\frac{9}{10}$	$-\frac{15}{8}$	■	■	■	■	■

5 Rationale Zahlen

Aufgaben

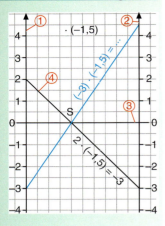

23 *Zeichnen statt Rechnen*

Links siehst du die „· (−1,5)-Grafik". Hast du erst einmal eine Multiplikation mit (−1,5) durchgeführt, so sind alle weiteren ein Kinderspiel.

a) Zunächst sollst du selbst eine solche Multiplikationsgrafik erstellen. Du brauchst dafür nur ein kariertes DIN-A4-Blatt.

① Zeichne eine senkrechte Zahlengerade.
② Zeichne eine zweite Zahlengerade parallel dazu, nutze das ganze DIN-A4-Blatt.
③ Zeichne eine waagerechte Verbindungsstrecke durch die Null der beiden Zahlengeraden.
④ Mit der ersten Aufgabe erhältst du den entscheidenden Punkt S auf der Verbindungsstrecke, mit dem du alle weiteren Aufgaben lösen kannst.
Im Beispiel 2 · (−1,5) = −3

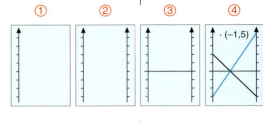

Berechne mit dem Multiplikationsdiagramm 3 · (−1,5).
Zeichne eine Gerade durch 3 auf der linken Zahlengeraden und den Punkt S auf der Verbindungsstrecke. Dort, wo die Gerade die rechte Zahlengerade schneidet, findest du das Produkt. Stimmt es?

b) Berechne mit dem Diagramm (−3) · (−1,5). Welche Vorzeichenregel kann man mit dieser Aufgabe aus dem Diagramm ablesen?

c) Auf die gleiche Weise kannst du auch eine *Divisionsgrafik* zeichnen, versuche es mit der „: 3-Grafik". Rechne damit. Welche Entdeckungen machst du?

Bildet Expertengruppen zum Einfluss der einzelnen Rechenarten, experimentiert auch mit Rechtecken oder anderen Figuren.

24 *„Koordinatengeometrie"*

Dass man mit Koordinaten rechnen kann ist nichts Neues. Doch was geschieht, wenn man alle Koordinaten der Eckpunkte einer Figur mit der gleichen Zahl multipliziert?

a) Für das Dreieck ABC in der rechten Abbildung haben wir schon mal damit angefangen:

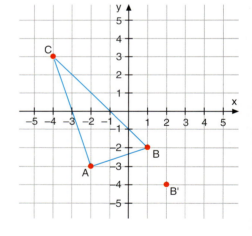

Rechne, zeichne und beschreibe.

b) Wie wirkt sich die Multiplikation mit (−1) oder (−$\frac{1}{2}$) auf das Dreieck aus, was geschieht bei Addition und Subtraktion?

25 Was geschieht, wenn man die y-Koordinaten aller Punkte jeweils mit −2 multipliziert?

a) Berechne aus A(2|−4), B(6|−1) und C(5|4) die neuen Punkte A', B' und C'.

b) Zeichne die beiden Dreiecke ABC und A'B'C' in ein Koordinatenkreuz und vergleiche.

c) Kannst du dir denken, was geschieht, wenn man mit −1 multipliziert? Rechne und zeichne. Um welche geometrische Abbildung handelt es sich?

146

1 Betrachte die folgenden Bilder. Beschreibe, was sie mit negativen Zahlen zu tun haben?

a)
b)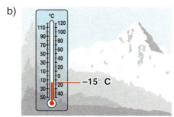

CHECK-UP

Rationale Zahlen

Die Menge aller auf der Zahlengerade vorhandenen Zahlen wird **Menge der rationalen Zahlen** genannt und mit ℚ bezeichnet.

2 Nazareth in Israel liegt 298 m ü. NN. Der See Genezareth liegt 510 m tiefer. In welcher Höhe liegt der See?

Der Betrag einer Zahl gibt an, wie weit sie von der 0 entfernt liegt.
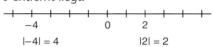

3 Ordne nach der Größe, beginne mit der kleinsten Zahl. Ordne die Zahlen anschließend nach ihren Beträgen.
a) $-3{,}2 \quad -\frac{3}{2} \quad 2 \quad -0{,}4 \quad -0{,}35$ b) $7{,}89 \quad -8{,}79 \quad 0{,}79 \quad -0{,}87$
c) $100 \quad -100 \quad -10 \quad -0{,}1 \quad \frac{1}{10}$ d) $-3{,}4 \quad -3{,}45 \quad 0{,}345 \quad -0{,}345$

Addition und Subtraktion rationaler Zahlen

Addierst du …

… eine positive Zahl,

so bewegst du dich nach rechts.

… eine negative Zahl,

4 Welche Zahl liegt in der Mitte zwischen …
a) -7 und $+2$
b) $-4{,}9$ und $-0{,}9$
c) $-0{,}02$ und $+0{,}02$
d) $-\frac{1}{2}$ und $+\frac{1}{3}$

5 Im Kasten rechts findest du die Regeln der Addition und Subtraktion rationaler Zahlen. Schreibe für jeden Fall ein Beispiel auf und zeichne das Pfeilbild an der Zahlengeraden.

so bewegst du dich nach links.

Subtrahierst du …

… eine positive Zahl,

6 Berechne die fehlenden Kontostände und Buchungen.

Alter Kontostand	−493,67	−701,32		1109,62
Buchung	−162,33		−243,27	
Neuer Kontostand		−12,05	876,82	−2170,98

so bewegst du dich nach links.

… eine negative Zahl,

7 Berechne. Achte dabei auf Brüche und Dezimalbrüche.

a)
+	−3,2	−11,5	$\frac{4}{5}$
5,4			
$-\frac{1}{2}$			

b)
−	−14	10,3	−2,5
13			
$-\frac{3}{4}$			

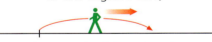
so bewegst du dich nach rechts.

Multiplikation und Division rationaler Zahlen

Rationale Zahlen werden multipliziert/dividiert, indem man
- die Beträge multipliziert/dividiert
- und das Vorzeichen des Ergebnisses mit der Vorzeichentabelle festlegt.

8 Berechne. Achte dabei auf Brüche.

a)
·	−2	81	$\frac{1}{2}$
$-\frac{2}{3}$			
−5			
0,3			

b)
:	$-\frac{1}{3}$	10	−4
$\frac{1}{2}$			
−2,4			
60			

·/:	+	−
+	+	−
−	−	+

Bei der Multiplikation mit 0 erhält man das Produkt 0.
Die Division durch 0 ist verboten.

9 Finde die Zahl für x und mache die Probe.
a) $(-2{,}5) \cdot x \cdot (-10) = -1000$
b) $x \cdot (-6) \cdot \frac{1}{2} = -1$

10 Richtig oder falsch? Rechne nach.
a) $\left(-\frac{1}{8}\right) \cdot (-7) + (-0{,}6) = 0{,}275$
b) $(-3) \cdot (-3)^3 = (-9)^2$

6 Beschreiben von Zuordnungen in Graphen und Tabellen

6.1 Graphen lesen und darstellen

Was dich erwartet

Kennst du die Sprache der Graphen? Keine Angst, das ist keine neue Fremdsprache. Graphen sind Zeichnungen, mit denen wichtige Informationen schnell und übersichtlich dargestellt werden. Wenn du solche grafischen Darstellungen, die du bestimmt schon oft gesehen hast, richtig verstehen willst, musst du doch ein wenig von ihrer Sprache lernen. Nur dann kannst du aus den Graphen wichtige Informationen ablesen oder wichtige Informationen in Graphen darstellen.

Aufgaben

1 In Niedersachsen gibt es 24 Messstationen, die ständig Wetter- und Umweltdaten registrieren. In dem Graphen sind die Lufttemperaturen, die am 3.5.2001 an der Station in Osnabrück zu verschiedenen Zeitpunkten gemessen wurden, dargestellt.

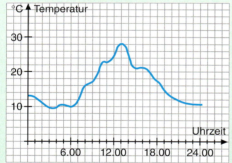

a) Was kannst du aus dem Graphen ablesen?
b) Und nun einige Einzelfragen:
- Wie hoch war die Temperatur um 11.00 Uhr?
- Zu welchem Zeitpunkt betrug die Temperatur 20 °C?
- Welches war die höchste, welches die niedrigste Temperatur im Verlauf des Tages? Wann wurden sie gemessen?

c) Formuliere eigene Fragen, die du mithilfe des Graphen beantworten kannst.

2 Bernd wollte dieses Mal beim 1000-m-Lauf eine besonders gute Zeit erzielen. Deshalb ist er am Anfang sehr schnell gestartet. Nach einer Runde bekam er Seitenstiche, und er musste viel langsamer laufen. Er war nur noch halb so schnell. Nach 800 m hatte er sich wieder erholt, so dass er noch einen Endspurt hinlegen konnte, bei dem er sogar noch etwas schneller war als am Anfang.

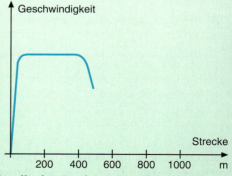

Übertrage das Diagramm in dein Heft und stelle den Lauf von Bernd durch einen Graphen dar. Vergleiche dein Schaubild mit denen deiner Nachbarn. Kannst du Unterschiede feststellen?

148

6.1 Graphen lesen und darstellen

Aufgaben

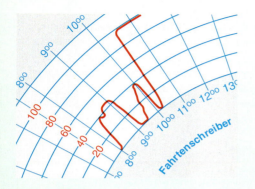

3 In vielen Fahrzeugen ist ein Fahrtenschreiber eingebaut. Der Fahrtenschreiber registriert die Geschwindigkeit, mit der das Fahrzeug gefahren ist. Die Scheibe stammt aus dem Bus, mit dem die Klasse 6d einen Ausflug unternommen hat. Lies von der Scheibe so viele Informationen wie möglich ab, z. B.: Wann ist der Bus abgefahren? Wann und wie lange wurde eine Pause gemacht? …

4 Beschreibe jede der folgenden Situationen durch einen der Graphen. Begründe deine Entscheidung.
A. Die Höhe des Wasserstandes im Hamburger Hafen während 12 Stunden.
B. Die Temperatur eines Ofens, der auf 220 °C eingestellt und eingeschaltet wurde.
C. Die Geschwindigkeit, mit der ein Auto in der Stadt fährt.

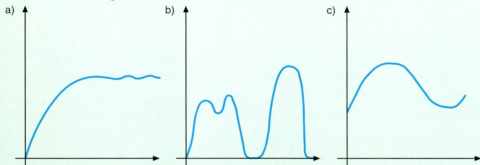

5 Im August des Jahres 2002 kam es an der Elbe und anderen Flüssen überraschend zu einem verheerenden Hochwasser, das als die „Jahrhundertflut" bezeichnet wurde. In der Tabelle ist der Wasserstand, der so genannte Pegel, während des Elbhochwassers in Hitzacker dargestellt.

Datum	10.8	11.8	12.8	13.8	14.8	15.8	16.8	17.8	18.8	19.8	20.8	21.8
Pegelstand cm	248	251	258	280	334	388	419	442	466	522	647	735

Datum	22.8	23.8	24.8	25.8	26.8	27.8	28.8	29.8	30.8	31.8	1.9	2.9
Pegelstand cm	746	750	744	728	696	659	628	602	575	552	534	514

Pegel bei Hitzacker während des Elbhochwassers 2002 (alle Pegelstände gemessen um 12:00 Uhr)

a) Besonders gut kann man den Verlauf des Hochwassers an einem Schaubild erkennen. Erstelle zu den Daten ein Schaubild.
b) Schreibe eine Reportage über den Verlauf des Hochwassers. Du kannst so beginnen: „Nach dem 10. August stieg das Wasser der Elbe zunächst nur sehr langsam. In der Nacht vom 13. auf den 14. August wurde der Pegelstand von 3 Metern überschritten. Die Unruhe in der Bevölkerung wurde nun größer, da der Wasserstand mit jedem Tag schneller stieg…"
c) Die Wasserstandsvorhersage meldete am 15. August: „Der Höhepunkt des Hochwassers wird in einer Woche erwartet. Der Pegelstand soll dann etwa 7,65 Meter betragen." Was meinst du dazu?

Wie wird das Schaubild gezeichnet?

Achsen
- Waagerechte: Zeit
- Senkrechte: Pegel

Ausschnitt
- Zeit: 24 Tage
- Pegel: 0 cm–750 cm

Blatt: Querformat

Maßstab
- 1 Tag: 2 Kästchen
- 100 cm: 4 Kästchen

149

6 Beschreiben von Zuordnungen in Graphen und Tabellen

Basiswissen

In vielen Situationen des Alltags besteht zwischen Größen ein Zusammenhang:
- Aktienkurse verändern sich minütlich. Jedem Zeitpunkt an einem Tag an der Börse kann man den jeweiligen DAX zuordnen.
- Das Volumen eines Würfels hängt von dessen Kantenlänge ab. Man kann also jeder Kantenlänge das Volumen des entsprechenden Würfels zuordnen.
- Der Umfang eines Rechtecks hängt von der Länge und Breite ab. Der jeweiligen Länge und Breite wird der Umfang zugeordnet.

Zuordnungen lassen sich durch Graphen darstellen.

Das Wort „Graph" kommt aus dem Griechischen und bedeutet Zeichnung.

Die zusammengehörenden Werte nennt man auch **Wertepaar**.

Graphen lesen

- Achte zunächst auf die Beschriftung der Achsen. Dann weißt du schon, worum es geht.
- Jeder Punkt auf dem Graphen gibt dir eine Information, die aus zwei Werten besteht. Wenn das Fahrzeug 3 Minuten gefahren ist, hat es eine Geschwindigkeit von 30 km/h.
Kurzschreibweise für das **Wertepaar:** (3 min | 30 km/h)

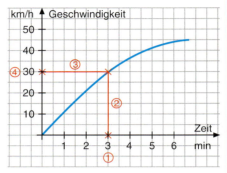

Geschwindigkeit-Zeit-Diagramm

Beispiele

A| Die Rennfahrer bei der Tour de France erhalten für jede Etappe ein Streckenprofil.
Was kann man aus diesem Diagramm ablesen? – Man kann z. B. ablesen, nach wie viel Rennkilometern der höchste Punkt der Etappe erreicht ist.
Nach 181,5 km ist Briançon erreicht. Der höchste Punkt (Col du Galibier) liegt bei Kilometer 145,5 km.

Basiswissen

Informationen lassen sich grafisch veranschaulichen.

Graphen zeichnen

1. *Festlegen, was dargestellt werden soll.* Welche Größe wird auf welcher Achse aufgetragen?
2. *Festlegen des Bildausschnittes.* Welche Bereiche werden auf den Achsen dargestellt?
3. *Festlegen des Maßstabes.* (z. B. 1 cm auf der Achse entspricht …)
4. *Eintragen der Wertepaare aus der Tabelle.*

Uhrzeit	Verbrauch in m³/h
5	1300
6	1900
7	3700

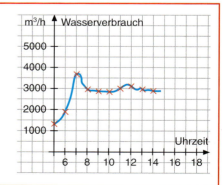

6.1 Graphen lesen und darstellen

B Die Tabelle gibt den Energieverbrauch in Deutschland in den Jahren 1989 bis 2000 wieder.
Horizontale Achse: Zeit
Vertikale Achse: Energieverbrauch
Bildausschnitt:
Zeit: von 1989 bis 2000
Energieverbrauch: von 479 bis 511 SKE
Maßstab:
z. B. für ein Jahr 2 Kästchen
für 10 Mio. t SKE 2 Kästchen

Jahr	Millionen t SKE
1989	511
1990	505
1991	494
1992	483
1993	482
1994	479
1995	485
1996	504
1997	495
1998	493
1999	485
2000	484

Beispiele

Energieverbrauch misst man in Millionen Tonnen Steinkohleeinheiten (SKE).

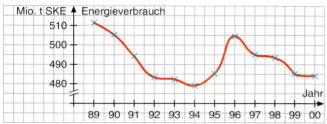

Übungen

6 Welcher der folgenden Graphen stellt deiner Meinung nach am besten den Stromverbrauch im Laufe eines Tages in deiner Heimatgemeinde dar? Begründe deine Entscheidungen.

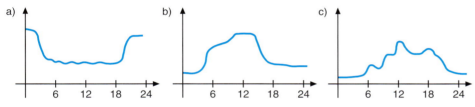

7 In dem Schaubild ist eingezeichnet, wie du vorgehen musst, um zu einer Zeit (Wert auf der waagerechten Achse) die zugehörige Geschwindigkeit (Wert auf der senkrechten Achse) zu bestimmen.
a) Beschreibe das Vorgehen in Worten.
  1. Markiere den Wert (2 h 30 min) auf der Zeitachse.
  2. …
b) Beschreibe ebenso, wie man zu einer Geschwindigkeit den Zeitpunkt findet.

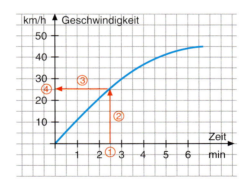

8 Beantworte für jeden der folgenden Graphen die Fragen:
Welcher y-Wert gehört zum x-Wert 4?
Welcher x-Wert gehört zum y-Wert 10?
Für welchen x-Wert ist der y-Wert am größten/kleinsten?

Manchmal gibt es mehrere Lösungen.

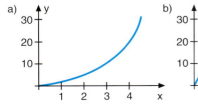 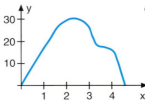 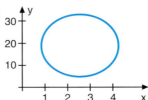

Wenn nicht festgelegt ist, worum es bei den Graphen geht, schreiben die Mathematiker oft x und y an die Achsen.

151

6 Beschreiben von Zuordnungen in Graphen und Tabellen

Übungen

9 Aktienprofis informieren sich in der Zeitung über den DAX (Deutscher Aktien Index). Aktienbesitzer freuen sich über einen hohen DAX.

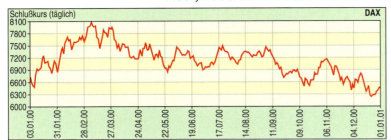

a) Welchen höchsten Wert hatte der DAX im Jahr 2000 und wann war das? Welches war der niedrigste Wert?
b) Wie hoch war der DAX am Jahresanfang, wie hoch am Jahresende?
c) Erstelle mit dem Graphen eine Tabelle für den DAX zu den jeweils angegebenen Daten.

10 Stelle dir vor, der Graph stellt die Fahrt mit dem Auto zum nächsten Supermarkt dar. Auf der horizontalen Achse ist die Fahrtzeit in Minuten und auf der senkrechten Achse die Geschwindigkeit in km/h aufgetragen. Beschreibe die Fahrt.

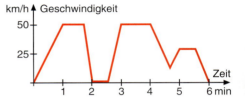

11 Katrin und Lukas sind mit ihren Eltern zum Wintersport gefahren. Jeden Morgen um 8.00 Uhr messen sie die Schneehöhe. Stelle die in den 10 Tagen gemessenen Daten in einem Schaubild dar.

| 0 cm | 12 cm | 9 cm | 5 cm | 35 cm | 47 cm | 45 cm | 39 cm | 18 cm | 22 cm |

12 Thorsten und Klaus haben ihren Mitschülern versprochen, den Wasserstand im Hamburger Hafen über 24 Stunden zu messen. Ihre Eltern haben dabei geholfen. Von 1 bis 6 Uhr haben sie keine Messungen durchgeführt.

Uhrzeit	7	8	9	10	11	12	13	14	15	16	17	18	19	20	21	22	23	24
Stand	3,50	3,80	4,10	5,50	6,40	6,90	7,00	6,75	6,20	5,25	4,60	4,00	3,60	3,50	3,80	4,40	5,70	7,50

a) Stelle die Tabelle grafisch dar.
b) Kannst du die fehlenden Werte schätzen?

Liegt das Gewicht zwischen der oberen und unteren Kurve, dann liegt keine Auffälligkeit vor.

13 Bei der Untersuchung von Babys wird das Gewicht und die Körpergröße gemessen. Wenn ein Kind auffällig leicht oder auffällig schwer ist, kann das ein Hinweis auf Krankheiten sein.
a) Was könnten die Graphen darstellen? Deine Eltern können dir vielleicht noch dein „Untersuchungsheft" zeigen.
b) Der Arzt hat für Christoph die Gewichte bei verschiedenen Untersuchungen eingetragen. Lies ab, wie alt Christoph jeweils war und wie schwer.
c) Entscheide bei den Kindern, ob sie auffällig leicht oder auffällig schwer sind:

Anke	4 Monate	8 kg
Beate	9 Monate	7 kg
Claus	12 Monate	13 kg
Monika	24 Monate	9 kg
Julian	36 Monate	16 kg

152

Übungen

14 Katrin und Jessica befragen für ein Projekt im Fach Erdkunde den Bürgermeister ihres Heimatdorfes, Herrn Bott, nach der Entwicklung der Anzahl der Einwohner in den vergangenen 20 Jahren. Stelle die Entwicklung der Bevölkerung in den letzten 20 Jahren grafisch dar. Vergleiche dein Diagramm mit dem deines Nachbarn und erkläre deine Zeichnung. Vielleicht kommt ihr gemeinsam zu einer überarbeiteten Fassung.

Herr Bott erzählt: „Zunächst wuchs die Einwohnerzahl langsam aber gleichmäßig. Vor ungefähr 10 Jahren haben wir ein neues Baugebiet erschlossen. In den folgenden 3 Jahren zogen daher sehr viele „Neubürger" zu. Die Einwohnerzahl vergrößerte sich stark. Da es sich dabei um junge Familien handelte, wuchs die Einwohnerzahl seitdem durch die vielen neugeborenen Kinder weiterhin recht schnell."

Basiswissen

Wie kann man über Graphen sprechen? Man benötigt geeignete Begriffe, um einen Graphen beschreiben zu können.

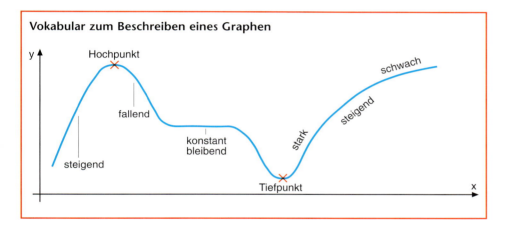

Beispiele

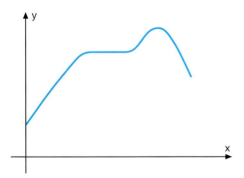

C Diesen Graphen kannst du so beschreiben: Der Graph steigt zunächst gleichmäßig an. Dann wird der Anstieg immer geringer. Schließlich bleibt der Graph konstant. Ab einem bestimmten Punkt beginnt der Graph wieder zu steigen, zunächst schwach, dann stärker und schließlich wieder schwächer, bis er einen Hochpunkt erreicht. Anschließend fällt er.

D Anna sagt: „Kannst du den folgenden Graphen skizzieren? Der Graph beschreibt die Höhe des Wasserstandes in einem Gefäß. Der Wasserzufluss ist konstant. Der Wasserstand steigt zunächst sehr schnell an. Dann wird der Anstieg immer geringer. Schließlich bleibt der Wasserstand konstant."

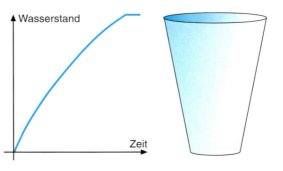

6 Beschreiben von Zuordnungen in Graphen und Tabellen

Übungen

15 Beschreibe die folgenden Graphen.

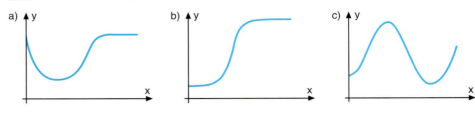

16 *Füllkurve*
In alle Gefäße wird Wasser gleichmäßig eingefüllt. In dem Schaubild ist jeweils auf der horizontalen Achse die Zeit und auf der senkrechten Achse die Höhe des Wasserstands aufgetragen. Ordne jedem Gefäß die entsprechende Füllkurve zu.
Begründe deine Entscheidung.

17 Beschreibe mit Worten oder zeichne eine Füllkurve für das „Stundenglas".

Aufgaben

18 An verschiedenen Stellen des Rennkurses wird die Geschwindigkeit eines Rennwagens bei einer Testfahrt gemessen und in einem Schaubild dargestellt.
a) Erläutere, was man aus dem Schaubild ablesen kann. Erkläre die verschiedenen Geschwindigkeiten mit dem Verlauf der Rennstrecke.
b) „Passt" das Geschwindigkeits-Strecken-Diagramm zu der Rennstrecke? Begründe deine Entscheidung.

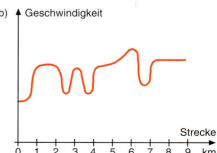

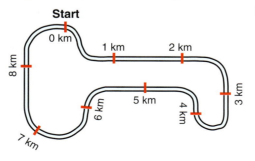

6.1 Graphen lesen und darstellen

Aufgaben

19 Der Rennkurs von Silverstone in England ist eine berühmte Formel-1-Rennstrecke. Im Fernsehen wird die Rennstrecke vorgestellt:

„Auf der Zielgeraden beschleunigen die Wagen bis auf fast 300 km/h. Kurz vor Copse Corner werden die Wagen auf 150 km/h abgebremst. Dann geht es auf eine Gerade mit der leichten Maggots Curve …"
a) Vervollständige die Vorstellung der Rennstrecke.
b) Stelle diese Informationen in einem Schaubild dar.

20 In dem Schaubild ist die zurückgelegte Fahrstrecke zweier Radrennfahrer in Abhängigkeit von der Zeit aufgetragen.
Erstelle mit dem Schaubild für beide Fahrer eine Tabelle.
Vergleiche ihren Fahrstil.

21 In dem Schaubild ist der Fahrplan für einen Zug grafisch dargestellt. Diese Darstellung nennt man einen „grafischen Fahrplan".

Grafischer Fahrplan

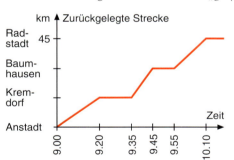

Man sieht auf einen Blick,
- wann der Zug abfährt und wann er anhält,
- wie lange der Zug an dem jeweiligen Bahnhof hält.

Erstelle einen Fahrplan.

22 Erstelle einen grafischen Fahrplan.

a)
Hbf	ab	8.10	8.20	
Markt	an	8.13	8.23	
	ab	8.14	8.24	usw.
Rathaus	an	8.18	8.28	alle
	ab	8.19	8.29	10 Min.
Waldpark	an	8.24	8.34	
	ab	8.25	8.35	
Stadion	an	8.30	8.40	

b)
Stadion	ab	8.05	8.15	
Waldpark	an	8.10	8.20	
	ab	8.11	8.21	usw.
Rathaus	an	8.16	8.26	alle
	ab	8.17	8.27	10 Min.
Markt	an	8.21	8.31	
	ab	8.22	8.32	
Hbf	an	8.25	8.35	

155

6.2 Graphen und Tabellen

Was dich erwartet

Zusammenhänge zwischen Größen kann man mit Tabellen und Grafiken darstellen.

Man kann auch mit Worten beschreiben, wie Größen voneinander abhängig sind. In einem Lexikon ist zu lesen: „Wie berechnet man aus der Fallzeit die Tiefe eines Brunnens? – Man multipliziert die Fallzeit in Sekunden mit sich selbst und das Produkt dann mit 5. Das Ergebnis ist die Fallstrecke in Meter."

Aufgaben

1 Die rote und die blaue Linie in dem Diagramm stellen den zurückgelegten Weg zweier Wanderer dar in Abhängigkeit von der Zeit.
a) Erstelle für jeden Wanderer eine Zeit-Weg-Tabelle. Vergleiche die Tabellen. Welche Linie stellt die „schnellere" Person dar?
b) Wie müsste man eine Linie für einen Jogger einzeichnen, der es besonders eilig hat?
c) Wie sieht das Schaubild für einen Wanderer aus, der nach 2 Stunden eine Rast von einer halben Stunde einlegt?

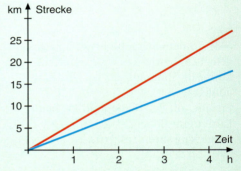

2 *Tabelle mit Lücken*
In der Tabelle ist die Zuordnung zwischen den beiden Größen x und y dargestellt.
a) Ergänze die fehlenden Zahlen.
b) Trage die angegebenen Wertepaare in ein Schaubild ein. Die fehlenden Zahlen kannst du auch aus der Grafik ablesen.
c) Welcher y-Wert gehört zu x = 26? Welcher x-Wert gehört zum y-Wert 37?
• Wie verändert sich der y-Wert?
• Beschreibe die Zuordnung mit Worten.

x	y
0	3
1	5
2	7
3	■
4	11
5	■
6	15
■	21

3 Die Schneiders wollen mit einem gemieteten Wohnmobil einen Wochenendausflug machen. Die Miete kostet von Freitag bis Sonntag 200 €. In diesem Preis sind 300 km Fahrtstrecke enthalten. Jeder weitere gefahrene Kilometer kostet 1 €.
a) Die Schneiders rechnen damit, dass sie insgesamt 680 km fahren werden. Wie viel Miete wird das Wohnmobil kosten?
b) Ergänze die Tabelle, die Herr Wilk, der Wohnwagenvermieter, für seine Kunden bereithalten will.
c) Erstelle ein Schaubild.

Wochen-endtarif	km	Preis
200 €	200	200 €
	300	200 €
	400	■
	500	■
	700	■
	1000	■

6.2 Graphen und Tabellen

4 Ist euch schon einmal ein Glas vom Tisch gefallen? Das geht unheimlich schnell, man kann kaum reagieren und schon liegt es unten. Wissenschaftler interessieren sich dafür, wie schnell ein Gegenstand fällt. Dazu filmen sie, wie z. B. eine Kugel fällt, mit einer Videokamera. Dann kann man sich später in aller Ruhe die einzelnen Bilder ansehen.

Aufgaben

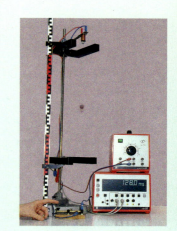

a) Was fällt dir auf, wenn du die Bilder genau anschaust?
b) Wie weit ist die Kugel auf den einzelnen Bildern gefallen? Schreibe die Werte in einer Tabelle auf.
c) Zeichne die Wertepaare in ein Koordinatenkreuz ein. Trage die Zeit auf der horizontalen Achse und die Fallstrecke auf der senkrechten Achse auf. Verbinde die Punkte durch eine möglichst „glatte" Kurve.
d) Über die Berechnung der Fallstrecke steht in einem Lexikon: *Man multipliziert die Fallzeit in Sekunden mit sich selbst und das Produkt dann mit 5.* Überprüfe damit die Daten in deiner Tabelle.
e) Du möchtest die Tiefe eines Brunnens bestimmen. Dazu benötigst du nur eine Stoppuhr. Was müsstest du machen?

Zeit t (in Sek.)	Fallstrecke s (in cm)
0,0	0
0,2	20

Bildausschnitt:
Zeit t
0 Sek. – 1 Sek.
Fallstrecke s
0 cm – 500 cm

5 In jedem Handbuch eines Autos ist der Benzinverbrauch für einige Geschwindigkeiten angegeben. Wie es für andere Geschwindigkeiten aussieht, kannst du dem Schaubild oder der Tabelle entnehmen.

Geschwindigkeit v (in km/h) → **Benzinverbrauch auf 100 km** (in l)

Geschwindigkeit v (in km/h)	Benzinverbrauch auf 100 km (in l)
10	3 l
25	4 l
50	5 l
100	9 l
160	15 l

a) Wie hoch ist der Benzinverbrauch bei einer Geschwindigkeit von 140 km/h? Wo kann man die Antwort besser finden, in der Tabelle oder in dem Graphen?
b) Warum kann man weder mit der Tabelle noch mit dem Graphen ermitteln, wie groß der Benzinverbrauch bei einer Geschwindigkeit von 200 km/h ist?

157

6 Beschreiben von Zuordnungen in Graphen und Tabellen

Basiswissen

Zuordnungen kann man auf verschiedene Arten darstellen:
mit einer Tabelle, einem Graphen, mit Worten, die eine Rechenvorschrift angeben.

Lies: Der Geschwindigkeit wird der Bremsweg zugeordnet.

Zuordnung: Geschwindigkeit → Bremsweg

Text: Den Bremsweg s eines Autos auf trockener Straße errechnet man, indem man die Geschwindigkeit v mit sich selbst multipliziert und das Ergebnis durch 100 dividiert.

Tabelle:

Geschwindig-keit v (in km/h)	Geschwindig-keit · Ge-schwindigkeit	Bremsweg s (in m)
v	v · v	$\frac{v \cdot v}{100}$
10	100	1
20	400	4
50	2 500	25
100	10 000	100
200	40 000	400

Graph:

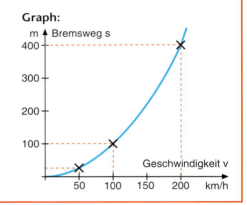

Beispiele

A Ein Hubschrauber fliegt in einer Minute 4 km. Dann fliegt er in 2 Minuten 8 km und in 3 Minuten 12 km.

Zeit (in min)	1	2	3
Flugstrecke (in km)	4	8	12

Die Abhängigkeit der Flugstrecke s von der Zeit t lässt sich dann so beschreiben: *Multipliziere die Zeit t mit 4.*

B Wasser wird auf einer Herdplatte in einem Topf erhitzt und die Temperatur nach 0, 1, 2 und 3 Minuten gemessen.

Zeit t (in min)	0	1	2	3
Temperatur T (in °C)	15	21	27	33

Die Ergebnisse der Messungen kann man übersichtlich in einer Grafik darstellen.
Aus der Grafik kann man dann auch z. B. die Temperatur nach 2,5 Minuten ablesen: T = 30 °C

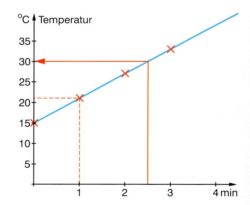

Übungen

6 Bei dem Versuch in Beispiel B wird Wasser erwärmt. Gemessen wird die Temperatur nach 0, 1, 2, 3 Minuten.
a) Welche der drei Beschreibungen ist richtig?

| Multipliziere die Zeit mit 6. | Multipliziere die Zeit mit 6 und addiere 15. | Multipliziere die Zeit mit 15 und addiere 6. |

b) Setze die Tabelle aus Beispiel B fort. Welche Temperatur hat das Wasser nach 20 Minuten? Das kann doch nicht sein, oder?

158

6.2 Graphen und Tabellen

7 Welches Schaubild passt zu der jeweiligen Tabelle? Findest du die Rechenvorschriften?

a)
x	y
0	0
1	1
2	4
3	9

b)
x	y
1	1
2	$\frac{1}{2}$
3	$\frac{1}{3}$
4	$\frac{1}{4}$

c)
x	y
0	1
1	3
2	5
3	7

d)
x	y
0	3
1	3
2	3
3	3

(1)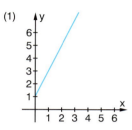

(2)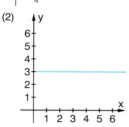

(3)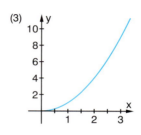

(4)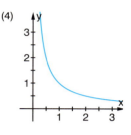

8 Der Graph einer Zuordnung ist gegeben. Erstelle jeweils eine Tabelle.

Übungen

a)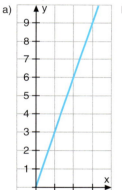

b)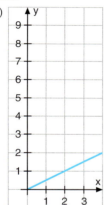

c)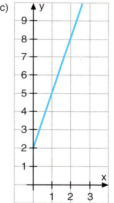

d)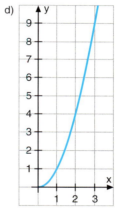

9 Erstelle zu jeder der folgenden Zuordnungen eine Tabelle.
a) Ordne jeder Zahl x ihr „Quadrat" zu.
b) Ordne jeder Zahl x das 5fache ihres Quadrates zu.
c) Ordne jeder Zahl x ihr um 5 vergrößertes Quadrat zu.
d) Ordne jeder Zahl x das Doppelte ihres Quadrates vermindert um 1 zu.

Das Quadrat einer Zahl ist das Produkt der Zahl mit sich selbst.

10 Der Umfang u und die Fläche A eines Quadrates sind von der Kantenlänge s abhängig.
a) Wie groß ist der Umfang eines Quadrates mit der Kantenlänge 5 cm?
b) Wie lautet die Formel für den Umfang u eines Quadrates mit der Kantenlänge s?
c) Wie groß ist die Fläche eines Quadrates mit der Kantenlänge 5 cm?
d) Wie lautet die Formel für die Fläche A eines Quadrates mit der Kantenlänge s?
e) Berechne mit der jeweiligen Formel: A(10), A(20), A(40) sowie u(10), u(20), u(40)
e) Setze die Tabelle fort und erstelle ein Schaubild.

Kantenlänge s (in cm)	1	1,5	2	2,5	3	3,5	4
Fläche A (in cm²)							

6 Beschreiben von Zuordnungen in Graphen und Tabellen

Übungen

11 In einem Experiment verdoppelt sich die Anzahl der Bakterien jede Stunde.
a) Welcher der Graphen könnte das Wachstum der Bakterien beschreiben? Begründe deine Antwort.

(1)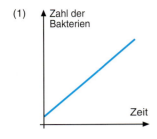
(2)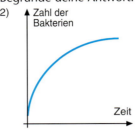
(3)
(4)

b) Erstelle eine Tabelle für die Anzahl der Bakterien in den ersten acht Stunden. Gehe davon aus, dass zu Beginn 100 Bakterien vorhanden sind.
c) Stelle das Wachstum der Bakterien in einem Diagramm dar.

Aufgaben

12 In einem Lexikon findet Frauke eine Formel, mit der man mit der Länge des Unterarms **u** (in cm) die Körpergröße **L** (in cm) vorhersagen kann:

> Multipliziere die Länge des Unterarms mit 4 und subtrahiere von dem Ergebnis 13

a) Welche Körpergrößen ergeben sich für die Unterarmlängen 38/40/45/52? Erstelle eine Grafik.
b) Überprüfe die Formel. Miss dazu die Länge des Unterarms deines Nachbarn und berechne dessen Größe. Wie stimmen in deiner Klasse die errechneten und die gemessenen Größen überein?

13 Hannes hat Fieber. Im Laufe des Tages wird mehrmals gemessen:

Uhrzeit	7.00	9.00	11.00	13.00	15.00	17.00	19.00	21.00
Temperatur (in °C)	37,5	38,6	39,3	39,6	39,2	39,7	39,9	40,2

Welche Schaubilder können den Fieberverlauf angemessen aufzeigen?

(1)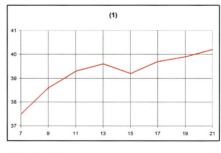
(2)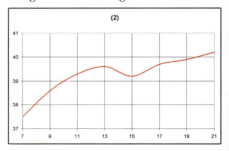
(3)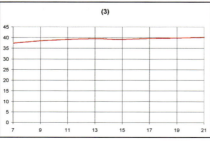
(4)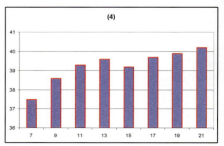

6.3 Proportionale Zuordnungen

Zuordnungen sind dir in verschiedenen Zusammenhängen begegnet. Zu Recht hast du den Eindruck gewonnen, dass es sehr viele unterschiedliche Zuordnungen gibt. Zum Glück gibt es aber Zuordnungen, bei denen alles ganz einfach ist: Der Graph ist einfach zu zeichnen, die Tabellen haben „System" und die Rechenvorschrift kann man leicht finden. Mit diesen Zuordnungen kann man gut rechnen. Und sie kommen häufig in deiner Umwelt vor, z. B. beim Einkaufen, bei Umrechnungstabellen, bei vielen physikalischen Experimenten und vielem mehr.
Mit diesen Zuordnungen wollen wir uns jetzt beschäftigen.

Was dich erwartet

Aufgaben

1 Die Liste mit den Zeiten der Siegerinnen in den Laufdisziplinen bei den Olympischen Spielen 2000 in Sydney ist unvollständig. Es fehlen die Ergebnisse für die 400-m- und die 5000-m-Strecke. „Kein Problem", sagt Timur, das kann ich ausrechnen."
a) Wie hat Timur gerechnet? Urteile selbst.
b) Unter welcher Zeit liegt die Zeit der Siegerin im 5000-m-Lauf wohl auf jeden Fall?

Ergebnisliste Frauen

100 m	10,75 s
200 m	21,84 s
400 m	Timur 43,68 s
800 m	1 min 56,15 s
1 500 m	4 min 5,10 s
5 000 m	
10 000 m	30 min 17,49 s

2 Nicole findet ein altes Diätbuch, bei der noch die Einheit Kalorie (cal) verwendet wird. Sie möchte für ihre Mutter die Tabelle auf die neue Einheit Joule (J) umschreiben.
a) In einem Lexikon liest sie, dass 1 cal ca. 4,2 Joule ist. Rechne damit die Angaben der Tabelle in Joule um.
b) Wie könnte Nicole ihrer Mutter erklären, mit welcher Rechenvorschrift sie gerechnet hat?

100 g Apfelstrudel	200 cal
100 g Lakritz	250 cal
100 g Sahne-Eisbecher	400 cal
100 g Waffeln	540 cal
100 g Chips	700 cal

3 Fernsehwerbung bei TAS1
Wir bieten Ihnen drei günstige Möglichkeiten, bei uns zu werben. Informieren Sie sich selbst in unserer Grafik, welche Werbezeit und welche Werbedauer für Sie geeignet ist. Sprechen Sie uns an, wir beraten Sie gern.
a) Was kosten 5; 3; 2,5 Werbeminuten zu den drei angebotenen Zeiten?
b) Gib für jede Werbezeit den Preis für eine Minute Werbedauer an.
c) Die Sportfirma Spike möchte 12 Minuten im Vorabendprogramm für ihre Werbeblöcke kaufen. Ermittle die Kosten. Was würden die 12 Minuten nachmittags kosten, was am Abend?

6 Beschreiben von Zuordnungen in Graphen und Tabellen

Basiswissen

Bei vielen Zuordnungen ändern sich x und y „gleichmäßig": verdoppelt sich x, dann verdoppelt sich y usw. Diese Zuordnungen nennt man proportionale Zuordnungen.

Die proportionale Zuordnung

Zuordnung: Menge in Gramm → Preis in €

Text: 100 g Wurst kosten 1,10 €. Kauft man die doppelte (dreifache, vierfache, ...) Menge, so verdoppelt (verdreifacht, vervierfacht, ...) sich auch der Preis. Halbiert (drittelt, viertelt, ...) man die Menge, so halbiert (drittelt, viertelt, ...) sich der Preis.

Tabelle:

Menge (in g)	Preis (in €)
100	1,10
200	2,20
300	3,30
50	0,55
1	0,011
x	0,011 · x

Graph: (Preis in € gegen Menge in g; lineare Gerade durch die Punkte (100; 1,10), (200; 2,20), (300; 3,30))

Rechenvorschrift: P = 0,011 · x
- Preis P
- Menge x
- 0,011 gibt den Preis in € für 1 Gramm an.

Dividiert man die zueinander gehörenden Zahlen in der Tabelle, so erhält man stets denselben Quotienten. Man sagt, die Wertepaare einer proportionalen Zuordnung sind **quotientengleich**. Diesen Quotienten nennt man auch den **Proportionalitätsfaktor**. In diesem Beispiel gibt er an, wie viel 1 g Wurst kostet.

Menge (in g)	Preis (in €)	Quotient Preis/Menge
100	1,10	0,011
200	2,20	0,011
300	3,30	0,011
50	0,55	0,011
1	0,011	0,011
x	0,011 · x	0,011

Beispiele

A Beim Tanken ist die Zuordnung
Liter Normalbenzin → Preis
eine proportionale Zuordnung.
Alle Wertepaare (Liter | Preis), die man auf der Tanksäule ablesen kann, sind quotientengleich.
Der Quotient 1,05 € ist der Preis für einen Liter.
Für x l Benzin muss man daher 1,05 € · x bezahlen.

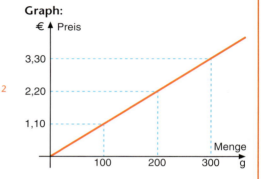

B Auf einer elektronischen Waage tippt der Verkäufer den Kilopreis (z. B. 16,50 €) ein. Das Gewicht x in Kilogramm wird ermittelt, der Preis berechnet und ausgedruckt. Die Waage „rechnet" mit der Formel P = 16,50 · x.

6.3 Proportionale Zuordnungen

Beispiele

C In einem Schwimmbad wird das Schwimmbecken mit Wasser gefüllt. Aus der nebenstehenden Grafik kann man ablesen, zu welchem Zeitpunkt welcher Wasserstand erreicht ist.

a) Es dauert 40 Stunden, bis ein Wasserstand von 2,50 m erreicht ist.

b) Den Proportionalitätsfaktor kann man ablesen:
- Man sucht sich ein gut ablesbares Wertepaar, z. B. (40 | 250).
- Proportionalitätsfaktor: $\frac{250}{40} = 6,25$

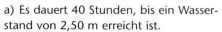

c) Der Proportionalitätsfaktor gibt an, um wie viel cm der Wasserspiegel in einer Stunde steigt. Mit der Formel h = 6,25 · t kann man die Wasserhöhe zu jedem Zeitpunkt berechnen. Für t = 10 erhält man z. B.:
$$h = 6,25 \cdot 10 = 62,5$$
Nach 10 Stunden ist der Wasserstand 62,5 cm.

Übungen

4 *Materialverbrauch*
Zum Streichen einer Wand von 5 m² hat Malermeister Hattemer 12 Liter Farbe benötigt. Um schnell ablesen zu können, was er für andere Flächengrößen benötigt, erstellte er eine Tabelle.

Fläche (in m²)	2	4	5	10	20	50
Farbe (in l)			12			

5 Der Benzinverbrauch für einen Pkw auf 100 km bei einer konstanten Geschwindigkeit von 120 km/h ist mit 9,5 Liter angegeben.
a) Berechne, wie viel Liter Benzin der Pkw bei dieser Geschwindigkeit auf 400 km (600 km, 50 km, 250 km) benötigt.
b) Ein Liter Normalbenzin kostet 1,05 €. Berechne die Benzinkosten für die 400 km.
c) Nach welcher Vorschrift kann man den Benzinverbrauch V für die Streckenlänge x ausrechnen?

6 Sind die Zuordnungen proportional? Du kannst dies mithilfe der Tabelle entscheiden oder indem du einen Graphen zeichnest. Probiere beides aus.

a)
x	4	5	8	10	20
y	2	2,5	4	5	10

b)
x	15	30	60	120	140
y	3	6	12	30	35

c)
x	3	6	12	4	48
y	1	2	4	4/3	16

d)
x	4	5	8	10	21
y	2	4	10	14	36

7 Zum Zeitpunkt des Unfalls befindet sich das Raumschiff Apollo 13 ungefähr 300 000 km von der Erde entfernt. Der Rückflug zur Erde wird 91 h dauern. Wichtige Geräte in dem Raumschiff müssen gekühlt werden. Im Handbuch finden die Astronauten ein Diagramm, aus dem man den Wasserverbrauch ablesen kann.
Reicht der Wasservorrat von 293 kg für den Flug nach Hause?

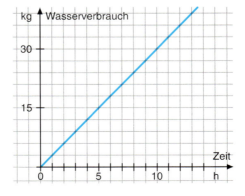

Apollo 13:
„Houston, we've got a problem."
10.10 p.m.   NASA

Informiere dich über das Schicksal des Fluges von Apollo 13 zum Mond.

6 Beschreiben von Zuordnungen in Graphen und Tabellen

Übungen

8 Schreibe die Tabellen in dein Heft und ergänze sie so, dass die Zuordnungen proportional sind.

a)
x	1	4	5	2,5	8	10
y		16				

b)
x	2	3	6			30
y		6		24	1	

c)
x	2	8	10		40	
y		32	16		94	

d)
x	1	2	3	4	5	6
y						720

Nicht jede Gerade stellt eine proportionale Zuordnung dar.

9 Ein Busunternehmen lässt eine grafische Darstellung der Kosten für Tagesausflüge drucken.
a) Handelt es sich bei der Zuordnung Gefahrene Kilometer → Kosten um eine proportionale Zuordnung?
b) Woran liegt es, dass sich für eine doppelt so lange Strecke nicht auch die Kosten verdoppeln?

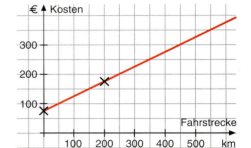

Je mehr Tage, desto höher der Preis.

10 Aushang in Schneehausen an der Skischule „Fix".
a) Untersuche, ob die Zuordnung proportional ist.
b) Begründe, warum hier eine proportionale Zuordnung nicht sinnvoll ist. Suche weitere ähnliche Beispiele aus dem Alltag.

Tage	Preis (in €)
1	30
2	58
3	85
4	110
5	135
6	162
7	178

ACHTUNG: Nicht jede „je mehr – desto mehr"-Zuordnung ist proportional!

11 Welche der folgenden Zuordnungen sind „je mehr – desto mehr"-Zuordnungen? Welche von diesen sind sogar proportional?
a) Teppichboden in m² → Preis
b) Alter eines Menschen → Körpergröße
c) Gewicht der Äpfel → Preis
d) Uhrzeit → Temperatur
e) Seitenlänge eines Würfels → Volumen eines Würfels
f) Gewicht eines Pakets → Paketporto (Tarife kannst du bei der Post erfragen)
Diskutiere deine Entscheidungen mit deinen Klassenkameraden.

12 Die Gefäße A, B, C werden durch denselben gleichmäßigen Wasserzufluss gefüllt.
a) Welcher Graph gehört zu welchem Gefäß? Begründe.
b) Bestimme zu jeder dieser proportionalen Zuordnungen die Rechenvorschrift. Du musst dazu zunächst den Proportionalitätsfaktor mithilfe des Graphen ermitteln.
c) Wie hoch steht das Wasser nach 15 s (30 s, 3 s, 25 s) in den Gefäßen?

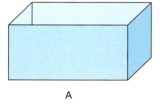
A

B

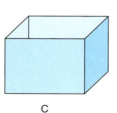
C

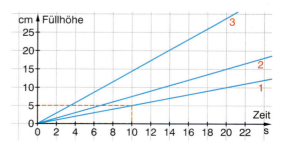

6.3 Proportionale Zuordnungen

13 Wie viel kosten 200 g Käse?
Die Schüler der 6c lösen die Aufgabe ganz unterschiedlich.
Kannst du erklären, wie hier gerechnet wurde?
Welche Rechnung erscheint dir am übersichtlichsten?

Übungen

Nora
8 € : 5 = 1,60 €
1,60 € · 2 = 3,20 €

Sergej
500 g kosten 8 €.
1000 g (1 kg) kosten 16 €.
200 g kosten 16 € : 5 = 3,20 €.

Ellen

	500 g	8,00 €	
:5	100 g	1,60 €	:5
·2	200 g	3,20 €	·2

■ **Wie rechnet man mit proportionalen Zuordnungen?**

3 kg Spargel kosten 18 €. Wie viel kosten 11 kg?

Lösung:

Entweder im **Dreisatz**:
1) **3 kg** Spargel kosten **18 €**.   3 kg ≙ 18 €
2) **1 kg** Spargel kostet:
   18 € : 3 = **6 €**   1 kg ≙ 6 €
3) **11 kg** Spargel kosten:
   11 · 6 € = **66 €**   11 kg ≙ 66 €

oder mit der **Tabelle**:

	3 kg	18 €	
:3	1 kg	6 €	:3
·11	11 kg	66 €	·11

Tabelle anlegen und gewünschte Zahlen ausrechnen. Dabei musst du immer auf der rechten und der linken Seite dasselbe tun.

oder mit der **Rechenvorschrift**:   P = 6 · x   P: Preis in €
Für x = 11 erhält man: x: Menge in kg
P = 6 · 11 = 66   Preis pro kg: 6 €

Basiswissen

Denke daran:
Immer zuerst prüfen, ob es sich wirklich um eine proportionale Zuordnung handelt.

≙ bedeutet: „entspricht"

D 5 kg Erdbeeren kosten 14 €. Herr Winter will Erdbeermarmelade kochen. Er braucht dazu 18 kg Erdbeeren. Wie viel muss er dafür zahlen?

	5 kg Erdbeeren	14,00 €	
:5	1 kg Erdbeeren	2,80 €	:5
·18	18 kg Erdbeeren	50,40 €	·18

Beispiele

E Frau Funk hat ausgerechnet, dass sie mit dem Auto durchschnittlich 12 Liter Super-Benzin auf 100 km verbraucht. Der Tank ihres Autos fasst 54 Liter. Wie weit wird sie damit kommen?

	12 l	100 km	
:2	6 l	50 km	:2
·9	54 l	450 km	·9

Manchmal ist es günstiger, nicht auf 1 herunterzurechnen, sondern auf einen gemeinsamen Teiler. 6 ist Teiler von 12 und 54.

F Ein Heißluftballon sinkt gleichmäßig in 5 Minuten um 120 m. In einer Minute sinkt er also um 120 m : 5 = 24 m.
s = 24 m · 8 = 192 m
Nach 8 Minuten ist der Ballon um 192 m gesunken, vorausgesetzt er sinkt gleichmäßig weiter.

Rechenvorschrift:
s = 24 · t

165

6 Beschreiben von Zuordnungen in Graphen und Tabellen

Übungen

14 Familie Jobst hat viele Apfelbäume im Garten. Daher bringt sie die Äpfel zu einer Mosterei. Für 5 kg Äpfel erhält sie eine Flasche Apfelsaft.
a) Wie viele Flaschen erhält die Familie Jobst für 75 kg Äpfel?
b) Letztes Jahr erhielten sie 35 (25, 65) Flaschen.
Wie viel kg Äpfel wurden geerntet?
c) Wie viele Flaschen erhält Familie Jobst, wenn sie 62 kg Äpfel anliefert?
Begründe deine Vermutung.

15 Die SV betreibt ein Schülercafé. Aus Erfahrungen weiß man, dass für 50 Brötchen 1200 g Schinken, $\frac{1}{2}$ Pfund Butter und 2 Gurken gebraucht werden.
a) Für eine Theateraufführung sollen 120 (180, 250) Brötchen geschmiert werden.
Berechne die Menge der einzelnen Zutaten.
b) Anna hat von der Metzgerei 3 kg (2500 g, 6000 g) Schinken mitgebracht.
Wie viele Brötchen kann man damit belegen?

Zwischenergebnisse nicht gefragt →	48,375 €	5 g
	1 €	$\frac{5}{48,375}$ g
mit Taschenrechner auswerten	10 000 €	$\frac{5 \cdot 10000}{48,375 \text{ g}}$ = 1 033,59 g

Eingabe: 5 [:] 48,375 [×] 10 000 [=]

16 5 g Gold kosten 48,375 €.
a) Wie viel Gold kann man für 10 000 € (3 000 €, 450 €) kaufen?
b) Wie viel Euro kosten 500 g (220 g)?
c) Eine Münze aus reinem Gold hat ein Gewicht von 11,230 g (25,760 g).
Welchen Materialwert hat die Münze?
Wieso ist die Münze im Verkauf teurer als der Wert des Goldes?

17 Die Überreste eines Meteoriten, der in der Erdatmosphäre zum Teil verglüht ist, werden gemessen.
Die Reste haben ein Volumen von 3 721 cm³ und ein Gewicht von 28,242 kg. Wissenschaftler schätzen das ursprüngliche Volumen auf mindestens 1 m³ (27 m³). Berechne mit dem Taschenrechner sein Gewicht.

18 Gase sind leicht, aber nicht schwerelos. So hat 1 l Luft bei 20 °C ein Gewicht von 1,33 g.
a) Wie schwer ist die Luft in einem Raum von 8 m Länge, 5 m Breite und 2,5 m Höhe bei 20 °C.
b) Ist die Temperatur wichtig bei der Berechnung? Frage einen Physiklehrer.

19 Licht „reist" mit einer sehr hohen Geschwindigkeit. Für die Strecke von der Erde zur Sonne (150 000 000 km) benötigt es 500 Sekunden, das sind 8 Minuten 20 Sekunden.
Wie lange braucht das Licht von der Erde zur Venus? Die kleinste Entfernung Erde–Venus beträgt 38 000 000 km.

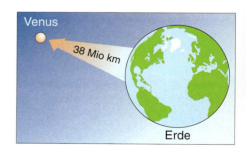

bedeutet:
$1,2 \cdot 10^9 = 1\,200\,000\,000$

20 Eine seltsame Frage: Wie schwer ist der Mond?
Bei Flügen zum Mond haben Astronauten Mondgestein mitgebracht. Gewogen und gemessen hat die NASA festgestellt, dass 7,483 dm³ Mondgestein 25 kg wiegen. Der Mond hat ein Volumen von 37 Millionen km³. Wie schwer ist der Mond?

6.3 Proportionale Zuordnungen

Übungen

21 In Amerika werden die Geschwindigkeitsangaben in mph (miles per hour) angegeben. Kevin weiß, dass 88 km/h dasselbe wie 55 mph sind.
a) Ein Techniker soll einen Tachometer für Pkws zusätzlich mit Meilenangaben beschriften:

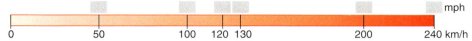

Ergänze in deinem Heft die fehlende Beschriftung.
b) Angela sagt: „Das Umrechnen von km/h in mph ist ganz einfach. Ich verwende die Rechenvorschrift T = $\frac{5}{8}$ x". Erprobe die Rechenvorschrift an zwei von dir gewählten Beispielen. Wie kommt Angela auf $\frac{5}{8}$?

22 Früher wurde die Leistung eines Autos in „Pferdestärken" (PS) angegeben, heute verwendet man Kilowatt (kW). Golo weiß, dass 75 PS ungefähr 55 kW sind. Mit der Formel P = $\frac{75}{55}$ K kann man Kilowatt in PS umwandeln.
a) Berechne P für K = 50, K = 100 und K = 135.
b) Mit welcher Formel kann man PS in Kilowatt umrechnen?

23 Familie Müller ist glücklich, dass ihr neues Haus endlich fertig ist. Doch am Umzugstag gibt es einen großen Schreck! Im Wohnzimmer tropft Wasser aus der Decke. Es tropft ganz gleichmäßig – pling, pling, ... – genau 25-mal in der Minute. Das hat Tochter Anna herausgefunden und sie hat auch gemessen, dass 100 Tropfen gerade 12 ml in einem Becher ausmachen.
a) Welche Wassermenge tropft in einer Stunde aus der Decke?
b) Genügt es, einen 5-l-Eimer darunter zu stellen, wenn die Familie am Wochenende 2 Tage nicht im Haus ist?

24 Vergleiche die Pralinenpreise und berechne, was jeweils 500 g kosten würden.

  250 g Sahne 6,75 €   400 g Schoko 9,20 €   200 g Nuss 5,10 €

25 Auf dem Beipackzettel einer Infusionslösung steht: Pro kg Körpergewicht sind 0,6 ml Infusion aufzulösen in 5 ml Kochsalzlösung.
a) Erstelle eine Tabelle für Körpergewichte von 60 kg bis 90 kg, aus der die Krankenschwestern sofort die Zusammensetzung der Infusion ablesen können. Nach welcher Rechenvorschrift rechnest du?

Körpergewicht (in kg)	Medikament (in ml)	Kochsalzlösung (in ml)
60	36	300
65	■	■
■	■	■

b) Erstelle zu der Tabelle den Graphen der Zuordnung
Körpergewicht in kg → Medikament in ml.
Welche Vorteile / Nachteile hat der Graph gegenüber der Tabelle?

26 Auf der Erde leben ungefähr 6 Milliarden Menschen. Eine riesige Zahl!
a) Wie lang wäre die Kette, wenn sich alle nebeneinander aufstellen und an den Händen halten? 12 Menschen bilden ungefähr eine 9 m lange Kette.
b) Der Äquator ist 40 070 km lang. Wie viele Menschen stünden in einer Kette, die genau einmal rund um den Äquator geht?

167

6 Beschreiben von Zuordnungen in Graphen und Tabellen

Aufgaben

27 In jedem Haus fallen so genannte Nebenkosten an. Nebenkosten sind alle Kosten, die nicht von der Miete abgedeckt sind (z. B. Straßenreinigung, Abwassergeld, Steuern, usw.). Sie müssen von allen Mietern bezahlt werden, man sagt, sie werden auf die Mieter „umgelegt". Wie kann dies gerecht geschehen?

Hier die nötigen Sachinformationen.
In einem 4-Familien-Haus wohnen:
- das Ehepaar Hartmann mit 2 Kindern, Wohnungsgröße 105 m^2
- die Pfeiffers mit insgesamt 5 Personen, Wohnungsgröße 120 m^2
- Frau Friedrichs mit ihrem Sohn, Wohnungsgröße 70 m^2
- Herr Speth, Wohnungsgröße 55 m^2.

Die Nebenkosten für das Mietshaus betragen in diesem Jahr 4 534,26 €.

Gerecht – was ist das?

Der Vermieter macht die folgenden Vorschläge:

1. Verteilung der Nebenkosten proportional zu der Personenzahl der Mietparteien.
2. Verteilung der Nebenkosten proportional zu der Wohnfläche der Mietparteien.
3. Die Hälfte der Nebenkosten proportional zur Personenzahl, die andere Hälfte proportional zur Wohnfläche.
4. Die Nebenkosten werden gleichmäßig auf alle vier Mietparteien aufgeteilt.

a) Diskutiert, welchen der Vorschläge ihr für geeignet erachtet. Vielleicht habt ihr eine noch ganz andere Idee.
b) Stellt eine Nebenkostenabrechnung für die vier Mieter nach jedem der Vorschläge auf.

28 Wie viele Reiskörner sind in einem Päckchen von 1 kg?
Diese Schätzfrage gab es bei einer Fernsehshow.
Wie könntest du die richtige Antwort herausfinden?
Probiere es aus.

29 Wenn du im Schwimmbad tauchst, merkst du, dass der Druck auf deine Ohren zunimmt, je tiefer du kommst. Bei einem Experiment wurde ein Druckmesser im Meer herabgelassen und jeweils die Tiefe und der zugehörige Druck gemessen.

Tiefe (in m)	Druck (in bar)
5	0,5
8	0,81
15	1,52
40	4,1
75	7,6
92	9,2

a) Übertrage die Messergebnisse in ein Koordinatensystem. Die Physiker sagen, dass der Druck proportional mit der Tiefe zunimmt. Stimmt das?
b) Ermittle aus deiner Grafik oder aus der Tabelle den Proportionalitätsfaktor. Du kannst jetzt eine Formel angeben, mit der man den Wasserdruck p in jeder Meerestiefe h ausrechnen kann.
c) Berechne mit dieser Formel den Druck, der auf der Titanic lastet, die in 5 447 m Tiefe liegt.

Wenn du glaubst, dass es in großer Meerestiefe wegen des großen Druckes kein Leben mehr gibt, dann hast du dich getäuscht.

168

6.4 Antiproportionale Zuordnungen

Sandra hat drei Freundinnen eingeladen und Mutter hat Nudelsalat gemacht. Am Nachmittag sind dann aber statt der 4 Kinder doppelt so viele gekommen. „Dann gibt es für jede nur halb so viel Salat."
Hoppla, das ist gerade umgekehrt wie bei der proportionalen Zuordnung: Doppelt so viele Personen, halb so viel Salat – dreimal so viele Personen, für jeden nur ein Drittel des Salats. Auch diese Art von Zuordnungen kommen oft vor und lassen sich ziemlich einfach benutzen.

Was dich erwartet

1 Sarah, Irini und Jennifer planen eine Campingtour in den Ferien. Damit es unterwegs nicht so teuer wird, kaufen sie für 12 Tage Lebensmittel ein. Als Georgina von dieser Idee erfährt, ist sie ganz begeistert und möchte unbedingt mit. Kurzfristig wird beschlossen, zu viert zu fahren. Wie viele Tage reichen die bereits eingekauften Lebensmittel jetzt?

Aufgaben

2 *Erfahrungen mit der Wippe.*
Auch verschieden schwere Personen können gut auf einer Wippe schaukeln. Die leichtere Person muss auf ihrer Seite der Wippe nur weiter außen sitzen. Am besten wippen kann man, wenn die Wippe im Gleichgewicht ist.

	Gewicht	Länge der Wippe
Bert	120 kg	0,5 m
Tobias	60 kg	1 m
Claudia	30 kg	2 m
Tina	15 kg	■
Jens	■	3 m

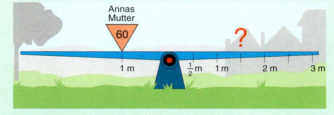

a) Annas Mutter (60 kg) sitzt auf der linken Seite, 1 Meter von dem Auflagepunkt der Wippe entfernt.
In der Tabelle siehst du, wo Onkel Bert, Tobias oder Claudia jeweils auf der rechten Seite der Wippe sitzen müssten, damit diese im Gleichgewicht ist. Ergänze die Tabelle.
b) Gabi wiegt 40 kg. Wo müsste sie sitzen, um mit Annas Mutter gut zu wippen?

3 In der Abbildung ist dargestellt, wie weit man bei einem bestimmten Benzinverbrauch auf 100 km mit einer Tankfüllung kommt.
a) Erstelle mithilfe des Schaubilds eine Tabelle für 20 l (12 l, 10 l, 5 l) pro 100 km.
b) Berechne, wie weit man mit dem Auto kommt, wenn es nur 3 l (5 l, 6 l) auf 100 km benötigt? Mit welcher Formel hast du gerechnet?

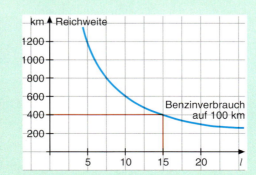

Benzin-verbrauch auf 100 km	Reichweite
15 l	400 km
■	■
■	■

6 Beschreiben von Zuordnungen in Graphen und Tabellen

Basiswissen

Neben den proportionalen Zuordnungen, die du im letzten Kapitel kennengelernt hast, gibt es noch einen weiteren interessanten Zuordnungstyp, die antiproportionale Zuordnung.
Auch mit diesen Zuordnungen kann man leicht rechnen und es gibt eine recht einfache Rechenvorschrift. Der Graph aber ist nicht so einfach.

*Bei dieser Zuordnung ist alles umgekehrt wie bei den proportionalen Zuordnungen. Daher nennt man sie **anti**proportionale Zuordnungen.*

Die antiproportionale Zuordnung

Zuordnung: durchschnittliche **Geschwindigkeit v** → **Zeit t** für eine bestimmte Wegstrecke

Text: Für eine Strecke von 120 km benötigt man bei 20 km/h durchschnittlicher Geschwindigkeit 6 Stunden. Fährt man mit doppelter (dreifacher, vierfacher, …) Geschwindigkeit, so halbiert (drittelt, viertelt, …) sich die Fahrtzeit. Fährt man mit halber (drittel, viertel, …) Geschwindigkeit, dann verdoppelt (verdreifacht, vervierfacht, …) sich die Fahrtzeit.

Tabelle:

Geschwindigkeit v (in km/h)	Fahrtzeit t für 120 km (in h)
20	6
40	3
60	2
10	12
5	24
1	120
v	120/v

Graph:

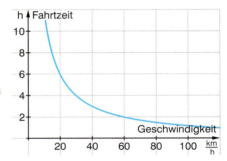

Einen Graphen dieser Form nennt man **Hyperbel**.

Rechenvorschrift: $t = \dfrac{120}{v}$

- Zeit t
- Geschwindigkeit v

Zeit ist 120 geteilt durch Geschwindigkeit.

Multipliziert man die Zahlen in der Tabelle, so erhält man stets dasselbe Produkt. Man sagt, die Wertepaare einer antiproportionalen Zuordnung sind **produktgleich**.
Das Produkt aus Geschwindigkeit v und Fahrtzeit t ist die Strecke, die zurückgelegt werden soll. Sie beträgt 120 km.
Mit dem Produkt kann man z. B. zu einer gegebenen Geschwindigkeit die Fahrzeit oder zu einer Fahrtzeit die Durchschnittsgeschwindigkeit ausrechnen.

Geschwindigkeit v (in km/h)	Fahrtzeit t (in h)	Produkt v · t (in km)
20	6	120
40	3	120
60	2	120
10	12	120
5	24	120
1	120	120
120	1	120
■	5	120

Beispiele

A Eine Druckerei rüstet 30 Arbeitsplätze mit Flachbildschirmen, Stückpreis 400 €, aus. Wie viele größere Bildschirme (Preis 600 €) können für den selben Gesamtbetrag angeschafft werden?
Gesamtkosten: 30 · 400 € = 12 000 €
Berechnung der **Anzahl der großen Monitore:** 12 000 : 600 = 20

6.4 Antiproportionale Zuordnungen

Beispiele

B Bei einem Kartenspiel werden alle Karten unter den Mitspielern aufgeteilt. Bei vier Spielern erhält jeder Spieler 15 Karten. Wie viele Karten erhält jeder Spieler, wenn zu zweit (sechst, dritt) gespielt wird?

Anzahl der Spieler	Anzahl Karten pro Spieler
4	15
2	30
6	10
3	20

C Aufschrift auf einer Packung Rasendünger:
„Rasendünger mit Langzeitwirkung. Reicht für 120 m² bei 25 g pro m²."

a) Streut man doppelt so viel, nämlich 50 g pro m², so reicht die Packung nur für 60 m² Rasenfläche.

b) Aus der Grafik kann man ablesen, welche Fläche man bei welcher Menge von Dünger pro m² düngen kann.
Die Zuordnung

Menge Dünger pro m² → Fläche

ist eine antiproportionale Zuordnung.

c) In der Düngerpackung sind:
120 · 25 g = 3000 g
Mit der Formel $A = \frac{3000}{x}$ kann man zur Düngermenge x, die man pro m² streut, die Fläche A ausrechnen, die man mit der Packung düngen kann.

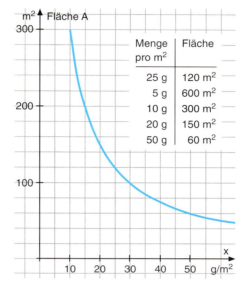

Menge pro m²	Fläche
25 g	120 m²
5 g	600 m²
10 g	300 m²
20 g	150 m²
50 g	60 m²

Wie rechnet man mit antiproportionalen Zuordnungen?

Basiswissen

Für zwei Ponys reicht ein Futtervorrat 30 Tage. Wie lange reicht er für fünf Ponys?

Lösung:
Entweder im **Dreisatz**:

1) **2 Ponys** verbrauchen das Futter in **30 Tagen**.

2) **1 Pony** verbraucht den Vorrat in 2 · 30 Tagen = **60 Tagen**.

3) **5 Ponys** verbrauchen den Vorrat in 60 : 5 Tagen = **12 Tagen**.

oder mit der **Tabelle**:

	2 Ponys	30 Tage	
:2	1 Pony	60 Tage	·2
·5	5 Ponys	12 Tage	:5

Tabelle anlegen und gewünschte Zahlen ausrechnen. Dabei musst du immer auf der rechten Seite multiplizieren, wenn links dividiert wurde und umgekehrt.

oder mit der **Rechenvorschrift**: $T = \frac{60}{x}$
für x = 5 erhält man $T = \frac{60}{5} = 12$

T: Anzahl der Tage
x: Anzahl der Ponys

Denke daran:
Immer zuerst prüfen, ob es sich um eine antiproportionale Zuordnung handelt.

Anzahl der Tage ist 60 geteilt durch Anzahl der Ponys.

6 Beschreiben von Zuordnungen in Graphen und Tabellen

Übungen

4 Aus einem großen Tank wird Fruchtsaft in Packungen gefüllt. Mit dem Tankinhalt kann man 2000 Packungen von $\frac{1}{2}$ l Inhalt füllen. Wie viele Packungen zu 1 l (1,5 l, 2 l) kann man mit diesem Tank füllen?

5 Sind die Zuordnungen antiproportional? Du kannst dies auf verschiedene Arten überprüfen.

a)
x	1	2	3	4	8
y	48	24	16	12	6

b)
x	1	2	3	4	5
y	64	32	16	8	4

6 Die folgenden Tabellen stellen jeweils eine antiproportionale Zuordnung dar. Ergänze die Tabellen entsprechend.

a)
x	1	2	4	6
y			15	5

b)
x	1	2	3	4	5
y					35

Achtung: Nicht jede „je mehr ... desto weniger"-Zuordnung ist eine Antiproportionalität.

7 Herr Schnauzer hat einen Kasten Limo mit 24 Flaschen mitgebracht. Je mehr Flaschen getrunken sind, desto weniger volle Flaschen sind noch in der Kiste. Ergänze die Tabelle und begründe, warum die Zuordnung
leere Flaschen → volle Flaschen
keine antiproportionale Zuordnung ist.

leere Flaschen	volle Flaschen
1	23

8 Bei der Planung von Aufzügen geht man meist von einem Durchschnittsgewicht von 80 kg pro Person aus. Der Aufzug eines Kaufhauses ist für 8 Personen zugelassen.
a) Wie viele Kinder mit einem Gewicht von 40 kg können mitfahren?
b) Wie schwer dürfen die Mitfahrer durchschnittlich sein, wenn 10 Personen den Aufzug benutzen wollen?

9 $y = \frac{10}{x}$

$y = \frac{200}{x}$ $y = \frac{360}{x}$

$y = \frac{40}{x}$ $y = \frac{16}{x}$

$y = \frac{80}{x}$

9 Von vier antiproportionalen Zuordnungen ist jeweils ein Wertepaar bekannt.
(1) (4|10)   (2) (10|20)
(3) (12|30)   (4) (16|5)

a) Ergänze für jede der Zuordnungen die folgende Tabelle.

x	5	8	20	50
y				

b) Mit welcher Rechenvorschrift $y = \frac{\blacksquare}{\blacksquare}$ hast du jeweils gerechnet?

10 *Kehrbrüche*
a) Ergänze die Tabelle.

x	Kehrbruch
1	■
2	$\frac{1}{2}$
3	■
$\frac{1}{2}$	■
$\frac{1}{3}$	■
$\frac{3}{2}$	■

b) Handelt es sich um eine antiproportionale Zuordnung?

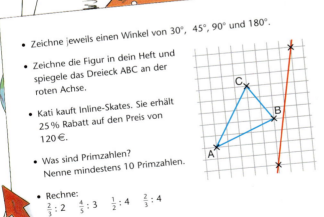

- Zeichne jeweils einen Winkel von 30°, 45°, 90° und 180°.
- Zeichne die Figur in dein Heft und spiegele das Dreieck ABC an der roten Achse.
- Kati kauft Inline-Skates. Sie erhält 25% Rabatt auf den Preis von 120 €.
- Was sind Primzahlen? Nenne mindestens 10 Primzahlen.
- Rechne: $\frac{2}{3} : 2$ $\frac{4}{5} : 3$ $\frac{1}{2} : 4$ $\frac{2}{3} : 4$

Mathe-Kiste

6.4 Antiproportionale Zuordnungen

Aufgaben

11 *Pflasterarbeiten*
a) Entlang eines 12 m langen Blumenbeetes soll eine Reihe quadratischer Pflastersteine gesetzt werden. Die Steine können eine Kantenlänge von 4 (5, 6, 8, 10, 12, 15, 24) cm haben. Ergänze die Tabelle. Nach welcher Rechenvorschrift hast du gerechnet?
b) Mit den Pflastersteinen aus a) soll ein quadratischer Hof (3,60 m mal 3,60 m) gepflastert werden. Erstelle wie in a) eine Tabelle für die Zahl der jeweils benötigten Steine. Nach welcher Rechenvorschrift hast du dieses Mal gerechnet?
c) Welche der Zuordnungen in a) und b) ist eine antiproportionale Zuordnung?

Kantenlänge der Steine (in cm)	Anzahl
4	300
5	■

12 *Auf Entdeckungsreise*
a) Welcher der Graphen passt zu welcher Zuordnung? Begründe.

(1) $y = \frac{2}{x}$

(2) $y = \frac{4}{x}$

(3) $y = \frac{7}{x}$

b) Wie unterscheiden sich die drei Graphen? Woran kann man an der Rechenvorschrift erkennen, welches der zugehörige Graph ist?

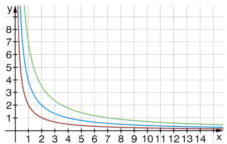

13 Ein Unternehmen mit 190 Mitarbeitern hat bislang eine Arbeitszeit von 40 h pro Woche gehabt. Durch Forderungen der Gewerkschaft soll diese auf 38 h gesenkt werden.
a) Die Gewerkschaft rechnet damit, dass neue Leute eingestellt werden. Erläutere die Rechnung der Gewerkschaft. Welchen Zusammenhang zwischen der Wochen-Arbeitszeit und der Zahl der Arbeitskräfte nimmt die Gewerkschaft an?

Berechnung der Gewerkschaft
$40 \cdot 190 = 7600$
$7600 : 38 = 200$
Es müssen 10 neue Arbeitskräfte eingestellt werden.

b) Der Personalchef des Unternehmens meint, dass er vielleicht gar keinen neuen Mitarbeiter einstellt. Wie könnte das gehen?

14 Das Bauunternehmen Heeg beschäftigt 60 Arbeiter auf verschiedenen Baustellen. Am Zwei-Familien-Haus der Winters bauen 3 Arbeiter. Sie werden in 40 Arbeitstagen fertig sein.
a) Der Juniorchef stellt einen weiteren (3 weitere) Arbeiter für die Baustelle Winter ab. Wie lange benötigen die 4 (6) Arbeiter?
b) Der Sohn der Winters hat gerade in der Schule etwas über antiproportionale Zuordnungen gelernt. Er fragt: „Was wäre, wenn die Firma Heeg alle 60 Arbeiter bei uns eingesetzt? Dann wäre unser Haus in 2 Tagen fertig." Was meint ihr dazu?

6 Beschreiben von Zuordnungen in Graphen und Tabellen

6.5 Zuordnungen lösen Probleme

Was dich erwartet

Mathematik kann beim Lösen von Problemen helfen. Ohne die Mathematik könnten viele Aufgaben nur durch langwieriges Probieren bearbeitet werden. Häufig sind Zuordnungen und Formeln (Zuordnungsvorschriften) dabei hilfreich. Doch Vorsicht, nicht immer passen die Formeln richtig und die Ergebnisse können falsch sein. Also aufgepasst und stets überprüft, ob die Zuordnung passt oder ob das Ergebnis sinnvoll ist.

Aufgaben

1 *Wie hoch reicht die Leiter?*
Im 4. Stock des Hauses muss eine Person gerettet werden. Wird die 20 m lange Leiter des Feuerwehrwagens reichen? Ganz dicht kann der Wagen nicht an das brennende Haus heranfahren, weil sich Bäume, Büsche und eine Mauer vor dem Haus befinden.
a) Wie hoch reicht die Leiter, wenn sie 8 m vom Haus entfernt steht?
Fertige dazu eine maßstabsgetreue Zeichnung (z. B. 2 m ≙ 1 cm) mit den exakten Daten an und miss die Höhe y.

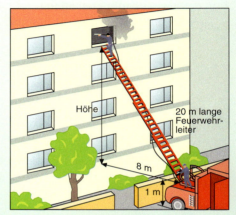

Abstand x	Höhe y
2 m	■
4 m	■
6 m	■
8 m	☐ m
10 m	■
12 m	■
14 m	■
16 m	■

b) Erstelle eine Tabelle für die erreichbare Höhe y für unterschiedliche Abstände x von dem Haus. Fertige dazu maßstabsgerechte Zeichnungen an.
Erstelle mit den Daten aus der Tabelle ein entsprechendes Diagramm.
c) Der Feuerwehrzentrale wird ein Brand gemeldet. Von der Lage des Gebäudes ist der Zentrale bekannt, dass der Leiterwagen nicht näher als 11 m an das Gebäude heranfahren kann. Mit dem Diagramm aus Aufgabe b) kann man herausfinden, wie hoch die 20 m lange Leiter höchstens reicht (oder ob man ein anderes Fahrzeug mit einer längeren Leiter benötigt).

2 *Planung eines Fluges zum Mars*
Die Wissenschaftler der NASA geben die mittlere Reisegeschwindigkeit eines Raumschiffes auf dem Flug zum Mars mit 35 000 km/h an.
a) Welche weitere Daten benötigt man, um die Flugdauer von der Erde zum Mars zu berechnen? Versuche die nötigen Informationen im Internet oder in einem Lexikon zu erhalten.
b) Mit welcher Zuordnung kann man die Reisedauer t aus der Entfernung s und der mittleren Geschindigkeit v des Raumschiffes berechnen? Wie lange dauert nach deiner Berechnung der Flug zum Mars?

6.5 Zuordnungen lösen Probleme

Basiswissen

Häufig kann man Probleme mit Hilfe von Zuordnungen lösen. Was du dann tun musst, hängt von dem Problem ab.
- Es ist zumeist eine gute Idee, alle vorkommenden Variablen, d. h. die Größen, die sich verändern können, aufzuschreiben.
- Wichtig ist es, sich klar zu machen, was man berechnen will.
- Wahrscheinlich kannst du dann schon die Variablen finden, die für das Lösen des Problemes wichtig sind.
- Versuche herauszufinden, wie die Variablen miteinander zusammenhängen. Hilfreich sind dabei oft proportionale und antiproportionale Zuordnungen. Überprüfe aber stets, ob diese passen.
- Hast du dann das Problem gelöst, so musst du noch überprüfen, ob die Lösung zu deiner Fragestellung passt. Wenn du zum Beispiel ausgerechnet hast, dass ein Hochhaus innerhalb von zwei Tagen gebaut wird, hast du ganz bestimmt etwas falsch gemacht.

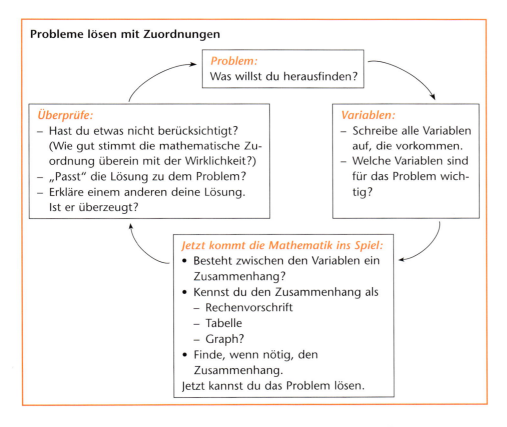

Häufig passende Zuordnungen: Proportionalität und Antiproportionalität

Test auf Proportionalität und Antiproportionalität

Proportionalität:
- Dem 2 (3, 4, 5, n)-fachen der einen Größe ist das 2 (3, 4, 5, n)-fache der anderen zugeordnet.
- Die Quotienten der einander zugeordneten Werte sind immer gleich (quotientengleich).
- Im Koordinatensystem erhält man eine Gerade durch den Nullpunkt.

Antiproportionalität:
- Dem 2 (3, 4, 5, n)-fachen der einen Größe ist der 2 (3, 4, 5, n)-te Teil der anderen zugeordnet.
- Die Produkte der einander zugeordneten Werte sind immer gleich (produktgleich).
- Im Koordinatensystem erhält man eine eine Hyperbel.

175

6 Beschreiben von Zuordnungen in Graphen und Tabellen

Beispiele

A Die Freys wollen von Hannover nach Ulm fahren. Herr Frey meint, dass man nachts fahren sollte, um schneller fahren zu können. Immerhin sind es nach Ulm 600 km. Lohnt sich das schnelle Fahren?

Variable: Zeit t
Geschwindigkeit v
Strecke s

Doppelte Geschwindigkeit – halbe Zeit: Antiproportionalität

Zuordnung: $t = \frac{s}{v} = \frac{600}{v}$

v (km/h)	60	100	120	150
t (h)	10	6	5	4

Fährt man schneller, so spart man Zeit. Man verbraucht allerdings auch mehr Benzin und geht ein höheres Risiko ein.

Übungen

3 Familie Moser muss Öl tanken. Die Nachbarn haben vor zwei Tagen 1500 l erhalten und dafür 640 € gezahlt. Frau Moser stellt fest, wie viel noch in ihrem Tank ist. Sie schätzt, dass man ungefähr 4500 l Öl benötigen werde. Sie rechnet damit, dass die Tankfüllung 1920 € kosten wird.
a) Welche Zuordnung hat Frau Moser für ihre Berechnung verwendet?
b) Ist Frau Mosers Rechnung richtig? Da ihr sicher noch kein Öl bestellt und bezahlt habt, könnt ihr einfach mal eure Eltern fragen.

4 Ein Orchester mit 15 Musikern spielt ein Musikstück in 30 Minuten. Wie lange brauchen sie, wenn 5 Musiker krank sind?

5 Wie groß ist das Volumen von zwei Tonnen Eisen? Das auszuprobieren, dürfte wohl unmöglich sein. Glücklicherweise kann die Mathematik hier helfen. An kleinen Eisenstücken wird die Zuordnung zwischen Volumen und Masse von Eisen untersucht. Die Tabelle zeigt einige Messwerte:

Volumen in cm³	18	26	43	55	73
Masse in g	140	205	340	430	575

6 Im Prospekt einer Telekommunikationsfirma steht eine Preisliste:

So lange telefonieren Sie im Monat	1 h	5 h	10 h	50 h
So viel bezahlen Sie bei uns	10,2 €	15 €	21 €	69 €

a) Lisa überlegt: „Ich benutze das Telefon im Monat ungefähr 20 Stunden. Das kostet 42,– €." Wie hat Lisa gerechnet und noch wichtiger, darf sie so rechnen? Begründe deine Antwort.
b) Ermittle, wie viel man für 20 Stunden Telefonieren bezahlen muss. Verwende dazu eine Zuordnungsvorschrift (Formel). Die Vorschrift findest du mithilfe der Tabelle. Du kannst das Problem auch zeichnerisch lösen. Erstelle dazu mit den Werten aus der Tabelle eine Grafik.

7 Hast du dich schon einmal gewundert, wie lang dein Schatten ist?
a) Miss die Länge deines Schattens zu bestimmten Zeiten und trage deine Messergebnisse in die Tabelle ein. Übertrage die Messwerte in einen Graphen.
b) Wie kurz ist der kleinste Schatten? (Wie viel Uhr?)
c) Überlege, wie lang der längste denkbare Schatten ist.

8 In einem Lexikon steht: Die Geschwindigkeit beim freien Fall kann man errechnen nach der Formel v = 10 t. Dabei muss man die Fallzeit t in Sekunden einsetzen und erhält die Geschwindigkeit v in m/s.
Aus großer Höhe fällt ein Körper 100 Sekunden lang. Welche Geschindigkeit erreicht er? Gib das Ergebnis in km/h an. Kann das Ergebnis stimmen?

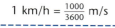

$1 \text{ km/h} = \frac{1000}{3600} \text{ m/s}$

6.5 Zuordnungen lösen Probleme

Aufgaben

9 Falte ein Blatt Papier in der Mitte. Zu Beginn hattest du eine Lage, jetzt sind es bereits 2 Lagen. Die Fläche der Lagen hat sich dabei halbiert.
a) Falte so oft du kannst und ergänze dabei die Tabelle.
Schreibe die Zahlen in der 2. und 3. Spalte als Potenzen von 2 und $\frac{1}{2}$.
b) Angenommen, du könntest das Papier 10-mal falten. Wie viel Lagen hätte dann das gefaltete Papier?
c) Erstelle Schaubilder.

10 Faltungen ergeben ca. 1000 Lagen. Ist das Papier 0,2 mm dick, dann ergeben 1000 Lagen eine Dicke von 20 cm.

Anzahl der Faltungen	Anzahl der Schichten	Fläche der Schichten	Zahl der Schichten als Potenz von 2	Fläche der Schichten als Potenz von $\frac{1}{2}$
0	1	1	2^0	$\left(\frac{1}{2}\right)^0$
1	2	$\frac{1}{2}$	2^1	■
2	■	■	■	■
3	■	■	■	■
n	■	■	■	■

10 *Wachsen einer Ameisenkolonie*
Ein Biologe überlegt, wie eine Ameisenkolonie wachsen könnte. Er stellt zwei verschiedene Modellrechnungen an:

A
Zeit (Monate)	Anzahl
0	100
1	200
2	300
3	400

B
Zeit (Monate)	Anzahl
0	100
1	200
2	400
3	800

a) Setze die beiden Modellrechnungen für die nächsten drei Monate fort.
b) Beschreibe in Worten den Zuwachs in jedem Monat gemäß dem Modell A und dem Modell B.
c) Welches Modell könnte die Entwicklung einer Ameisenkolonie besser beschreiben? Diskutiert diese Frage in eurer Klasse. Vielleicht findet ihr ein Modell, das noch besser passt.

11 Das Bild des Tageslichtprojektors ist zu klein. In der letzten Reihe kann man die Schrift nicht lesen. Du weißt sicherlich, was man da machen kann. Der Projektor wird weiter nach hinten gestellt. Offensichtlich besteht ein Zusammenhang zwischen dem Abstand des Projektors von der Wand und der Bildbreite.

Projekt in der Klasse

a) Je größer der Abstand, desto größer die Breite. Das könnte eine proportionale Zuordnung sein. Erstellt eine Tabelle mit Messwerten. Kannst du die Frage bereits entscheiden?
b) Übertrage die Messwerte in ein Koordinatensystem. Unterstützt das Schaubild das Ergebnis aus Aufgabe a?
c) Wie breit ist das Bild, wenn der Projektor 5 m vor der Wand steht? Ihr könnt rechnen oder aus der Graphik ablesen. Überprüft euer Ergebnis im Experiment.
d) „Prima", meint Bernd. „Wir können die Abbildungen an der Wand so groß machen wie unsere Turnhallenwand. Und die ist immerhin 25 m breit." Was meint ihr dazu?

Erinnern, Können, Gebrauchen

CHECK-UP

Zuordnungen, Graphen, Tabellen

Graphen lesen und zeichnen

Achsenbeschriftung: Es geht um die Preisentwicklung einer Ware.

Bildausschnitt: Es geht um den Zeitraum von 1997 bis 2002.

Maßstab: 1 cm entspricht 1 Jahr
1 cm entspricht 1 €

Wertepaare: (1999 | 1,8)
Im Januar 1999 betrug der Preis 1,80 €.

Vokabelheft für Graphen

| Hochpunkt | Tiefpunkt |
| steigend | fallend |
| gleichmäßig steigend/fallend |
| konstant bleibend |

Beschreibung einer Zuordnung

Text: Zur Umrechnung von km/h in m/s dividiert man die Geschwindigkeitsangabe in km/h durch 3,6.

Tabelle:

x (km/h)	30	50	100	160
y (m/s)	8,33	13,89	27,78	44,44

Graph:

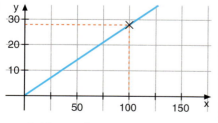

Rechenvorschrift: $y = \frac{x}{3,6}$

---

1 Der Graph stellt den Absatz eines Fernsehherstellers in den letzten 12 Monaten dar.

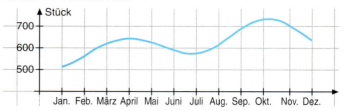

a) Wie hoch war der Absatz im April, wie hoch im Oktober?
b) In welchem Monat wurden die meisten Geräte verkauft. Wie viel Stück waren es?

2 Hast du schon einmal zugeschaut, wie eine Fahne hochgezogen wird? Was meinst du, welcher der Graphen ist ein gutes Modell für die Situation? Begründe deine Antwort.

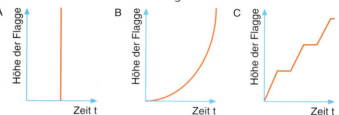

3 In der Tabelle ist die Abfallmenge in Nordrhein-Westfalen in dem jeweiligen Jahr angegeben. Trage die Daten in ein Diagramm ein. Wähle eine geeignete Achseneinteilung und einen geeigneten Bildausschnitt.

Jahr	1980	1990	1993	1996
Abfallmenge in 1000 t	17	20	13	10

4 Ein Arzt beschreibt den Verlauf einer Grippeepidemie:
„In den ersten 3 Tagen nahm die Zahl der Erkrankungen immer schneller zu. Dann wurde die Zunahme geringer, bis am 8. Tag die Zahl der Grippekranken ein Maximum erreicht hatte. In den folgenden 14 Tagen nahm die Zahl der Grippekranken in meiner Praxis ab."
Stelle den Verlauf der Epidemie in einer Grafik dar.

5 Ergänze jeweils die Tabelle. Finde zu jeder Zuordnung eine Rechenvorschrift.

a)
x	1	2	4	5	■	■
y	4	8	16	■	28	40

b)
x	1	2	3	4	6	■
y	10	9	8	■	■	0

c)
x	1	2	3	4	5	6
y	0	3	8	15	■	■

d)
x	0	1	2	3	6	■
y	2	2,5	3	■	■	6

178

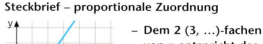

6 Vervollständige die Tabelle, so dass es sich um eine proportionale Zuordnung handelt.

x	6	2	■	25	■
y	15	■	25	■	90

7 Vervollständige die Tabelle, so dass es sich um eine antiproportionale Zuordnung handelt.

x	5	20	■	15	■
y	12	■	30	■	8

8 Eine Zuordnung ist proportional, eine ist antiproportional.

a)
x	1	3	4	9	15
y	3,5	10,5	14	31,5	52,5

b)
x	2	4	6	8	16
y	80	40	20	10	5

c)
x	1	4	5	6	10
y	120	30	24	20	12

d)
x	2	4	6	8	10
y	5	6	7	8	9

9 Frau Meier hat getankt und für 56 Liter Super 60 € gezahlt. Wie viel wird Herr Müller zahlen müssen, der 40 Liter Super getankt hat?

10 Für die 60 km lange Strecke von Braunschweig nach Hannover hat Herr Schulz 40 Minuten benötigt. Wann wird er in Oldenburg ankommen, das 180 km von Hannover entfernt ist, wenn er mit gleicher Geschwindigkeit weiterfährt?

11 Klasse 6a hat eine Klassenfahrt gemacht. Dafür wurde ein Bus gemietet. Jeder der 31 Schülerinnen und Schüler musste für die Busfahrt 20 € zahlen. Nun möchte Klasse 7b den gleichen Bus mieten. Der Gesamtpreis für den Bus ist der gleiche, aber in der Klasse 7b gibt es nur 28 Schülerinnen und Schüler.

12 Bei Kom-Tele hat man als Grundgebühr 5 € pro Monat zu zahlen. Anja hat im letzten Monat 65 Minuten lang telefoniert und muss 6,95 € zahlen. Wie viel muss Claudia zahlen, die 130 Minuten lang telefoniert hat?

13 Barbara hat Vogelfutter gekauft. Für ihre drei Vögel würde es zwei Wochen reichen. Jetzt hat sie aber während der Ferien noch zwei Vögel von Dirk zu pflegen. Wie lange wird das Futter reichen?

Steckbrief – proportionale Zuordnung

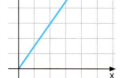

– Dem 2 (3, …)-fachen von x entspricht das 2 (3, …)-fache von y.
– Quotientengleich
– Ursprungsgerade
– $y = a \cdot x$

Rechnen mit Proportionalitäten
2 kg Äpfel kosten 5 €. Was kosten 9 kg?

Dreisatz
2 kg – 5 €
1 kg – 2,50 €
9 kg – 22,50 €

Tabelle

	2	5	
	1	2,5	
	9	22,50	

Rechenvorschrift
P = 2,5 · M

für M = 9:
P = 2,5 · 9 = 22,5

Steckbrief – antiproportionale Zuordnung

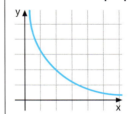

– Dem 2 (3, …)-fachen von x entspricht das $\frac{1}{2}$ ($\frac{1}{3}$, …)-fache von y.
– Produktgleich
– Hyperbel
– $y = \frac{c}{x}$

Rechnen mit Antiproportionalitäten
Für 6 Pferde reicht der Futtervorrat noch 12 Tage. Wie lange reicht er für 8 Pferde?

Dreisatz
6 Pferde – 12 d
1 Pferd – 72 d
8 Pferde – 9 d

Tabelle

	6	12	
	1	72	
	8	9	

Rechenvorschrift
$P = \frac{72}{x}$

für x = 8:
$P = \frac{72}{8} = 9$

7 Prozent- und Zinsrechnung

7.1 Relativer Vergleich: Prozente in Tabellen und Diagrammen

Was dich erwartet

■ *Anteile kann man auf ganz verschiedene Arten angeben: Jeder vierte US-Amerikaner hat ein Haustier. Zwei Neuntel aller Chinesen besitzen ein Haustier. Von 10 Deutschen haben 6 ein Haustier, aber nur 40 % aller Franzosen. Kannst du auf Anhieb sagen, in welchem Land Haustiere am beliebtesten sind?*

Will man Anteile miteinander vergleichen, dann werden sie zumeist in Prozent (%) angegeben. Zeitungen und Nachrichten sind voller Prozentangaben, die mit unterschiedlichen Diagrammen veranschaulicht werden. Wie man die entsprechenden Diagramme richtig interpretiert und sie selbst erstellt, damit beschäftigt sich dieses Kapitel.

Aufgaben

1 *Auf einen Blick*
Übertrage die Zeichnung in dein Heft und ersetze ■ jeweils durch die richtige Zahl.
A macht ■ % des Quadrates,
B macht ■ % des Quadrates,
C macht ■ % des Quadrates,
D macht ■ % des Quadrates,
E macht ■ % des Quadrates aus.

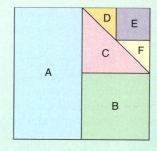

2 *Wer hat besser gezielt?*
Beim Turnier der 6. Klassen hat die Basketballmannschaft der 6a von 10 Freiwürfen 4 verwandelt, die 6b von 25 Freiwürfen 9. Wer hat bei den Freiwürfen besser abgeschnitten?
Anna, Klaus und Stefan haben gerechnet. Alle drei kommen zu dem selben Ergebnis, aber auf unterschiedlichem Weg.
Erkläre, was sie getan haben, und finde heraus, welches Team bei den Freiwürfen das bessere war.

Anna
$\frac{4}{10} = \frac{20}{50}$
$\frac{9}{25} = \frac{18}{50}$

Klaus	
$4 : 10 = 0{,}4$	$9 : 25 = 0{,}36$
$\frac{40}{0}$	$\frac{75}{150}$
	$\frac{}{0}$

Stefan
$\frac{4}{10} = \frac{40}{100} = 40\,\%$
$\frac{9}{25} = \frac{36}{100} = 36\,\%$

7.1 Relativer Vergleich: Prozente in Tabellen und Diagrammen

Aufgaben

3 *Vergleich mit dem Gummiband – der Prozentgummi*

In den 6. Klassen des Gymnasium Ganderkesee werden Daten gesammelt (Brillenträger, Französischschüler, ...). Die 6a vergleicht im Mathematikunterricht die Anteile mit einem gleichmäßig dehnbaren „Prozentgummi":

So wird ein „**Prozentgummi**" angefertigt:
- Besorge ca. 2 cm breites Hosengummi, ungefähr 100 cm lang.
- Trage in gleichen Abständen (z. B. alle 8 cm) eine 10%-Markierung ein.

6a Französisch? 17 S 28 S

0% 10 20 30 40 50 60 70 80 90 100

≈ 60%

Sammelt über die Klassen eurer Schule ähnliche Daten wie in unserer Aufgabe (z. B. Lateiner, Auswärtige, Brillenträger, Sportler, Mädchen usw.). Veranschaulicht die Ergebnisse in Balken mit 5 cm pro Schüler an der Tafel. Dann könnt ihr die verschiedenen Anteile mithilfe eurer Prozentgummis ermitteln und vergleichen.

4 *Aus einem Kochbuch für Ernährungsbewusste:*

Nahrungsmittel	Eiweiß	Fett	Kohlenhydrate	Sonstiges
Hackfleisch	20%	■	0%	60%
Schokolade	9%	33%	55%	■
Bananen	1%	0%	■	83%

a) Ergänze die fehlenden Angaben in der Tabelle.
b) Anteile kann man mit Diagrammen darstellen. Trage die Anteile für Aal, Milch und Haferflocken in eine Tabelle ein.

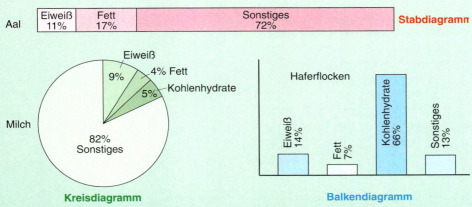

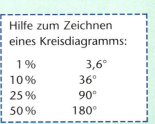

Hilfe zum Zeichnen eines Kreisdiagramms:

1%	3,6°
10%	36°
25%	90°
50%	180°

c) Fertige selbst je ein entsprechendes Diagramm für Schokolade, für Hackfleisch und für Bananen an. Entscheide, welche Art von Diagramm du verwendest. Nach welchen Gesichtspunkten hast du deine Wahl getroffen (geht einfach, sieht schöner aus, Anteile lassen sich leicht ablesen, Vergleich ist leicht möglich, ...).

7 Prozent- und Zinsrechnung

Basiswissen

Anteile kann man auf verschiedene Arten angeben, z. B. als Bruchteil ($\frac{3}{5}$ von …), als Prozent (14 % von …), als „Anteil" (3 von 15) usw. Veranschaulichen kann man Anteile mithilfe von Diagrammen, z. B. Kreisdiagrammen, Balkendiagrammen u. v. m.

Einfache Bruchteile als Prozente:
$\frac{1}{2} = 50\%$
$\frac{1}{4} = 25\%$
$\frac{1}{8} = 12,5\%$
$\frac{1}{10} = 10\%$
$\frac{1}{3} \approx 33,3\%$
$\frac{1}{20} = 5\%$

Anteile		Prozent	Kreisdiagramm
• **Jeder vierte** Deutsche hat ein Haustier. ○○○✗○○○✗○○○✗ … 1 von 4 $\frac{1}{4} = \frac{25}{100}$		**25 %**	
• **Zwei Fünftel** aller Menschen haben Blutgruppe A. [A ▭▭▭] $\frac{2}{5} = \frac{40}{100}$		**40 %**	
• **7 von 11** Fußballspielern haben einen PC. ✗✗✗✗✗✗✗○○○○ 7 von 11 $\frac{7}{11} \approx 0,636$		**≈ 64 %**	
• **83 %** aller Mexikaner haben Telefonanschluss.		**83 %**	

Beispiele

A In 750 g Nuss-Nougat-Creme sind 225 g Fett enthalten. Wie viel % sind das?
$\frac{225}{750} = \frac{9}{30} = \frac{3}{10} = \frac{30}{100} = 30\%$
Die Nuss-Nougat-Creme enthält 30 % Fett.

B Anteile lassen sich besonders gut in einem Kreisdiagramm darstellen.
Ergebnisse der Bundestagswahl 2002:

Die Ergebnisse sind auf ganze Prozent gerundet. Genauere Werte findest du auf S. 60 in Aufgabe 7.

100 % ≙ 360°
1 % ≙ 3,6°

Partei	Stimmanteile	Winkel
CDU/CSU	39 %	140,4°
SPD	39 %	140,4°
FDP	7 %	25,2°
B90/Grüne	9 %	32,4°
PDS	4 %	14,4°
Sonstige	3 %	10,8°

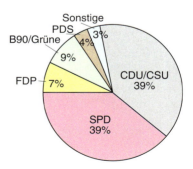

C In der letzten Klassenarbeit erhielt jeder Vierte die Note 1 oder 2.
Die 3 und 4 waren mit 65 % vertreten.
Gab es auch Fünfen oder Sechsen?

Jeder Vierte: $\frac{1}{4} = 25\%$
25 % + 65 % = 90 %
100 % − 90 % = 10 %
Es gab 10 % Fünfen und Sechsen. In einer Klasse mit 20 Schülern sind dies 2 Schüler.

182

7.1 Relativer Vergleich: Prozente in Tabellen und Diagrammen

Übungen

5 Schätze, wie groß der jeweilige Anteil ist. Gib deine Schätzung in Prozent an.

a) b) c) d) e)

6 Fische im Aquarium

a) Warum ist es schwierig zu entscheiden, in welchem Aquarium der Anteil der roten Fische größer ist?
b) Mit Dezimalzahlen oder Prozentangaben kannst du entscheiden, in welchem Aquarium der Anteil der roten Fische größer ist.

7 In einem Einkaufszentrum wurden 800 Kunden befragt:
– Ist Ihre Anfahrt länger als 10 km?
– Kaufen Sie ausschließlich Lebensmittel ein?
– Besitzen Sie eine Kreditkarte des Einkaufszentrums?
– Werden Sie in den nächsten Tagen wieder kommen?
– Sind Sie für längere Öffnungszeiten?

Die Ergebnisse der Befragung sind mit Farbe in dem Rechteckmodell eingetragen. Übertrage das Modell in dein Heft und ergänze die fehlenden Prozente.

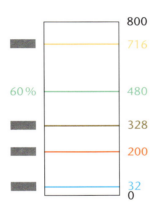

8 Rechne die Anteile in Prozentsätze um:

$\frac{3}{4}$ $\frac{5}{8}$ $\frac{11}{20}$ $\frac{9}{15}$ $\frac{174}{300}$ $\frac{230}{1000}$ $\frac{23}{40}$ $\frac{21}{30}$ $\frac{35}{250}$

Manchmal hilft kürzen:
$\frac{9}{15} = \frac{3}{5} = \frac{60}{100} = 60\%$

9 Die folgenden Anteile sind in Prozenten gegeben. Schreibe diese als Bruch. Kürze, wenn möglich:
40%   38%   61%   75%   52%   95%   50%   76%

10 Anteile, die man sich merken sollte
Zeichne den „Anteilstab" in dein Heft und ergänze die Anteile sowohl in Prozent als auch als Bruch.

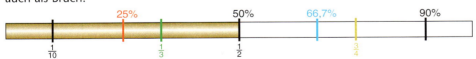

11 Die Freunde Marian und Bastian wurden jeder in seiner Klasse zum Klassensprecher gewählt. Zu Hause vergleichen sie die Ergebnisse der Stichwahlen: Marian erhielt in der 6b 20 von 32 Stimmen. In der 6f gingen 15 der 23 Stimmen an Bastian. Wer wurde mit der größeren Mehrheit gewählt?

7 Prozent- und Zinsrechnung

Übungen

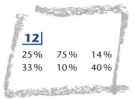

12|
25% 75% 14%
33% 10% 40%

12 Schätze durch einen Überschlag die folgenden Anteile in Prozent:
a) 110 € von 1 000 €
b) 14 kg von 60 kg
c) 22 min von 30 min
d) 240 m^2 von 750 m^2
e) 21 l von 150 l
f) 30 von 80 Autos

13 Berechne die Anteile in Prozent.
a) 4 m von 400 m
b) 35 € von 3 500 €
c) 2,5 kg von 250 kg
Mit den Ergebnissen aus a), b) und c) kannst du die Anteile leicht in % schätzen:
d) 16 m von 400 m
e) 60 € von 3 500 €
f) 10,5 kg von 250 kg

14 Woher kommt das Geld auf dem Sparkonto?
Bei einer Befragung der 140 Schülerinnen und Schüler der 6. Klassen des Sebastian-Münster-Gymnasiums gab es die folgenden Antworten:
– geschenkt zum Geburtstag   (120-mal)
– vom Taschengeld   (25-mal)
– verdient mit Helfen in Haus und Garten (64-mal)
a) Berechne in Prozent, wie viele der 140 Schülerinnen und Schüler die jeweilige Angabe gemacht haben. Runde auf eine Stelle nach dem Komma. Warum ist die Summe der Prozente größer als 100 %?
b) Führt eine entsprechende Befragung (anonym) in eurer Klasse durch und vergleicht eure Ergebnisse mit denen des Sebastian-Münster-Gymnasiums.

15 Bei der Saalwette in „Wetten, dass …?" haben die Zuschauer wie folgt gewählt. Ermittle die Anteile in Prozent. Runde auf ganze Prozent.
a) Ureinwohner im Trachtenkostüm   213 Stimmen
   Geschwisterpaare „Max und Moritz"   182 Stimmen
   Bürgermeister im Pyjama   125 Stimmen
b) Beatles-Doppelgänger   134 Stimmen
   Boygroups in Badehosen   284 Stimmen
   Tierbesitzer mit „Bremer Stadtmusikanten" 207 Stimmen

Hier kann der Taschenrechner helfen:
213 : 520 · 100 =
40,961538 ≈ 41 %

Genauigkeit

„Bei der Bürgermeisterwahl hat Bostel 48,27586207 % der Stimmen erzielt."
Eine solche Prozentangabe habt ihr sicher noch in keiner Zeitung gelesen, obwohl sie vielleicht mathematisch richtig ist. Eine solche Zahl kann man sich nicht merken. Manchmal muss man allerdings mit solchen genauen Angaben rechnen, z. B. bei der Bank.
Zumeist werden Prozentangaben auf ganze Zahlen oder auf eine Stelle hinter dem Komma gerundet.

48,27586207 % ≈ 48,3 %
           ≈ 48 %

16 *Runden*
Bei einer Fernsehsendung wird im Saal über die beste Wette abgestimmt. Sieger wird die Wette C. Schau dir die Verteilung genau an. Da stimmt doch etwas nicht.

Wette A	26 %
Wette B	34 %
Wette C	35 %
Wette D	6 %

17 Die 203 Abgeordneten im Parlament verteilen sich auf die Parteien wie folgt: Ermittle die jeweiligen Anteile der einzelnen Parteien. Runde die Prozentsätze auf ganze Zahlen und mache die „Hunderterprobe". Was stellst du fest?

Partei	A	B	C	D
Anzahl	58	60	40	45

Hunderterprobe
Summe der Anteile = 100 %

18 Verpackungen machen oft einen großen Anteil am Gesamtgewicht aus. Ermittle jeweils den Anteil in Prozent, den die Verpackung ausmacht.

Übungen

a)
	Creme	Kosmetik
Gesamtgewicht	325 g	129 g
Leergewicht	210 g	95 g
Verpackungsanteil		

b) Bestimme für Produkte, die du im Badezimmer findest, den Anteil der Verpackung in Prozent. Wie viel Creme in einer Dose ist, steht zumeist auf der Verpackung, z. B.: netto 49,5 g oder net.wt 49,5 g.

Prozentuale Änderungen

19 Preissenkungen/Preiserhöhungen
a) Berechne den Rabatt in %.

Preis	Sonderangebot
695 €	500 €
18 350 €	17 000 €

b) Berechne die Preiserhöhung in %.

alter Preis	neuer Preis
1,12 €	1,21 €
412 €	499 €

ANGEBOT Herrenhose ~~60 €~~ 45 €

Preis − Sonderangebot = Rabatt
60 € − 45 € = 15 €

Rabatt in Prozent:
$\frac{15}{60} = 0{,}25 = 25\,\%$

20 Im Sommerschlussverkauf macht ein Geschäft Werbung:

Alle Preise zwischen 30 % und 40 % gesenkt

Einige der Preisschilder sind nicht richtig überschrieben.

Hosen ~~89,00~~ 65,00
Bluse ~~29,95~~ 19,50
Gürtel ~~8,99~~ 6,09
Kleid ~~159,90~~ 115,00
T-Shirt ~~19,98~~ 11,50
Hemd ~~49,80~~ 34,85
Anzug ~~399,00~~ 259,00
Socken ~~2,50~~ 1,50

SOMMER SCHLUSS VERKAUF

21 Frau Meisners Stundenlohn ist in den vergangenen Jahren jährlich gestiegen:
15,80 €,   16,46 €,   17,02 €,
18,90 €
a) Berechne um wie viel Prozent Frau Meisners Lohn in jedem der Jahre gegenüber dem Vorjahr gestiegen ist.
b) Um wie viel Prozent ist der letzte Stundenlohn gegenüber dem ersten Stundenlohn gestiegen?

22 *Gerecht?*
Frau Schneiders monatliches Gehalt ist bei der letzten Lohnerhöhung gestiegen von 4 200 € auf 4 368 €, Herrn Müllers Gehalt von 3 000 € auf 3 120 €.
Frau Schneiders Lohnerhöhung ist höher ausgefallen als die von Herrn Müller, oder?

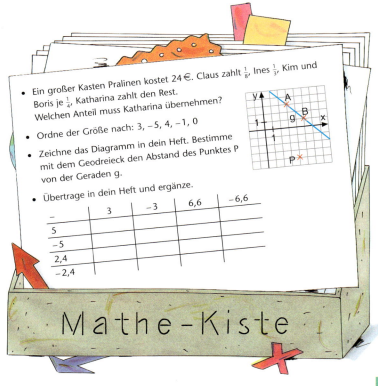

- Ein großer Kasten Pralinen kostet 24 €. Claus zahlt $\frac{1}{8}$, Ines $\frac{1}{3}$, Kim und Boris je $\frac{1}{4}$, Katharina zahlt den Rest. Welchen Anteil muss Katharina übernehmen?
- Ordne der Größe nach: 3, −5, 4, −1, 0
- Zeichne das Diagramm in dein Heft. Bestimme mit dem Geodreieck den Abstand des Punktes P von der Geraden g.
- Übertrage in dein Heft und ergänze.

−	3	−3	6,6	−6,6
5				
−5				
2,4				
−2,4				

Mathe-Kiste

7 Prozent- und Zinsrechnung

Aufgaben

23 Unter der jährlichen Wachstumsrate versteht man das prozentuale Wachstum einer Bevölkerung innerhalb eines Jahres. Berechne die Wachstumsrate der Bevölkerung (Angaben in Mio.):

Rechne mit dem Taschenrechner.

	Deutschland	USA	Indien	Nigeria
1999	82,561	273,131	997,892	120,052
2000	82,797	275,563	1014,004	124,014

24 In Holzhausen fallen im Mai im Schnitt 50 mm Niederschlag.
a) In der ersten Woche im Mai 2001 fielen 40 mm Niederschlag. Wie viel Prozent des gesamten durchschnittlichen Niederschlages im Monat Mai entspricht dies?
b) Wie viel mm Niederschlag müsste gefallen sein, wenn in Holzhausen in der ersten Woche 200 % des monatlichen Regens gefallen wäre?

So wird die Niederschlagsmenge gemessen

Mit einem Niederschlagsmesser wird die Menge des Niederschlages gemessen. Eine Niederschlagshöhe von 1 mm entspricht einer Wassermenge von 1 Liter pro 1 m².

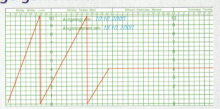

25 *Prozente größer als 100 %*
In Freiling fallen im Januar gewöhnlich 30 mm Niederschlag. Im Januar 2001 fielen 46 mm. Zeichne zwei Regenmesser, die entsprechend gefüllt sind (siehe Abbildung) und berechne, wie viel Prozent des durchschnittlichen Niederschlags gefallen sind.

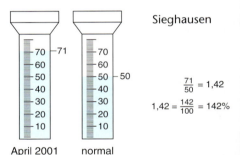

Sieghausen

$\frac{71}{50} = 1{,}42$

$1{,}42 = \frac{142}{100} = 142\%$

26 *Die Pupille bei Tag und Nacht*
Nachts oder bei Dunkelheit vergrößert sich die Pupille. So wird mehr Licht ins Auge gelassen und man kann besser sehen. Für jedes Alter ist in der Tabelle der Pupillendurchmesser (in mm) bei Tag und Nacht dargestellt.

Alter	20	30	40	50	60	70	80
Tag	4,7	4,3	3,9	3,5	3,1	2,7	2,3
Nacht	9,0	7,0	6,0	5,0	4,1	3,2	2,5

Was kannst du aus der Tabelle ablesen? Berechne für jedes Alter, um wie viel Prozent die Pupille nachts größer ist als am Tag.

27 Herr Schönkauf verkauft in seinem Geschäft Pullover. Für den Herbst hat er ein Modell für 58 € eingekauft und verkauft es für 174 €.
Welche der Aussagen von Herrn Schönkauf sind richtig?
a) Ich verkaufe diesen Pullover mit 200 % Gewinn.
b) Ich habe 20 % auf den Einkaufspreis aufgeschlagen.
c) Der Verkaufspreis entspricht 200 % des Einkaufspreises.
d) Der Verkaufspreis entspricht 300 % des Einkaufspreises.
e) Ich habe das Doppelte auf den Einkaufspreis aufgeschlagen. Das sind 2 %.

7.1 Relativer Vergleich: Prozente in Tabellen und Diagrammen

28 *Zoomen*

Ein Fotokopierer verkleinert und vergrößert ein Bild auf einen gewissen Prozentsatz des Originals. Daher muss man die Vergrößerung bzw. die Verkleinerung in Prozent eingeben.
Bei fast allen Kopierern nennt man Vergrößern/Verkleinern „**zoomen**".
Mit dem Zoom-Faktor legt man die Vergrößerung bzw. die Verkleinerung fest.

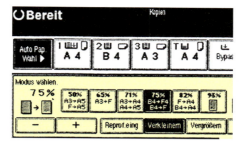

Aufgaben

Ihr könnt mit dem Kopierer in eurer Schule selbst ausprobieren, ob eure Antworten stimmen.

a) **Zoomfaktor 80 %?** Wird das Bild kleiner oder größer sein? Wie groß ist die Kopie, wenn das Originalbild 5 cm breit und 10 cm hoch ist?
b) Was bedeutet der Zoom-Faktor 120 %?
c) Das Originalbild ist quadratisch mit einer Kantenlänge von 4 cm. Die Kopie soll 5 cm (4,5 cm) Kantenlänge haben. Welcher Zoom-Faktor ist einzustellen?
d) Das Originalbild ist DIN A4, die Kopie DIN A3. Was war der Zoom-Faktor?

29 *Kleine Anteile: Promille*

Alkoholanteile im Blut werden in Promille (Tausendstel) angegeben.
Die Abkürzung für Promille ist: ‰
a) Schreibe die folgenden Anteile in Promille:

Anteile in Promille:
4 von 2000
4 : 2000 = 0,002 = 2 ‰ (Tausendstel)

15 von 5 000   jeder 23ste
7 von 3 500 $\frac{3}{500}$ von …
$\frac{4}{173}$ von …   5 von 4 000
2 %   0,3 %

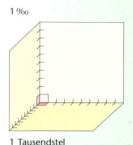

1 Tausendstel

b) Das Haus der Krügers ist mit 200 000 € gegen Feuer- und Sturmschäden versichert. Die jährliche Prämie beträgt 1 000 €. Wie viel Promille der versicherten Summe macht die jährliche Prämie aus?

30 *Goldschmuck*

Der Goldanteil von Schmuckstücken wird in Promille angegeben. So bedeutet z. B. für eine Kette mit der Aufschrift 585er Feingold, dass die Kette zu 585 ‰ aus Feingold besteht.
a) Wie groß ist der Goldanteil in Promille einer Kette, die ein Gewicht von 170 g hat und in der laut Angabe des Goldschmiedes 64,05 g Gold verarbeitet wurden?
b) Informiere dich bei deinen Eltern oder in einem Geschäft, wie groß gängige Goldanteile in Schmuckstücken sind. Drücke die Anteile in Promille und Prozent aus.

31 *Winzige Anteile: ppm und ppb*

Bei Giftstoffen können schon winzige Anteile gesundheitsschädigend sein. Solche Anteile werden in
parts **p**er **m**illion (1 **ppm** = $\frac{1}{1\,000\,000}$) oder
parts **p**er **b**illion (*billion* engl. Milliarde, daher 1 **ppb** = $\frac{1}{1\,000\,000\,000}$)
angegeben.

1 ppm

1 Tausendstel von einem Tausendstel ist 1 Millionstel.

a) Auf einem Fabrikgelände soll getestet werden, ob der Dioxingehalt den Grenzwert von 1 ppb überschreitet. In einer 50 kg schweren Bodenprobe wurden 12 mg Dioxin nachgewiesen.
b) In 5 m^3 Trinkwasser konnten 8 mm^3 einer giftigen Substanz nachgewiesen werden. Gib den Anteil in ppb an.
c) In 3 Tonnen Erdreich wurden 45 mg einer Chemikalie nachgewiesen. Gib den Anteil in ppb an.

187

7.2 Grundwert – Prozentsatz – Prozentwert

Was dich erwartet

Herr Wagner und Frau Bayer erhalten beide eine Lohnerhöhung von 4 %. Ist doch fair, oder? Herr Wagner ist dennoch unzufrieden. Er hatte vor der Lohnerhöhung ein geringeres Gehalt als Frau Bayer. So fiel bei dem niedrigeren „Grundwert" der Prozentwert, d. h. der Wert der Erhöhung in €, niedriger aus als bei Frau Bayer.

Frau Piontek, die Abteilungsleiterin, erzählte, dass sie ebenfalls 4 % mehr Lohn erhalten habe, was bei ihr 150 € ausmache. Die Kolleginnen und Kollegen können aus dem Wert der Gehaltserhöhung den „Grundwert", d. h. das Gehalt vor der Lohnerhöhung ausrechnen.

Grundwert, Prozentwert und Prozentsatz zu berechnen, ist nicht schwierig. Bei vielen Problemen muss man allerdings genau hinschauen, um herauszufinden, was gegeben ist und was berechnet werden soll.

Aufgaben

1 *Westeuropa verliert an Gewicht*
Die Weltbevölkerung wächst schneller als die Bevölkerung Westeuropas.

Jahr	Weltbevölkerung in Mio.	Anteil der Westeuropäer	Westeuropäer in Mio.
1950	2 550	3/25	306
1975	4 088	9 %	■
2000	6 080	0,064	■
2025	7 840	1 von 20	■

a) Ergänze die Tabelle
b) Begründe mithilfe der Tabelle die Behauptung: „Westeuropa verliert an Gewicht."

2 *Schätzen mit Prozent*

$35\% \approx \frac{1}{3}$

- 35 % von 750
  Verwende den nächsten „netten" Bruch.
  35 % ist nahe bei $\frac{1}{3}$.
- Schätzung: $\frac{1}{3}$ von 750 ist 250

Schätze genau so:
a) 23 % von 800
b) 77 % von 1 600
c) 11 % von 550
d) 64 % von 3 300
e) 9 % von 630

3 In der Abbildung ist eine Rechnung grafisch dargestellt.
a) Um welche Rechnung handelt es sich? Formuliere die Aufgabenstellung in Worten. Ergänze die fehlenden Zahlen. Führe dabei jeden einzelnen Rechenschritt schriftlich durch.
b) Berechne wie in der Zeichnung dargestellt: 450 ist 15 % von welcher Zahl?

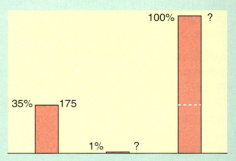

7.2 Grundwert – Prozentsatz – Prozentwert

Basiswissen

■ Begriffe bringen Ordnung in die Prozentrechnung:

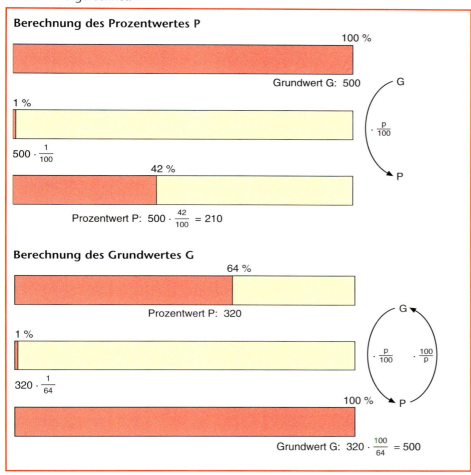

Beispiele

A Familie Jahnen plant ihren Urlaub. Im letzten Jahr hatten sie für 2 Wochen Camping in Italien 1 800 € ausgegeben. In diesem Jahr kann die Familie 15 % mehr im Urlaub ausgeben.

Herr Jahnen rechnet:
100 % sind 1 800 €
  1 % sind   18 €
15 % sind   18 € · 15 = 270 €

Tochter Lisa rechnet mit dem Taschenrechner:
$1800 \cdot \frac{15}{100}$

1 800 ⊠ 15 ÷ 100 =

Beide stellen fest:
Der Urlaub kann in diesem Jahr 270 € mehr kosten.

B Für Schnellrechner mit dem Taschenrechner: 15 % von 3 400
3 400 ⊠ 0,15 = 510

Erinnere dich: $15\% = \frac{15}{100} = 0{,}15$

189

7 Prozent- und Zinsrechnung

Beispiele

Geparden: schnell, aber keine Ausdauer

C Mit 42 km/h erreichen Spitzensportler 35 % der Höchstgeschwindigkeit eines Geparden. Wie schnell ist ein Gepard?
Gegeben ist der Prozentwert P = 42 km/h und der Prozentsatz 35 %.

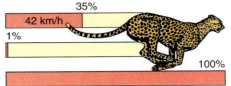

$$42 \cdot \frac{100}{35} = 120$$

Der Gepard erreicht eine Höchstgeschwindigkeit von 120 km/h.

D Aus der Schülerzeitung:

> Von den 120 Schülerinnen und Schülern der 6. Klassen haben 85 (81 %) Französisch als 2. Fremdsprache gewählt.

Passen die Daten zusammen?

- Überprüfung der Prozentangabe:
  $p\% = \frac{85}{120} = 0{,}708\ldots \approx 71\%$

- Überprüfung des Prozentwertes:
  $P = 120 \cdot \frac{81}{100} = 97{,}2 \approx 97$

Die Daten passen nicht zusammen. Die Redakteure haben falsch gerechnet.

Übungen

4 Frau Reimann verdient 1 870 €. Davon muss sie jedoch 27 % Abgaben (Steuern u. Ä.) bezahlen. Wie hoch sind die Abgaben und wie viel bekommt Frau Reimann ausgezahlt?

5 *Für Überschlagsrechnungen benötigt man Übung.*

> **Überschlagsrechnung:**
> Runde stets so, dass die Rechnung einfach ist und der Fehler nicht zu groß wird.
> 36 % von 385
> **Überschlag:** $\frac{1}{3}$ von 390 = **130**

Schätze durch eine Überschlagsrechnung:
a) 12 % von 500   b) 21 % von 503
c) 48 % von 5 637   d) 26 % von 41 231
e) 69 % von 6 090   f) 89 % von 5 201
g) 15 % von 25 000 h) 4,6 % von 4 000
i) 9,8 % von 6 512 j) 2,4 % von 5 000

6 Der Mensch besteht zu 65 % aus Wasser, zu 20 % aus Eiweiß, zu 10 % aus Fett, zu 4 % aus Mineralstoffen und zu 1 % aus Kohlenhydraten. Gib für einen Menschen mit einem Gewicht von 80 kg die jeweiligen Anteile in kg an.

CDU/CSU	38,5 %
SPD	38,5 %
FDP	7,4 %
B 90/Grüne	8,6 %
PDS	4,0 %
Sonstige	3,0 %

7 Bei der Bundestagswahl 2002 wurden 47 996 480 gültige Stimmen abgegeben. Die jeweiligen Anteile kann man in der Tabelle ablesen.
a) Wie viele Stimmen entfielen auf die SPD (CDU/CSU)?
b) Wie viele Stimmen entfielen auf die beiden kleineren Parteien FDP und Bündnis 90/Die Grünen?

8 „Prozentwert"-Aufgaben erfinden
In den Aufgaben 5 bis 7 ging es stets um den Prozentwert. Erfinde selbst drei Sachaufgaben, in denen der Prozentwert berechnet werden muss. Schreibe die Aufgaben so auf, dass deine Klassenkameraden sie lösen können.

9 *Schüler haben viele Ferien*
a) Wie viele echten Ferientage (ohne Samstage, Sonn- und Feiertage) gibt es in deinem Bundesland in diesem Schuljahr?
b) Welchen Anteil machen die echten Ferientage am ganzen Jahr aus?

7.2 Grundwert – Prozentsatz – Prozentwert

Übungen

10 Uli ärgert sich über die Werbung im Fernsehen. Er glaubt, dass bei Sportsendungen mehr Werbung gezeigt wird als bei Spielfilmen. Er stoppt die Zeiten. Stimmt seine Vermutung?

	Dauer	davon Werbung
Spielfilm	92 min	17 min
Fussball	125 min	28 min

11 *„Prozentsatz"-Aufgaben erfinden*
In den Aufgaben 9 und 10 ging es stets um den Prozentsatz. Erfinde selbst drei Sachaufgaben, in denen der Prozentsatz berechnet werden muss. Schreibe die Aufgaben so auf, dass deine Klassenkameraden sie lösen können.

12 Frau Piontek erzählt: „Seit diesem Monat erhalte ich 4% mehr Lohn. Das macht 150 € aus." Wie hoch war Frau Pionteks Lohn vor und wie hoch ist er nach der Lohnerhöhung?

13 Anikas Klasse führt eine Befragung über die Fernsehgewohnheiten der Schülerinnen und Schüler ihrer Schule durch. Acht der Befragten sagten, dass sie nicht jeden Tag Fernsehen. Dies machte rund 3% aller Befragten aus. Wie viele Personen wurden insgesamt befragt?

14 *„Grundwert"-Aufgaben erfinden*
In den Aufgaben 12 und 13 ging es stets um den Grundwert. Erfinde selbst drei Sachaufgaben, in denen der Grundwert berechnet werden muss. Schreibe die Aufgaben so auf, dass deine Klassenkameraden sie lösen können.

15 *Training:* Mache zunächst einen Überschlag und rechne dann genau.
a) Berechne den Prozentwert.
12% von 550   27% von 12 000   121% von 48   2% von 5 000
19% von 3 050   1% von 16 509   105% von 5 000   32% von 3 000
b) Berechne den Grundwert.
36 ist 45% von …   450 ist 12% von …   90 ist 250% von …   18 ist 5% von …
940 ist 1% von …   780 ist 32% von …   2 210 ist 26% von …   20 ist 200% von …
c) Berechne den Prozentsatz.
35 von 350   2,50 von 120   95 von 100   18 von 28
130 von 110   0,58 von 2,60   2 540 von 5 600   2,3 von 1 940

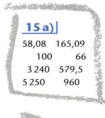

15 a)
58,08   165,09
100   66
3 240   579,5
5 250   960

16 Ergänze die folgende Tabelle. Runde, falls nötig.

Grundwert G	430	380	■	98 000	980	■
Prozentsatz p%	3,5%	■	17%	■	16%	120%
Prozentwert P	■	220	6 500	17 000	■	450

15 b)
3 750   360
10   8 500
94 000   80
36   2 437,5

17 *Glück und Pech mit Aktien*
a) Onkel Donald hat vor einem Jahr Aktien der Firma „Prima" im Wert von 18 500 € gekauft. Jetzt verkauft er sie mit 37% Gewinn.
b) Sein Freund Henry hat mit seinen KA-Aktien in derselben Zeit 15% Verlust gemacht. Sie sind jetzt nur noch 12 300 € wert. Wie viel hatte er vor einem Jahr in die Aktien investiert?

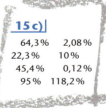

15 c)
64,3%   2,08%
22,3%   10%
45,4%   0,12%
95%   118,2%

18 a) Frau Loderer verkauft einen Pkw, den sie für 18 500 € gekauft hat, für 14 750 €. Wie groß ist der prozentuale Verlust?
b) Herr Gundlach hat ein Gemälde für 4 000 € eingekauft. Auf einer Auktion erzielt er einen Preis von 6 900 €. Wie groß ist der prozentuale Gewinn?

191

7 Prozent- und Zinsrechnung

Übungen

> Gewicht: 73 kg
> a) Gewichtszunahme: 17%
> „Neues" Gewicht?
> 73 kg $\xrightarrow{\cdot \frac{117}{100}}$ 85,41 kg
>
> b) Gewichtsabnahme: 7%
> „Neues" Gewicht?
> 73 kg $\xrightarrow{\cdot \frac{93}{100}}$ 67,89 kg

19 Ein Auto wird zu einem Nettopreis von 16 300 € angeboten. Zu dem Nettopreis werden noch 16% Mehrwertsteuer addiert.
a) Wie viel muss der Kunde zahlen?
b) Berechne den Endpreis so wie bei der Gewichtszunahme vorgemacht. Vergleiche die Rechenverfahren.
c) Das neue Auto hat nach einem Jahr 22% an Wert verloren. Welchen Wert in € hat es dann noch?

20 Der neue Fernseher kostet 680 €. Wird die Rechnung innerhalb von 8 Tagen bezahlt, dann darf man 2% Skonto abziehen. Herr Franz bezahlt direkt beim Kauf im Geschäft. Was muss er bezahlen?

21 Die Einwohnerzahl einer Stadt ist laut statistischem Amt innerhalb der letzten fünf Jahre um insgesamt 9% gestiegen. Wie viele Einwohner hat die Stadt jetzt, wenn sie vor 5 Jahren 68 230 Einwohner hatte?

22 Die Geschäftsleitung eines Fertighausherstellers beschließt, den Preis für das Modell „Primus" von 176 000 € auf 145 000 € zu senken. Auf wie viel Prozent beläuft sich die Preissenkung?

23 *Andere Länder andere Sitten*
„Im Hard Rock Cafe in Florida ist ja alles so preiswert", meint Sandy, als sie die Speisekarte studiert. „Täusche dich da mal nicht", sagt die Mutter. „Zu den Preisen musst du noch die Steuer von 7,5% und dann noch mindestens 15% für die Bedienung dazurechnen."
Wie viel kostet der Salatteller wirklich, der mit $ 6,50 auf der Speisekarte steht?

24 Die Bevölkerungszahl von Nigeria wächst derzeit jährlich um 3,3%. Erstelle eine Tabelle für die Bevölkerungszahlen in den nächsten 10 Jahren. Gehe dabei davon aus, dass die Bevölkerung jetzt 120 Millionen beträgt und mit gleicher Wachstumsrate weiter wächst. Ein Taschenrechner kann dir gute Dienste leisten.

25 Ein Einzelhändler verkauft eine Hose nach einem Preisaufschlag von 65% für 87 €. Berechne den Einkaufspreis.

> 100 l Öl kosten nach einer 15%igen Preiserhöhung 58 €.
>
> Prozentsatz p% = 115%
> Prozentwert P = 58 €
> Grundwert G = 58 € · $\frac{100}{115}$ ≈ 50,43 €

26 Aus der Zeitung: „Die Anzahl der Schülerinnen und Schüler ist in diesem Jahr um 12% gesunken. Jetzt besuchen das JKS nur noch 865 Schülerinnen und Schüler."
a) Wie viele Schülerinnen und Schüler waren es ursprünglich?
b) Um wie viel hat sich die Schülerzahl absolut verringert?
c) Mit wie vielen Schülerinnen und Schülern muss das JKS rechnen, wenn auch im nächsten Jahr die Schülerzahl um 12% abnimmt?

27 *Etwas zum Überlegen*
Stimmt das eigentlich? „Heute kostet alles dreimal so viel wie vor 50 Jahren. Das macht eine Preissteigerung von 300% aus."

7.2 Grundwert – Prozentsatz – Prozentwert

Übungen

28 *Inflation bedeutet: Alle Preise steigen.*
a) Eine Inflationsrate von 5 % bedeutet: Die Preise werden um 5 % höher. Berechne die „neuen" Preise: 1,95 €   49,50 €   3 €   28 900 €   798 €
b) Wie verändern sich die Preise aus Aufgabe a) bei einer Inflationsrate von 500 %.

29 *Preisvergleiche*
Ein Marktforschungsunternehmen hat bei verschiedenen Einzelhändlern nach den Preisen von Produkten gefragt und verblüffende Preisunterschiede festgestellt.
Bei welchem Produkt ist die Spanne zwischen teuerstem und billigstem Angebot am größten? Vergleicht eure Ergebnisse. Möglicherweise habt ihr für das gleiche Gerät unterschiedliche Ergebnisse erhalten. Woran könnte das liegen?

Gerät	Videorecorder	CD-Spieler	Fernseher	Stereoanlage
Niedrigster Preis	435	264	989	707
Höchster Preis	599	449	1 143	933

30 *Ist das überraschend?*
Ein Auto kostet „netto" 36 500 €. Frau Beier handelt mit dem Autoverkäufer einen Rabatt von 12 % aus. Da zu dem Nettopreis noch 16 % Mehrwertsteuer hinzukommen rechnet sie einfach: „36 500 €, dazu kommen dann noch 4 %. Dies ergibt den Preis, den ich zu zahlen habe."
a) Stelle fest, was Frau Beiers Berechnung ergibt.
b) Der Autoverkäufer besteht darauf, dass wie folgt gerechnet wird:
– Zu den 36 500 € werden erst die 16 % Mehrwertsteuer zugeschlagen.
– Von diesem Preis werden dann die 12 % Rabatt subtrahiert.
Wird bei der Berechnung des Verkaufspreises nach dem Verfahren des Verkäufers etwas anderes herauskommen? Rechne einfach nach und urteile selbst.

Aufgaben

31 *Wie ist Ihre Meinung?*
Die Stadt Aufel hat einen großen Parkplatz in der Nähe des Stadtzentrums gebaut. Täglich benutzen 850 Pkws diesen Parkplatz. Die Stadtverwaltung möchte herausfinden, ob es sich lohnt, einen Bus vom Parkplatz zum Stadtzentrum einzusetzen. Es werden am Samstagvormittag 97 Parkplatzbenutzer befragt. Von den Befragten würden 59 einen Bus benutzen, wenn es einen solchen geben würde.
a) Wie groß ist unter den Befragten der Anteil der Busbefürworter in Prozent?
b) Wie viele Personen ungefähr würden den Bus benutzen, wenn man auf 850 Pkws „hochrechnet" und dabei annimmt, dass in jedem Pkw nur eine Person sitzt?

Mit einer „statistischen Erhebung" sammelt man Informationen über eine Population. Sehr oft ist es nicht möglich, alle Mitglieder einer Population zu befragen (zu teuer, man kann nicht alle erreichen, …). Dann untersucht man eine Stichprobe. Diese Ergebnisse verwendet man, um Aussagen über die ganze Population zu machen.

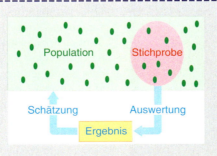

Population:
Alle Autofahrer, die den Parkplatz benutzen.

Stichprobe:
Die *befragten* Parkplatzbenutzer.

193

7 Prozent- und Zinsrechnung

Aufgaben

32 Über welche Gruppe von Personen (Population) möchte die Stadtverwaltung (Aufgabe 31) Informationen erhalten? Welche Stichprobe wurde befragt?

33 In der Stichprobe in Aufgabe 31 wollten 61% der befragten Autofahrer den Bus benutzen.
Wie viele der 850 Autofahrer, die an einem Tag den Parkplatz benutzen, werden deiner Meinung nach den Bus benutzen wollen:
eher 400 oder 500 oder 700? Begründe deine Antwort.

34 *Lohnt sich der CD-Verkauf?*
Bei einem Rockkonzert wird eine Stichprobe von 250 Besuchern befragt, ob sie am Ausgang eine CD der Gruppe kaufen werden. 27 der Befragten antworten mit ja. Insgesamt waren 9 543 Besucher bei dem Rockkonzert. Schätze, mit welchem Umsatz an CDs zu rechnen ist.

35 *Wer kommt mit dem Bus zur Schule?*
a) Befrage eine Stichprobe von 6 Schülerinnen und Schülern deiner Klasse, ob sie mit dem Bus zur Schule kommen. Wie groß ist der Anteil der Busfahrer in dieser Stichprobe?
b) Wie viele Schülerinnen und Schüler sind in deiner Klasse? Schätze mit dem Anteil in der Stichprobe, wie viele aus deiner Klasse insgesamt mit dem Bus zur Schule kommen. Vergleiche deine Schätzung mit der wirklichen Zahl.

36 *Turnschuhe sind sehr beliebt.*
Im Mathematikunterricht plant die Klasse 6d mit ihrer Mathelehrerin Frau Heil eine Untersuchung. Sie wollen ermitteln, wie groß der Anteil der Schülerinnen und Schüler an der Schule ist, die stets Turnschuhe tragen. Schnell ist man sich einig, dass man nicht alle 1 043 Schülerinnen und Schüler der Schule befragen kann. Also muss man eine Stichprobe der Schülerschaft befragen. Welche der folgenden Vorschläge haltet ihr für sinnvoll?
a) Peter und Christine: Wir nehmen als Stichprobe unsere eigene Klasse.
b) Sonja und Nicole: Wir befragen unsere Freundinnen.
c) Lena und Tobias: Wir befragen aus jeder Klassenstufe 5 Personen.
d) Thomas und Björn: Wir machen es wie Lena und Tobias, achten dabei aber darauf, dass wir in jeder Klassenstufe Mädchen und Jungen befragen.
Begründet eure Entscheidung.

37 Montags besuchen durchschnittlich nur 50 Leute das Cinemagic-Kino. Der Kinoinhaber versucht mehr Besucher am Montag anzulocken, indem er den ersten 30 Besuchern ein Getränk und eine Tüte Popcorn umsonst gibt. Die ersten 30 Besucher am folgenden Montag machten 42,8% aller Besucher aus.
a) Glaubst du, dass die Aktion geholfen hat, die Besucherzahl zu erhöhen. Diskutiert eure Meinungen in der Klasse.
b) Angenommen, das Getränk und die Tüte Popcorn kosten 1,50 € und eine Kinokarte 6 €. War die Werbeaktion eine gute Idee? Warum?

7.2 Grundwert – Prozentsatz – Prozentwert

Aufgaben

38 Steigung in Prozent

Sicher habt ihr schon solche Verkehrsschilder gesehen. Was bedeuten sie und für wen sind sie wichtig?

Steigungen

Steigungen von Straßen, Rampen, Bahnstrecken u. ä. werden in Prozent angegeben. Was z. B. eine Steigung von 22% bedeutet, kann man an der Abbildung ablesen.

Angenommen, es muss eine Höhendifferenz von 500 m überwunden werden. Die Straße soll nicht steiler als 20% sein. Dann kann man die Länge der Horizontalen im Steigungsdreieck ermitteln.

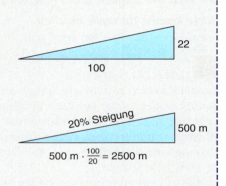

$500 \text{ m} \cdot \frac{100}{20} = 2500 \text{ m}$

39 Unter Steigungen kann man sich nur schwer etwas vorstellen. Damit man eine Idee bekommt, wie steil eine Straße ist, zeichnen wir zu der Steigung in Prozent ein „Steigungsdreieck" und messen die Steigungswinkel. Erstelle eine Tabelle.

Steigung	5 %	10 %	20 %	30 %	45 %	100 %
Steigungswinkel	■	■	■	■	■	■

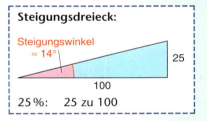

Steigungsdreieck:
Steigungswinkel ≈ 14°
25 %: 25 zu 100

40 Auf den Pilatus in der Schweiz führt die steilste Zahnradbahn der Welt. Die durchschnittliche Steigung beträgt 42 %, die größte Steigung 48 %.
a) Ermittle mit einem Steigungsdreieck den jeweiligen Steigungswinkel.
b) Informiere dich im Internet über weitere technische Einzelheiten der Bahn.
c) Wie steil ist die Zahnradbahn am Drachenfelsen im Siebengebirge?

Foto: swiss-image

41 Welche Steigung hat eine Treppe?
a) Vermiss zu Hause oder in der Schule eine Treppe und berechne die Steigung so wie in der Zeichnung dargestellt. Vergleicht eure Ergebnisse.
b) Fragt einen Architekten/Baufachmann, ob es für den Bau von Treppen Vorschriften hinsichtlich der Steigung gibt.

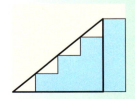

195

7.3 Geld und Prozente

Was dich erwartet

 Wenn es um Geld geht, dann sind auch fast immer „Prozente" im Spiel. Gewinne und Verluste werden in Prozent angegeben. Zinsen, die man für ein Guthaben erhält oder für ein Darlehen bezahlen muss, kann man errechnen, wenn man den Zinssatz kennt.

Bei allen Aufgaben in diesem Kapitel ist ein **Taschenrechner** hilfreich.

„Bei uns gibt es mehr als Geld und Zinsen." Sicher haben einige von euch diesen Werbespruch einer Bank schon einmal gehört. Zu diesem Kapitel passt der Werbespruch prima. Wir befassen uns mit Geld und Zinsen. Du erfährst, wie man Zinsen berechnet und lernst fast nebenbei einige Fachausdrücke aus der Welt der Banken und Finanzen kennen. Und einen kleinen Ausflug an die Börse kannst du auch machen.

Aufgaben

1 *Geld kostet Geld*
Kannst du etwas mit diesem Spruch anfangen?
Bernds großer Bruder Jan kauft ein gebrauchtes Motorrad.
Es kostet 2 800 €. Eigentlich hat er das Geld noch nicht. Der Verkaufspreis ist günstig. Also überzieht Jan sein Konto, d. h. er leiht Geld von der Bank. Die Überziehungszinsen betragen 16 %. Die Zinsen sind, wenn es nicht anders angegeben ist, stets Jahreszinsen.
a) Wie viel Zinsen müsste Jan zahlen, wenn er die 2 800 € für ein Jahr leihen würde?
b) Er kann die 2 800 € bereits nach einem halben Jahr zurückzahlen. Wie viel Zinsen muss er für dieses halbe Jahr bezahlen?

2 Svenja und Udo schließen mit der Bank einen Sparvertrag ab. Für die Dauer von 10 Jahren zahlen sie zum Beginn jeden Jahres 600 € auf ein Konto ein.
Das Geld wird mit einem Zinssatz von 6 % verzinst. Von dem Berater bei der Bank haben sie eine Tabelle erhalten.

Mithilfe eines Tabellenkalkulations-Programms kannst du diese Tabelle einfach erstellen und über viele Jahre fortführen.

Datum	Kapital am Jahresanfang	Jahreszinsen	Kapital am Jahresende
1.1.2002	600,00	36,00	636,00
1.1.2003	1 236,00	74,16	1 310,16
1.1.2004	1 910,16	114,61	2 024,77
1.1.2005	▪	▪	▪
1.1.2006	▪	▪	▪

a) Was ist in der Tabelle dargestellt?
b) Wie errechnet man die Zahlen in den Zellen der Tabelle. Überprüfe deine Vermutung, indem du die ersten 3 Zeilen nachrechnest.
c) Ergänze die Tabelle um die nächsten zwei Jahre.

3 Für Bundesschatzbriefe gelten steigende Zinssätze. Caroline kauft für 750 € Schatzbriefe. Wie viel Geld erhält sie nach 7 Jahren?

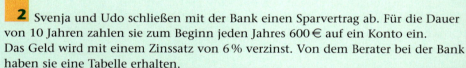

Zinssatz:
1. Jahr 3,5 %   4. Jahr 5,5 %
2. Jahr 4,0 %   5. Jahr 6,5 %
3. Jahr 4,75 %   6. Jahr 7 %
                 7. Jahr 7 %

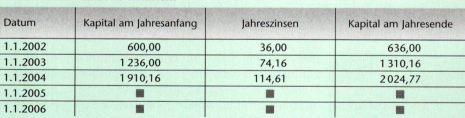

Eine kleine Hilfe: 750 —·1,035→ 776,25 —·1,04→ 807,30 ...

1. Jahr   2. Jahr

7.3 Geld und Prozente

Aufgaben

4 *Aktien*

Der Wert einer Aktie unterliegt Schwankungen. Frau Grosser hat Aktien gekauft. Sie kaufte die Aktien zu einem Stückpreis von 200 €. In der Abbildung ist der Wert der Aktie im Laufe eines Jahres nach dem Kauf dargestellt.

a) Was war der höchste Wert der Aktie, was der niedrigste im Laufe des Jahres.
b) Wie viel Prozent Gewinn hätte Frau Grosser gemacht, wenn sie zum günstigsten Zeitpunkt verkauft hätte?
c) Wie viel Prozent Verlust hätte sie gemacht, wenn sie zum ungünstigsten Zeitpunkt verkauft hätte?
d) Frau Grosser verkauft nach einem Jahr. Berechne, um wie viel Prozent sich der Wert der Aktie verändert hat.

Basiswissen

Die Experten bei Banken und Kreditinstituten haben eine eigene Sprache, die nur „Insider" verstehen. Einige Begriffe werden auch häufig im Alltag gebraucht z. B. Kapital, Zinsen, Jahreszinsen, Zinssatz, Laufzeit.

Kapital	K	Geldbetrag, den man investiert	} Grundwert
Darlehen	K	Geldbetrag, den man leiht	
Zinssatz	p%	prozentualer Zuwachs des Kapitals, des Darlehens	} Prozentsatz
Jahreszinsen	Z	Zinsen, die ein Kapital in einem Jahr erbringt/kostet	} Prozentwert

Wie du siehst, gibt es zu jedem der neuen Begriffe einen entsprechenden Begriff bei der Prozentrechnung. Wen wundert es also, dass bei der Zinsrechnung genauso gerechnet wird wie bei der Prozentrechnung.

Jahreszinsen $\quad K \xrightarrow{\cdot \frac{p}{100}} Z$

Kapital: 12 000 €
Zinssatz: 8 %
Jahreszinsen: $12\,000 \,€ \cdot \frac{8}{100} = 960 \,€$
Laufzeit: 100 Tage

Tageszinsen $\quad Z \xrightarrow{\cdot \frac{t}{360}} Z \cdot \frac{t}{360}$
Zinsen für eine Laufzeit von t Tagen

Zinsen für 100 Tage
Zinsen: $\quad 960 \,€ \cdot \frac{100}{360} = 266{,}67 \,€$

1 Jahr entspricht bei der Bank 360 Tagen

Beispiele

A Berechne die Jahreszinsen, die ein Kapital von 17 500 € bei einem Zinssatz von 7,5 % erbringt. Würden schon nach einem Tag Zinsen anfallen?
Die Jahreszinsen betragen 1 312,50 €, die Zinsen für einen Tag 3,65 €.

Kapital $\quad K = 17\,500 \,€$
Zinssatz $\quad p\% = 7{,}5\%$
Jahreszinsen $\quad Z = 17\,500 \,€ \cdot \frac{7{,}5}{100}$
$\qquad = 1\,312{,}50 \,€$
Zinsen für einen Tag:
$1\,312{,}50 \,€ \cdot \frac{1}{360} = 3{,}65 \,€$

7 Prozent- und Zinsrechnung

Beispiele

B Im Jahre 2002 hatte die Bundesregierung etwa 1200 Milliarden € Schulden. Angenommen der Zinssatz beträgt 6%. Wie viel Zinsen muss die Regierung für jede Woche bezahlen? Übrigens, für die Banken hat ein Jahr 360 Tage.

Schulden K   Jahreszinsen   Zinsen für eine Woche
1200 Mrd. ⟶ 1200 Mrd. · $\frac{6}{100}$ ⟶ 1200 Mrd. · $\frac{6}{100}$ · $\frac{7}{360}$ ≈ 1,4 Mrd.

An Zinsen muss die Bundesregierung wöchentlich rund 1,4 Milliarden € zahlen.

Übungen

5 *Jahreszinsen*
Berechne die Zinsen, die man für ein Guthaben von 18 000 € bei einem Zinssatz von 5,5% erhält.

6
8 850 €   180 €
211,90 €
20 700 €   60,50 €
8 520 €

6 Überschlage zunächst die Jahreszinsen und berechne dann genau.

Kapital K	4 500 €	1 300 €	550 €	150 000 €	120 000 €	230 000 €
Zinssatz p %	4 %	16,3 %	11 %	5,9 %	7,1 %	9 %
Überschlag	■	■	■	■	■	■
Zinsen Z	■	■	■	■	■	■

7 Familie Ginald hat zum Bau eines Hauses ein Darlehen von 150 000 € aufgenommen (Geld geliehen), für das sie jährlich 6% Zinsen zahlen muss. In den ersten 7 Jahren wollen die Ginalds nur die Zinsen zahlen und nichts von den Schulden zurückzahlen.
a) Wie viel Zinsen müssen die Ginalds jährlich zahlen?
b) Wie verändert sich der Schuldenstand in diesen 7 Jahren? Wie viel Geld haben sie in 7 Jahren an die Bank gezahlt?

8 *Zinssatz gesucht*
„Ich habe ein gutes Geschäft gemacht. Für mein Kapital von 26 500 € habe ich in diesem Jahr bei meiner Bank 2 120 € Zinsen erhalten", erzählt die Geschäftsführerin Frau Hansen ihrer Freundin. Welchen Zinssatz hat die Bank ihr eingeräumt?

9 *Kapital gesucht*
Herr Molotin gibt bei seiner Steuererklärung an, dass er für sein Sparguthaben 3 051 € Zinsen erhalten hat. Wie hoch war sein Guthaben, wenn er sein Geld zu einem Zinssatz von 6,75% angelegt hat?

10 Ergänze die folgende Tabelle:

Kapital K	9 500 €	■	19 000 €	■	84 000 €
Zinssatz p %	■	15 %	8,5 %	16 %	■
Jahreszinsen	684 €	1 275 €	■	840 €	5 250 €

Ähnliche Aufgaben hast du bereits bei der Prozentrechnung gelöst. Solltest du mit diesen Aufgaben Schwierigkeiten haben, dann schaue einfach auf Seite 189 nach.

11 Familie Straub beabsichtigt ein Einfamilienhaus zu kaufen. Für den Kauf müssen die Straubs ein Darlehen aufnehmen. Sie haben mit einer Bank verhandelt. Die Bank bietet ein Darlehen mit einem Zinssatz von 6,5% an. Für die Zinsen kann die Familie Straub jährlich höchstens 9 000 € ausgeben. Wie hoch kann das Darlehen höchstens sein?

7.3 Geld und Prozente

Übungen

12 Auf einem Sparkonto sind zu Beginn des Jahres 2 505 €. Das Guthaben wird verzinst mit einem Zinssatz von 5 %. Am Jahresende werden auf dem Sparkonto die Zinsen gutgeschrieben. Berechne den neuen Kontostand.

13 Berechne das Guthaben nach einem Jahr. Rechne möglichst schnell. Vorgemacht ist dies für 3 440 € und 4,5 % Zinsen.
a) K = 4 500 €   p% = 6,5 %   b) K = 375 €   p% = 15 %
c) K = 17 800 €   p% = 9 %   d) K = 250 €   p% = 3,5 %

Kapital heute		Kapital in einem Jahr
3 440 €	· 1,045 →	3 594,80 €
	Zinssatz 4,5 %	

14 *Schulstiftung*
Ein ehemaliger Schüler hat seiner Schule ein Guthaben vermacht. Aus den Zinsen des Guthabens sollen jährlich Preise für besondere Leistungen an Schülerinnen und Schüler vergeben werden. Gestiftet wurden 98 400 €. Bis zu welchem Betrag können Preise vergeben werden, wenn das Geld zu einem Zinssatz von 6,8 % angelegt wurde?

15 Alfred Nobel, der Erfinder des Dynamits, stiftete sein ganzes Vermögen zur Finanzierung des nach ihm benannten weltberühmten Nobelpreises.
Die Mittel für die Preisträger (jeder Preisträger erhält etwa 1 100 000 €) und alle Kosten werden aus den Jahreszinsen des Vermögens bestritten. Für das Jahr 2001 kann man im Geschäftsbericht der Nobel-Stiftung nachlesen, dass der Wert des Vermögens 401 Millionen € entspricht und die Rendite 26 Millionen € betragen hat.

Nobelpreise für
– Physik
– Chemie
– Medizin
Literaturnobelpreis
Friedensnobelpreis

a) Berechne den Zinssatz zu dem das Vermögen verzinst wurde.
b) Im Jahre 2001 wurden 5 Nobelpreise vergeben. Welchen Anteil an der Jahresrendite machte das Preisgeld insgesamt aus?
c) Informiere dich über Alfred Nobel im Internet. Stelle eine Art Steckbrief mit den wichtigsten Informationen zu Alfred Nobel zusammen.

16 *Tageszinsen*
In dem Merkkasten auf Seite 197 sind die Zinsen für eine Laufzeit von 100 Tagen ausgerechnet. Dort ist auch eine Formel angegeben.
Berechne die Zinsen für 100 Tage aus den Jahreszinsen mit dem „Dreisatz". Natürlich müsstest du zu demselben Ergebnis kommen.

17 Herr Mansfeld überzieht sein Gehaltskonto um 1 200 € und muss dafür 16 % Zinsen zahlen. Mit der nächsten Gehaltszahlung in 12 Tagen werden seine Schulden beglichen. Wie viel Zinsen muss er zahlen?

Bankgeschäfte

Bei der Bank gibt es unterschiedliche Arten von Konten.
- **Das Girokonto** benutzt man z. B. als Gehaltskonto. Von einem Girokonto wird häufig Geld abgehoben und eingezahlt. Ein Girokonto kann man überziehen. Für das Guthaben erhält man keine oder nur wenig Zinsen. Überzieht man das Girokonto, dann muss man hohe Zinsen zahlen.
- **Das Sparbuch** benutzt man zum „Sparen". Für das Guthaben erhält man Zinsen. Ein Sparbuch kann man nicht überziehen.

---

18 Informiere dich bei deiner Bank, bei welcher Anlageform man besonders viel Zinsen erhält.

7 Prozent- und Zinsrechnung

Übungen

19 Berechne für den Monat April die Zinsen, die Frau Kleinschmitt für die Überziehung ihres Kontos zahlen muss. Der Zinssatz beträgt 15 %.
Kontoauszug

Buchungsdatum	Umsatz	neuer Kontostand
01.04.	2 850 € Gutschrift	H 2 900 €
13.04.	−3 700 € Abbuchung	S 800 €
20.04.	−600 € Abbuchung	S 1 400 €
30.04.	2 850 € Gutschrift	H 1 450 €

20 Ein Kreditinstitut bietet an:

„Das 100-Tage-Geld hilft weiter. Sie leihen 5 000 € und zahlen nach 100 Tagen 5 250 € zurück."

a) Wie viel Zinsen muss man für die 100 Tage zahlen?
b) Rechne auf Jahreszinsen um und bestimme den Jahreszinssatz.
c) Banken sind verpflichtet, den Jahreszinssatz anzugeben. Kannst du dir denken warum?

21 Eine Aktie, die vor einem Jahr zu einem Kurs von 85,50 € gekauft wurde, hat ihren Wert bis heute um 126 % gesteigert.
a) Welchen Kurs hat die Aktie heute?
b) Angenommen, der Kurs würde auch im folgenden Jahr um 126 % wachsen. Welchen Kurs hätte die Aktie dann erreicht?

Zinseszins

22 *Zinseszins*
Markus Großeltern legen für ihren Enkel zu seiner Geburt 5 000 € zu einem Zinssatz von 6 % an.
a) Berechne die Entwicklung des Kontostandes in den nächsten 5 Jahren mit Zinseszins.
b) Mit etwas Ausdauer und einem Taschenrechner kannst du auch ausrechnen, wie groß das Guthaben nach 18 Jahren ist.

Häufig wird ein Kapital über mehrere Jahre mit demselben Zinssatz verzinst. Am Jahresende werden die Zinsen zu dem Kapital addiert.

Kapital + Zinsen

↓

neues Kapital

Im folgenden Jahr werden das Kapital und die Zinsen des Vorjahres verzinst. Man spricht von *Zinseszins.*

23 Berechne das Kapital nach 3 Jahren bei einem Startkapital von 8 500 € und einem Zinssatz von 7,2 %

24 *Zinseszinsberechnung auf die Schnelle*

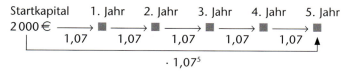

a) Was versteht man unter $1{,}07^5$?
b) Berechne mit deinem Taschenrechner mit der „Potenz-Taste" das Kapital nach 5 (10, 18) Jahren?
c) Es gibt Geldanlagen mit sehr langen Laufzeiten. Berechne das Kapital nach 30 Jahren bei einem Zinssatz von 7 % und dem Startkapital 2 000 €.

25 Angeblich wächst ein Kapital durch Zinseszins schnell. Untersuche, wie viele Jahre es dauert, bis sich ein Startkapital von 5 000 € verdoppelt bei einem Zinssatz von 5 % (10 %, 20 %). Schätze zunächst.

Inflation
geringere Kaufkraft des Einkommens durch gestiegene Preise

26 Du hast sicher schon einmal davon gehört, dass der Lebensunterhalt wegen gestiegenen Preisen teurer geworden ist. Man nennt dies Inflation. Welche Kaufkraft hat ein Einkommen von 5 000 € nach einem Jahr bei einer Inflationsrate von 2,8 %?

7.3 Geld und Prozente

27 In dem Diagramm ist die Kursentwicklung einer Aktie während einer Woche dargestellt. Erstelle eine Tabelle mit den Kursen der Aktie.
Berechne jeweils die Wertzunahme bzw. die Wertabnahme von einem Tag auf den anderen in Prozent.

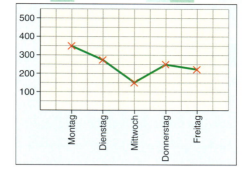

Aufgaben

Tag	Kurs	Änderung	Proz. Änd.

Aktien

Kauft man Aktien, dann erwirbt man einen Anteil an einer Firma. Der Kurs einer Aktie, d. h. der Preis für den man eine Aktie kaufen oder verkaufen kann, verändert sich fast täglich.
Bei Aktien macht es daher nicht viel Sinn, von Jahreszinsen oder überhaupt von Zinsen zu reden.

WKN	870737
Aktueller Kurs	37,15
Kurszeit	04.05., 19:28
Börse	Frankfurt
Eröffnungskurs	36,10
Tageshöchstkurs	37,25
Tagestiefstkurs	35,70
52W Hoch	65,00
52W Tief	22,55
Jahreshoch	48,40
Jahrestief	22,55
Letzter Schlusskurs	35,95
Schlusskurs-Datum	03.05.

Der Wert einer Aktie hängt von vielen Dingen ab. Ob man einen hohen Gewinn erzielt, Bankfachleute sprechen von einer hohen Rendite, hängt davon ab, wie sich der Wert der Aktie entwickelt und ob man zum richtigen Zeitpunkt verkauft.

28 Frau Damp hat 10 Aktien zu einem Stückpreis von 89 € gekauft.
a) Bei einem Kurswert von 155 € verkauft sie die 10 Aktien. Welchen Kursgewinn haben die Aktien gemacht? Berechne den Kursgewinn auch in Prozent.
b) Beim Kauf der Aktien muss Frau Damp 1 % der Kaufsumme als Gebühren an die Bank zahlen, beim Verkauf 1 % der Verkaufssumme. Welchen „Reingewinn" macht Frau Damp nach Abzug der Kosten. Gib den Gewinn auch in Prozent der Kaufsumme an.

29 *Bist du ein guter Börsianer?*
Dieses Spiel solltest du mit einem Partner spielen. Spielregel:
- Angenommen, ihr legt 5 000 € in Aktien an.
- Ihr entscheidet, dass ihr nur zwei verschiedene Aktien kaufen wollt. Schaut im Börsenteil der Zeitung nach, welche Aktien und wie viel Stück ihr von jeder Aktie kaufen wollt. Ihr könnt euch auch von eurer Bank beraten lassen.
- Beobachtet die Entwicklung der Kurse in dem Börsenteil einer Tageszeitung. Ermittelt am Ende jeder Woche den Wert eurer Aktien (Fachleute sagen: den Wert eures Depots). Tragt den Wert des Depots in ein Diagramm ein, das ihr von Woche zu Woche ergänzt.

Vergleicht mit anderen „Aktionären" in eurer Klasse. Wer war nach 10 Wochen am erfolgreichsten?

Ein Langzeit-Projekt

7 Prozent- und Zinsrechnung

7.4 Prozente im Alltag

Was dich erwartet

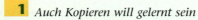 *Kursgewinne an der Börse, Spielspaß bei Computerspielen oder Fruchtsaftgehalt in Getränken … – Prozente begegnen dir täglich. Doch Vorsicht: Prozentangaben können auch verwirren oder täuschen. Egal, ob dies absichtlich geschieht oder nicht – der Zahlenteufel steckt dabei oft im Detail. Auch in Mathematikwettbewerben erweisen sich Prozentaufgaben oft als besonders tückisch. Was sind das für Stolpersteine, die bei solchen Aufgaben auftreten? Wie kann man sie aufspüren und vermeiden? Dazu jetzt mehr!*

Aufgaben

 1 *Auch Kopieren will gelernt sein*

Jonas hat ein Rechteck der Länge 10 cm und der Breite 4 cm auf ein DIN-A4-Blatt gezeichnet. Anschließend fertigt er von diesem Blatt eine vergrößerte Kopie (Einstellung des Kopierers 125 %) an. Er misst die Länge und Breite nach – alles wie erwartet! Doch Kathrin macht Jonas ein Angebot:
„Wenn du dein vergrößertes Rechteck mit dem Kopierer wieder auf die ursprüngliche Größe bringen kannst, lade ich dich zum Eis ein."
Nach einigen vergeudeten Kopien hat es Jonas noch nicht geschafft. Kann ihm die Mathematik weiterhelfen?
a) Wie lang sind die Seitenlängen auf Jonas erster, vergrößerter Kopie? Rechne. Fertige dann eine Vorlage und eine vergrößerte Kopie an und kontrolliere daran deine Ergebnisse.
b) Wie muss Jonas den Kopierer einstellen, um das Rechteck auf der ersten Kopie wieder in Originalgröße (10 cm und 4 cm) zu bekommen? Rechne und begründe. Überprüfe deine Vorhersage mit dem Kopierer.
c) Beschreibe mit eigenen Worten: Was ist hier das Erstaunliche?

2 *Stimmt hier alles?*

Mehr als 35 % im Tunnel

Bpd. Die ICE-Strecke zwischen Hannover und Würzburg hat eine Länge von 327 km. Wer sie befährt, legt ganze 30 km auf Brücken und 121 km in Tunneln zurück. Man fragt sich, ob die Bahn nicht auch mit weniger Kunstbauten hätte auskommen können. Die Kunstbauten, also Brücken und Tunnel, machen zusammen immerhin mehr als 46 % der Gesamtstrecke aus. Von den Kunstbauten sind 70 % Tunnel. Befragt man Reisende, so erhält man unterschiedliche Meinungen. Der Reiz der Fahrt gehe durch die vielen Tunnel verloren, sagen die einen, die Kunstbauten seien der Preis für die hohe Reisegeschwindigkeit, meinen die anderen.

a) Passen die Prozentangaben in Artikel und Überschrift zu den Kilometerangaben?
b) Schreibe einen „Brief an die Redaktion", in dem du die Fehler erklärst und behebst.
c) Drücke mit einer Prozentangabe aus: Welchen Anteil der Gesamtstrecke machen die Brücken aus?

7.4 Prozente im Alltag

Basiswissen

■ Aufgepasst bei Prozenten! Im Kasten erfährst du etwas über das Problemlösen mit Prozenten. Sehr wichtig ist, dass du zunächst das Problem verstehst. Die Probe ist ein wirksames Mittel, um Fehlerquellen auszuschließen oder zu entschärfen. In den Beispielen werden typische Fehler vorgestellt und gezeigt, wie man sie vermeiden kann.

Das Problem
Ein Werbeangebot trägt folgende Aufschrift:
Wie viel Gramm befinden sich in der normalen Packung?

(Packung: 20% mehr Inhalt, TEEGEBÄCK, 480 g)

Problem erfassen
480 g sind 20 % mehr als in der normalen Packung.

Problem übersetzen
Prozentsatz   p % = 120 %
Prozentwert   P = 480 g
Grundwert   G = ?

Umkehrprobe
· 1,2
400 g →(120%)→ 480 g ✓

Problemprobe
Waren vorher 400 g in der Packung, so sind jetzt 80 g mehr in der Packung. Dies sind gerade 20 % von 400 g. ✓

Problem lösen

Rechenvorschrift	Tabelle	Dreisatz
$\frac{480\,g}{120\,\%} \cdot 100\,\% = 400\,g$ $480\,g \cdot \frac{100\,\%}{120\,\%} = 400\,g$	:120 (120% | 480 g) :120 (1% | 4 g) ·100 (100% | 400 g) ·100	120 % ≙ 480 g 1 % ≙ 4 g 100 % ≙ 400 g

Verschiedene Lösungswege – ein Ergebnis

Beispiele

A Zweimal um 50 % erhöht ist nicht dasselbe wie einmal um 100 %.

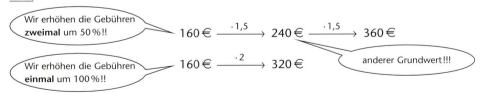

Wir erhöhen die Gebühren **zweimal** um 50 %!!   160 € →(·1,5)→ 240 € →(·1,5)→ 360 €

Wir erhöhen die Gebühren **einmal** um 100 %!!   160 € →(·2)→ 320 €

anderer Grundwert!!!

Vorsicht, wenn der Grundwert wechselt!

B 10 % abziehen und danach 10 % hinzufügen führen nicht zum Ausgangswert. Ein Auto kostet beim Händler 12 000 €, dann wird der Preis um 10 % gesenkt. Danach entschließt sich der Verkaufsleiter den Preis wieder um 10 % nach oben zu setzen. Was kostet der Wagen jetzt?

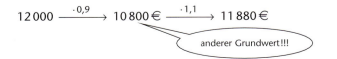

12 000 →(·0,9)→ 10 800 € →(·1,1)→ 11 880 €

anderer Grundwert!!!

10 % von 12 000 € ist etwas anderes als 10 % von 10 800 €.

Sprich „+10 %"
Rechne „·1,1"

203

7 Prozent- und Zinsrechnung

Übungen
Sicherer Umgang mit Prozenten

3 Übertrage die Kreisdiagramme in dein Heft. Miss die Winkel und beschrifte mit den passenden Prozentsätzen.

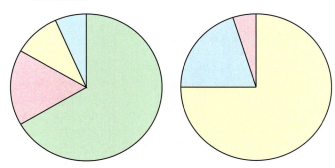

4 Fülle die Lücken in der Tabelle. Mache zuerst einen Überschlag.

Grundwert G	Prozentsatz p %	Prozentwert P
280 l Apfelsaft	■	84 l Apfelsaft
16 400 Einwohner	67 %	■
7 960 €	125 %	■
34,5 km	■	6 275 m
27 000 Zuschauer	■	1 827 Zuschauer

5 Fülle die Lücken in der Tabelle. Beachte, manchmal ist auch der Bruchteil gesucht.

Auf dieser Seite kommt nichts Neues. Wenn du die Aufgaben sicher lösen kannst, bist du fit für den Rest des Kapitels.

Bruchteil (gekürzt)	Prozentsatz
$\frac{1}{2}$	■
0,75	■
$\frac{2}{5}$	■
■	1 %
Jeder sechste Schüler	■
3 von 5 Schülerinnen	■
$\frac{1}{20}$	■
■	33,333 … %
0,358	■
Das Doppelte	■
■	37,5 %

6 Onkel Herbert züchtet Hasen. Er benutzt nur seine eigene Futtermischung, die er RABBIT 2000 nennt. Hier die „geheime" Zusammensetzung einer 500-g-Mischung.

Bestandteil	Gewichtsanteil
Löwenzahn (getrocknet)	60 g
Karottenraspeln	150 g
Knusprige Brotkrümel	75 g
Gerste	25 g
Mais	125 g
Haferflocken	30 g
Vitamine und Mineralien	32 g
Salz	3 g

a) Berechne die prozentualen Anteile der einzelnen Bestandteile.
b) Für das Zeichnen eines Kreisdiagramms benötigst du die einzelnen Winkel. Berechne und gib eine Formel an.
c) Zeichne das Kreisdiagramm mit einem Radius von 5 cm. Beschrifte und färbe es passend ein.

7 Übersetze in eine Prozentangabe. Begründe, warum dies in manchen Fällen nicht möglich ist.

Aurich. 4 von 5 Delegierten stimmten für das neue Programm. In der anschließenden Debatte …

Eine Studie beweist es: Jeder 7. Rentner ist in diesem Jahr schon in …

Stadthagen. 37 Teilnehmer der Wanderung kamen bei strömendem …

„217 der 350 ausgestellten Hunde haben schon internationale Preise gewonnen." Damit sei auch klar, dass es sich bei …

Peine. An dem Musical „Die Rache der Igel" nahmen 45 Schülerinnen und Schüler teil.

Dijon. Knapp die Hälfte der 137 km langen Etappe wurde von Rob van Dyck dominiert.

7.4 Prozente im Alltag

Übungen

8 Unglaublich aber wahr – die Zeitungsmeldungen auf dieser Seite wurden tatsächlich gedruckt.
a) Finde den Fehler und schreibe einen verbesserten Artikel.
b) Wie kann man solche Fehler vermeiden? Schreibe einen „Brief an die Redaktion" mit guten Ratschlägen.

Schnellfahrer
Fuhr vor einigen Jahren noch jeder zehnte Autofahrer zu schnell, so ist es mittlerweile heute „nur noch" jeder fünfte. Doch auch fünf Prozent sind zu viele, und so wird weiterhin kontrolliert, und die Schnellfahrer haben zu zahlen.

Frauen in traditionell männlichen Berufen
… 1991 verdienten in Ostdeutschland immerhin schon mehr als ein Fünftel der berufstätigen Frauen ihr Geld in traditionell männlichen Berufen. In Westdeutschland waren es mit 26,5 Prozent kaum weniger.

Ehescheidungen
Jede dritte Ehe in Deutschland wird geschieden, in Großstädten sogar jede vierte.

Zufriedene Deutsche
Tübingen – Jeder neunte Deutsche (90,2 Prozent) ist mit dem 1993 Erreichten zufrieden. Das ist das Ergebnis einer Wickert-Umfrage.
Seit ihrer Gründung 1951 haben die Wickert-Institute noch nie so viel Zufriedenheit ermittelt.

Vereine in Heimbach total überaltert
Heimbach. Wie der Vorstand des Sportvereins „Blitz 07" bekannt gab, sind $\frac{1}{8}$ der Mitglieder über 75 Jahre alt. Noch schlimmer sieht es im Kegelklub „Alle Neune" aus: Dort seien sogar 9 % der Kegelfreunde über 75! …

9 In Nachrichten aus Politik und Wirtschaft fehlen häufig Prozentwert oder Grundwert. Hier zeigen wir dir noch einmal, wie man diese fehlenden Angaben schnell und geschickt berechnen kann. Betrachte dazu die beiden Beispiele:

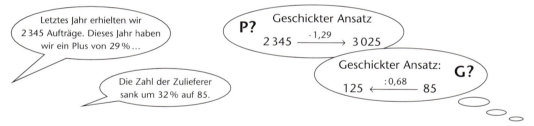

Finde auch für die folgenden Meldungen einen geschickten Ansatz und berechne:

■ Hatten wir letztes Jahr nur 360 Vertriebspartner, so konnte diese Zahl im laufenden Geschäftsjahr um 15 % gesteigert werden.

In diesem Jahr wurden 68 343 Lkw des gleichen Typs ausgeliefert. Das sind 4,5 % mehr als im letzten Jahr.

Aktienkurse			
Name	Schluss 29.11.	Vorwoche	+/– in %
Cybertrans		37,73	+7,8 %

Tv7. Die Zahl der Arbeitslosen stieg in der Region saisonbedingt im Vergleich zum selben Monat des Vorjahres um 2,5 % auf 12 710.

… Somit hat sich das Stadtgebiet durch Eingemeindungen in den letzten 3 Jahren um 12 % vergrößert und beträgt nun 190,4 km². Der Bürgermeister …

DAX 7451,5 (– 5,40 % zur Vorwoche)

205

7 Prozent- und Zinsrechnung

Übungen

Prozenträtsel

Kommst du nicht weiter, so stell dir vor, es sind 1000 Rentner.

1 Prozent kann auch viel sein!

10 Wie kann das sein?
a) Lies den Zeitungsausschnitt und erkläre: Was „scheint" hier merkwürdig?
b) Welchen Anteil der Gemeindebevölkerung machen die Nichtwahlberechtigten aus?

> **Auf den Punkt gebracht**
> **PJH.** Rentner stellen 25 % der Einwohner in unserer Gemeinde, jedoch 40 % der Wahlberechtigten. Dies sei auch der Grund für die von vielen jungen Familien …

11 Eine Wassermelone wiegt 10 kg. Die Melone hat einen Wasseranteil von 99 % (1 % sind feste Bestandteile). In einer Woche mit extremer Hitze sinkt der Wasseranteil durch Verdunsten auf 98 %.
a) Schätze: Wie viel wiegt die Melone nach dieser Woche?
b) Berechne das Gewicht der Melone nach dieser Woche. Fülle dazu zuerst die Lücken im folgenden Ansatz.
c) Was ist das Verblüffende an der Lösung, findest du eine Erklärung? Stelle diese Aufgabe auch deinen Eltern (Lehrern) und diskutiere über die Lösung.

11 b)
Die richtige Lösung ist dabei:
9,98 kg   9,5 kg
5 000 g   7,5 kg

Vorher:		
Melone	100 %	10 kg
Flüssigkeit	99 %	■
Feste Bestandteile	1 %	■
Nachher:		
Feste Bestandteile	■	2 %
Melone	■	100 %
Flüssigkeit	■	98 %

12 Frisch geerntete Pilze enthalten 95 % Wasser. Durch Lufttrocknung verringert sich der Wassergehalt auf 80 %. 120 kg frische Pilze werden luftgetrocknet. Wie viel Kilogramm wiegen diese Pilze nach der Trocknung? Tipp: Löse zuerst die Melonenaufgabe.

13 Auf Emilys Geburtstagsparty erscheinen drei Mädchen mit Rock. Emily bemerkt, dass das 20 % aller Mädchen, jedoch nur 12,5 % aller anwesenden Gäste sind. Wie viele Jungen besuchen die Fete?

14 1990 gab es in Deutschland 35 % Einpersonenhaushalte, 30 % Haushalte mit zwei, 17 % mit drei, 13 % mit vier und 5 % mit fünf Personen. Die Anzahl der Haushalte mit 6 oder mehr Personen war so gering, dass sie etwa 0 % ausmachte. Wie viel Prozent der Deutschen lebten also 1990 allein? Tipp: Überlege dir, wie viele Personen durchschnittlich in hundert Haushalten leben.

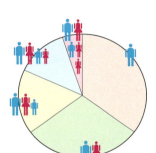

Aufgaben

Knifflig, knifflig …

15 Zu Werbezwecken senkt ein Kino seinen Eintrittspreis für einen Abend um 20 %, nämlich von 5 € auf 4 €. Wie viele Kinobesucher mehr müssen kommen, damit die Einnahmen genauso hoch wie am Abend zuvor bleiben? Um wie viel Prozent ist die Besucherzahl dann gestiegen? Runde auf eine Nachkommastelle.

16 Die 6 b gibt ein Rätsel auf: „50 % unserer Jungen sind Brillenträger", sagt Hannes, „35 % der Mädchen tragen eine Brille", sagt Joana. 40 % eurer Klasse sind Brillenträger, meint Herr Vogt, der Mathematiklehrer. Wie viele Jungen, wie viele Mädchen gibt es in der 6 b? Übrigens: Es sind 30 Kinder in der Klasse. Probiere auch aus!

17 Nicos Eis besteht zu 50 % aus Schokolade. Nachdem er eine Erdbeerkugel verspeist hat, sogar zu 60 %. Wie viele Eiskugeln hatte er zu Anfang? Finde zeichnerisch die Lösung.

7.4 Prozente im Alltag

Aufgaben

Prozente von Prozenten

18 Johannes und Clara experimentieren mit ihren Sonnenbrillen: Beide Brillen haben getönte Gläser, die nur 50% der Lichtes durchlassen. „Wenn ich beide Brillen hintereinander halte, sehe ich bestimmt gar nichts mehr!" meint Johannes „Du machst einen Denkfehler" sagt Clara. Und zeichnet zur Veranschaulichung folgendes Bild:

a) Wofür stehen die Rechtecke in Claras Zeichnung? Übertrage die Zeichnung in dein Heft, ergänze mit Beschriftungen und einer Rechnung!
b) Welchen Fehler hat Johannes gemacht? Welcher Anteil des Lichtes dringt durch beide Brillen?
c) Welches Ergebnis erzielt man, wenn die Sonnenbrillen jeweils 75% des Lichtes zurückhalten oder eine 40%, die andere 80%? Spielt die Reihenfolge der Brillen eine Rolle? Begründe!

Auch hier gilt: Vorsicht, wenn der Grundwert wechselt!

19 Die Firma Technomath hat bei der diesjährigen Leistungsschau 4% der Ausstellungsfläche in der Kongresshalle reserviert. 25% ihrer Ausstellungsfläche möchte die Firma für Computerplätze verwenden. Die Halle hat 1 200 m² Ausstellungsfläche.
a) Welche Fläche steht Technomath insgesamt zur Verfügung?
b) Wie viel m² Platz hat sie für die Computer?
c) Die Firma entschließt sich, nur 3% der Fläche zu mieten. Welcher Prozentsatz entfällt jetzt auf die Computerplätze, wenn der Platzbedarf für Computer nicht verringert werden kann?

20 *Rampen erleichtern das Leben*
Treppen sind für Rollstuhlfahrer unüberwindbare Hindernisse. Über Rampen können Rollstuhlfahrer aber auch in solche Gebäude gelangen, die ansonsten für sie unzugänglich wären. Rampen müssen bestimmte Bedingungen erfüllen: Laut Bauverordnung dürfen solche Rampen nicht steiler als 6% sein.
a) Überprüfe, ob folgende Rampen die Bestimmungen erfüllen. Rechne mit den angegebenen Maßen. Warum sind die Rampen nicht maßstabsgetreu gezeichnet?

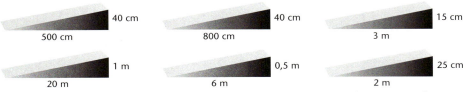

b) Welchen Steigungswinkel darf eine Rampe, die den Vorschriften entspricht, höchstens haben? Mit einer maßstabsgerechten Zeichnung kannst du dies herausfinden.
c) Eine Schule wird neu gebaut. Für eine Rampe am Haupteingang stehen nach den Bauvorgaben 4 m zur Verfügung. Welchen Höhenunterschied kann man mit einer zulässigen Rampe höchstens überwinden?

Steigungen und Prozente: Auf Seite 195 kannst du dich noch einmal informieren.

207

Erinnern, Können, Gebrauchen

CHECK-UP

Prozent- und Zinsrechnung

Anteile:
- 3 von 12
- jeder Vierte
- $\frac{2}{8}$
- 25 %

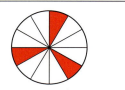

Anteile kann man leicht miteinander vergleichen, wenn sie in Prozent angegeben sind.

Umrechnen in Prozent:
- Erweitern auf den Nenner 100
  $\frac{1}{4} = \frac{25}{100} = 25\%$
- Dezimaldarstellung berechnen
  $2 : 8 = 0{,}25 = 25\%$

Prozente in Diagrammen:
- Rechtecksdiagramm

  | 25% | 40% | 35% |

- Kreisdiagramm

Prozentsatz p % gesucht:
Wie viel Prozent sind 32 von 80?

Anteil 32 von 80
$\frac{32}{80} = 0{,}4 = 40\%$

Prozentwert P gesucht:
35 % von 600

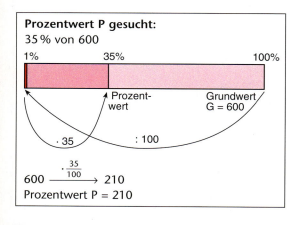

Prozentwert P = 210

1 *Etwas zum Schmunzeln*
„Mein Mann schaut am Wochenende an 8 von 24 Stunden fern", beklagt sich Frau Meyer. „Das ist doch gar nichts", sagt Frau Schneider, „Meiner verbringt sogar 25 % seiner Zeit vor dem Fernseher."

2 Welcher prozentuale Anteil der gesamten Fläche ist blau?

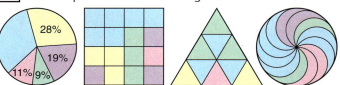

3 *Genau hingeschaut*
Auf einem Schulfest verkaufen die Klassen 6 a und 7 d Lose. Bei der 6 a kommen auf 250 Lose 60 Gewinne und bei der 7 d auf 400 Lose 310 Nieten. Wo sind die Gewinnchancen besser?

4 Gib an, mit welchem Anteil die folgenden Buchstaben in dem Text vorkommen: e r t i Vokale

Die giftigste Landschlange ist die Tigerotter in Australien. Sie wird bis zu zwei Meter lang.

5 Überschlage die Prozentsätze. Rechne dann auf 1 % genau.
a) 11 € von 24 €   b) 65 km von 180 km   c) 28 l von 70 l
d) 56 m² von 1 200 m²   e) 85 g von 250 g   f) 38 von 96
g) 135 von 700   h) 115 von 250   i) 12 von 108

6 Natascha hat in einem Mathe-Test 43 von 55 Punkten erzielt. Der Lehrer teilt den Schülerinnen und Schülern mit, dass er von 90 % bis 100 % eine Eins gibt, von 75 % bis 90 % eine Zwei, von 60 % bis 75 % eine Drei und von 45 % bis 60 % eine Vier. Natascha kann ihre Note ausrechnen.

7 a) *Woher kommt unser Wasser?*
Leider sind die Prozentzahlen am Diagramm nicht angegeben. Miss die Anteile aus und berechne die Prozentsätze.

b) *Anteile des Wasserverbrauchs im Haushalt*
Zeichne ein Kreisdiagramm.

Kochen Trinken	Baden Duschen	Wäsche	Toilette	Geschirr-spülen
5 %	35 %	25 %	25 %	10 %

8 In einem Bergwerk wird Eisenerz gefördert. Der Anteil an Eisen in dem Erz beträgt 3,2 %. In einem Waggon werden 4 500 kg Erz angeliefert.
Wie viel Metall enthält diese Erzmenge?

208

9 Von welcher Zahl ist 38
a) 1% b) 19% c) 50% d) 38% e) 95% f) 190%?

10 In einem Geschäft wird ein Hemd für 40 € verkauft. Das ist 150% teurer als der Einkaufspreis. Das Hemd hat also im Einkauf 20 € gekostet, oder?

11 Anteile werden in Prozent ausgedrückt. Damit liegen Prozentangaben in der Regel zwischen 0% und 100%. Dennoch werden auch Prozentangaben verwendet, die größer als 100% sind. Erkläre, was man unter 125% versteht. Am besten kannst du dies an einem Beispiel klar machen.

12 Im Winterschlussverkauf wurden viele Artikel reduziert. Bestimme die ursprünglichen Preise!

- 20% jetzt nur noch 128 €

15% Rabatt jetzt nur noch 102 €

- 30% jetzt nur noch 66,50 €

13 Berechne den Grundwert (100%)? – Rechne im Kopf.
a) 20% sind 13 € b) 75% sind 87 kg c) 35% sind 56 g
d) 8% sind 20 €   e) 60% sind 21 km f) 44% sind 121 l

14 Berechne oder überschlage im Kopf: a) 150% von 70 m
b) 120% von 40 € c) 133% von 150 l d) 115% von 8 kg

15 Berechne: a) 135% von 66 b) 118% von 125
c) 112,5% von 158 d) 175% von 79,80 e) 103% von 27

16 Verena hat Sticker für 3,25 €, ein Album für 1,95 €, Süßigkeiten für 2,60 € und ein „Rubbeltattoo" für 39 Cent gekauft. Damit hat sie 63% ihres wöchentlichen Taschengeldes ausgegeben.

17 Bei der Bank erhält Marcel 5,5% Zinsen. Auf seinem Sparkonto stehen 3 500 €.
a) Wie viel Jahreszinsen erhält er?
b) Wie hoch müsste der Zinssatz sein, wenn er 280 € Zinsen erhalten hätte?

18 Ergänze die folgende Tabelle

Kapital	7 000 €	15 000 €		250 000 €
Zinssatz	5%		12%	6,5%
Zinsen		450 €	480 €	

19 Warum kann man bei Aktien nicht mit einer festen jährlichen Verzinsung rechnen? (Lies nach auf Seite 201)

20 Frau Meyer muss sich kurzfristig für ihr Unternehmen bei einer Bank 30 000 € leihen. Sie will diesen Betrag nach 240 Tagen zurückzahlen. Wie viel Zinsen muss sie für diese Zeit zahlen, wenn die Bank einen Zinssatz von 12,5% verlangt?

Erinnern, Können, Gebrauchen

CHECK-UP

Grundwert gesucht:
60% entspricht 180

1% | 60% | 100%
Prozentwert P = 180 | Grundwert

: 60
· 100

180 $\xrightarrow{\cdot \frac{100}{60}}$ 300

Grundwert G = 300

Änderung in Prozent:
Wie man schnell und richtig rechnet.

2 500 € **zuzüglich** 15% Steuer:

2 500 € $\xrightarrow{\cdot 1,15}$ 2 875 €

820 € **abzüglich** 5% Skonto:

820 € $\xrightarrow{\cdot 0,95}$ 779 €

Der Verkaufspreis von 399 € liegt um 65% über dem Einkaufspreis (EK). Wie hoch war der EK?

399 € $\xrightarrow{:1,65}$ 241,82 €

Zinsrechnung ist Prozentrechnung:

Kapital   K   Grundwert   G
Zinssatz   p%   Prozentsatz p%
Zinsen   Z   Prozentwert P

Tageszinsen:

Jahreszinsen Z   Laufzeit t
200 €   78 Tage

$\downarrow \cdot \frac{78}{360}$

43,33 €
Tageszinsen

Tageszinsen = Jahreszinsen $\cdot \frac{t}{360}$

Lösungen zu den Check-ups

Lösungen zu Seite 26

1 Gleich farbige Winkel sind gleich groß.
Blau ist 45°
Orange ist 135°
Grün ist 79°
Rot ist 101°
Gelb ist 56°
Es genügt, zwei Winkel zu messen, die verschieden groß und nicht Nebenwinkel sind.

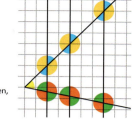

2 a) α = 70° β = 70° γ = 110° δ = 100°   b) α = 75° β = 75° γ = 75°

3 β = 80°, also gilt α = 100°.

4 Ein Dreieck kann höchstens einen rechten Winkel besitzen; andernfalls wäre die Winkelsumme größer als 2 · 90° = 180°.

5 a) α = 70° β = 55° γ = 15° δ = 125°   b) α = 85° β = 110°

6 Ein Fünfeck kann höchstens drei rechte Winkel haben.
Winkelsumme im Fünfeck ist 540°. Hätte das Fünfeck 4 rechte Winkel, so wäre der 5. Winkel 180°, bildet also keine Ecke.

7 W(7) = (7 − 2) · 180° = 900°
Ein Innenwinkel in einem regelmäßigen Siebeneck ist ungefähr 128,6° groß. Um eine Ebene zu erhalten, müssen mindestens drei Siebenecke aneinander passen, deren Ecken sich zu 360° ergänzen. Da 3 · 128,6° > 360°, kann man mit einem Siebeneck keine Ebene pflastern.

Lösungen zu Seite 62

1 a) punktsymmetrisch, drehsymmetrisch (90°, 180°, 270°)
b) punktsymmetrisch, spiegelsymmetrisch (2 Achsen)
c) spiegelsymmetrisch (1 Achse)
d) punktsymmetrisch, drehsymmetrisch (90°, 180°, 270°)
e) drehsymmetrisch (120°, 240°)

2
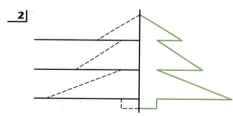

3
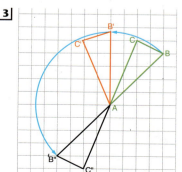

a) Drehzentrum A, Drehwinkel 45°
b) siehe Zeichnung: Ersetzen durch 1 Drehung um 180°

4 A'(4|6)   B'(7|5)   C'(6|8)   D'(4|8)

5 c) ist die richtige Antwort.

Lösungen zu Seite 63

6 a) durch Festlegen einer Gerade als Spiegelachse
d) durch Festlegen eines Punktes als Spiegelzentrum
c) durch Festlegen eines Verschiebungspfeiles mit Anfangs- und Endpunkt

7 wahr: a), b), d)   falsch: c), e), f), g)

8 Durch eine Drehung mit dem Schnittpunkt der Geraden als Drehzentrum und mit einem Drehwinkel von 270°.

9 Beispiele:
a)
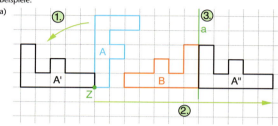

1. Figur A drehen um Drehzentrum Z mit Drehwinkel 90°. Man erhält A'.
2. A' verschieben um 12 Kästchen nach rechts: Figur A''.
3. A'' spiegeln an der Geraden a: Figur B.

b)
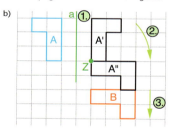

1. Figur A spiegeln an der Geraden a: Figur A'. Man erhält A'.
2. A' um Z rechts herum drehen um 90°.
3. A'' verschieben um zwei Kästchen nach unten: Figur B.

Lösungen zu Seite 100

1 a) $\frac{1}{2}$ b) $\frac{4}{5}$ c) $1\frac{1}{8}$ d) 1   e) $\frac{5}{8}$ f) $\frac{1}{2}$ g) 1
h) $1\frac{1}{3}$ i) $\frac{1}{3}$ j) $\frac{7}{8}$ k) $1\frac{2}{5}$

2 a) $\frac{2}{3} + \frac{1}{2} = \frac{4}{6} + \frac{3}{6} = \frac{7}{6} > 1$ b) $\frac{3}{8} - \frac{1}{4} = \frac{3}{8} - \frac{2}{8} = \frac{1}{8}$

3 a)
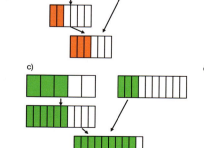

b)
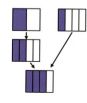

c)

d)
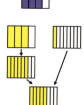

Lösungen zu den Check-ups

4 a) $\frac{13}{24}$ b) $1\frac{5}{12}$ c) $\frac{4}{5}$ d) $\frac{5}{24}$ e) $\frac{17}{20}$ f) $\frac{19}{20}$ g) $1\frac{1}{18}$

5 a) $\frac{3}{10}$ b) $\frac{3}{8}$ c) $\frac{5}{6}$ d) $\frac{1}{2}$
 e) $\frac{3}{5}$ f) $2\frac{13}{30}$ g) $\frac{13}{16}$ h) $\frac{19}{24}$

6 a) Pyramide: 3 oben; Reihe: $\frac{15}{8}$, $\frac{9}{8}$; Reihe: $\frac{9}{8}$, $\frac{6}{8}$, $\frac{3}{8}$; Basis: $\frac{1}{2}$, $\frac{5}{8}$, $\frac{1}{8}$, $\frac{1}{4}$
 b) Pyramide: 4 oben; Reihe: $\frac{5}{3}$, $\frac{7}{3}$; Reihe: $\frac{3}{4}$, $\frac{11}{12}$, $\frac{17}{12}$; Basis: $\frac{1}{2}$, $\frac{1}{4}$, $\frac{2}{3}$, $\frac{3}{4}$

7 Es fehlt noch $\frac{1}{6}$, also 40 €.

8 a) $2\frac{1}{2}$ b) 9 c) $\frac{3}{7}$ d) $\frac{8}{15}$ e) $\frac{5}{16}$
 f) $1\frac{3}{4}$ g) $\frac{1}{2}$ h) $\frac{7}{12}$ i) $8\frac{1}{3}$ j) $\frac{4}{9}$

Lösungen zu Seite 101

9 a) $\frac{2}{5}$ b) $\frac{3}{8}$ c) $\frac{1}{8}$ d) $1\frac{7}{25}$
 e) $\frac{2}{3}$ f) $\frac{7}{10}$ g) $\frac{3}{14}$ h) $\frac{1}{21}$

10 a) $\frac{3}{4}$ b) $\frac{1}{6}$ c) $\frac{3}{8}$ d) $\frac{4}{3}$
 e) 6 f) $\frac{1}{2}$ g) $\frac{5}{8}$ h) $5\frac{2}{3}$

11 a), b) (Diagramme)

12 Seitenlängen: 20,8 cm und 14,7 cm.
 Verkleinerungsfaktor der Fläche: 0,49.

13 Silber haben $\frac{3}{8}$ der Schüler (12), Gold $\frac{3}{16}$ (6).

14 70

15 a) $\frac{5}{24}$ b) $\frac{5}{8}$ c) $\frac{9}{20}$ d) 1 e) $\frac{5}{9}$ f) $\frac{13}{30}$

16 a) Zusammenfassen: $\frac{3}{7} \cdot \frac{7}{5} = \frac{3}{5}$
 b) Verteilen: $\frac{6}{7} \cdot \frac{21}{12} - \frac{6}{7} \cdot \frac{7}{18} = \frac{7}{6}$
 c) Zusammenfassen: $6 \cdot \left(\frac{3}{4} + \frac{1}{4}\right) = 6$

17 Eine Monatsrate beträgt $\frac{1}{40}$ des Kaufpreises: $\left(1 - \frac{2}{5}\right) : 24 = \frac{1}{40}$

Lösungen zu Seite 120

1 Man zieht sehr oft eine Kugel und legt sie nach jeder Ziehung wieder in die Urne. Die relative Häufigkeit, mit der man dabei „Blau" zieht, ist ein Schätzwert für den Anteil der blauen Kugeln in der Urne.

2 a)

Petra	Sandy	Sina	Caroline	Natascha	Andrea	Julia	Angela
63%	38%	67%	41%	36%	100%	47%	43%

 b) Die Anzahl der Würfe von Sina und Andrea ist zu gering.

3 a) –
 b) $p = \frac{50}{360} \approx 14\%$

4 a) 16,7% von 200 ist 33,4. Man kann also mit etwa 33 Paschs rechnen.
 b) Man erzielt entweder einen oder keinen Pasch.

5 Zu wenige Personen wurden befragt. Nur Personen aus einer Familie.
 ⇒ Einwände gegen Annas Untersuchung

Lösungen zu Seite 121

6 a) Superpreis: $p(55) = \frac{1}{60} \approx 1,7\%$
 $p(\text{Hauptgewinn}) = \frac{6}{60} = \frac{1}{10} = 10\%$
 b) Einen Hauptgewinn erzielt man bei 100 Spielen etwa 10-mal.

7 –

8 a) $p = \frac{11}{23}$ b) $p = \frac{7}{23}$ c) $p = \frac{5}{23}$ d) $p = \frac{16}{23}$ e) $p = \frac{7}{22}$

Lösungen zu Seite 147

1 a) Tauchtiefe – 5 341 m und b) Temperatur – 15 °C sind Angaben von Zuständen.

2 See Genezareth: 212 m u. NN

3 a) $-3,2 < -\frac{3}{2} < -0,4 < -0,35 < 2$
 b) $-8,79 < -0,87 < 0,79 < 7,89$
 c) $-100 < -10 < -0,1 < \frac{1}{10} < 100$
 d) $-3,45 < -3,4 < -0,345 < 0,345$

4 a) – 2,5 b) – 2,9 c) 0 d) $-\frac{1}{12}$

5 5 + 3 = 8   Wende dich nach rechts, gehe 3 Einheiten vorwärts.
 7 + (– 5) = 2   Wende dich nach rechts, gehe 5 Einheiten rückwärts.
 Weitere Beispiele siehe Seite 136.

6

Alter Kontostand	–493,67	–701,32	1120,09	1109,62
Buchung	–162,33	+689,27	–243,27	–3 280,60
Neuer Kontostand	–656,–	–12,05	876,82	–2 170,98

7 a)

+	–11,5	$\frac{4}{5}$
5,4	–6,1	6,2
$-\frac{1}{2}$	–12	0,3

b)

–	–14	10,3	–2,5
13	27	2,7	15,5
$-\frac{3}{4}$	13,25	–11,05	1,75

8 a)

·	–2	81	$\frac{1}{2}$
$-\frac{2}{3}$	$\frac{4}{3}$	–54	$-\frac{1}{3}$
–5	10	–405	$-\frac{5}{2}$
0,3	–0,6	24,3	0,15

b)

·	$-\frac{1}{3}$	10	–4
$\frac{1}{2}$	$-\frac{3}{2}$	$\frac{1}{20}$	$-\frac{1}{8}$
–2,4	7,2	–0,24	0,6
60	–180	6	–15

9 a) x = – 40 b) $x = \frac{1}{3}$

10 a) richtig b) richtig

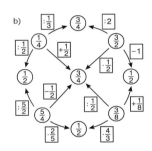

211

Lösungen zu den Check-ups

Lösungen zu Seite 178

1 a) April: rund 650; Oktober: rund 730
b) Im Oktober, rund 730 Geräte

2 Graph C: Immer wenn die Fahne ein Stück hochgezogen wurde, muss mit der Hand umgegriffen werden; in dieser Zeit steigt die Fahne nicht.

3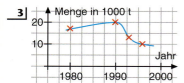

4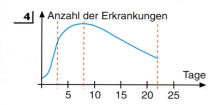

5 a)  $y = 4x$

b)  $y = 11 - x$

c) | 5 | 6 | |
   |---|---|---|
   | 24 | 35 | | $y = x^2 - 1$

d) | 3 | 6 | 8 |
   |---|---|---|
   | 3,5 | 5 | 6 | $y = 2 + 0,5x$

Lösungen zu Seite 179

6 Quotient: $15 : 6 = 2,5$

x	6	2	10	25	36
y	15	5	25	62,5	90

7 Produkt: $5 \cdot 12 = 60$

x	5	20	2	15	7,5
y	12	3	30	4	8

8 a) ist proportional (Quotient: 3,5). c) ist antiproportional (Faktor: 120).

9 42,86 €   **10** Nach rund 1 h 40 min (genau 101,25 min)

11 Jeder muss 22,14 € zahlen.   **12** 8,90 €   **13** $1\frac{1}{5}$ Wochen.

Lösungen zu Seite 208

1 8 von 24 $\frac{8}{24} = \frac{1}{3} \approx 33,3\%$
Herr Meyer verbringt mehr Zeit vor dem Fernseher.

2 33 % $\frac{6}{16} = 37,5\%$ $\frac{3}{9} = \frac{1}{3} \approx 33,3\%$ $\frac{6}{12} = 50\%$

3 $\frac{60}{250} = 24\%$ $\frac{90}{400} = 22,5\%$
Bei der 6a sind die Gewinnchancen besser.

4 11-mal e $\frac{11}{77} \approx 14,3\%$ 5-mal r   6,5 %
8-mal t   10,4 %   12-mal i   15,6 %
31 Vokale   40,3 %

5 a) 46 %   b) 36 %   c) 40 %
d) 5 %   e) 34 %   f) 40 %
g) 19 %   h) 46 %   i) 11 %

6 $\frac{43}{55} \approx 78\%$ Natascha erhält eine Zwei.

7 a) Grundwasser $\frac{5,7}{9} \approx 63\%$ Flüsse $\frac{1,3}{9} \approx 14\%$
anger. Grundwasser $\frac{0,8}{9} \approx 9\%$ Quellwasser $\frac{0,6}{9} \approx 7\%$
Uferfiltrat 7 %.
b) Mittelpunktswinkel
Kochen: 18°   Toilette: 90°
Backen: 126°   Geschirrspüler: 36°
Wäsche: 90°

8 4 500 kg · $\frac{3,2}{100}$ = 144 kg Eisen

Lösungen zu Seite 209

9 a) 3 800   b) 200   c) 76   d) 100   e) 40   f) 20

10 60 € · $\frac{100}{150}$ = 40 € (Einkaufspreis)

11 125 % bedeutet, dass der Prozentwert größer als der Grundwert ist.
125 % von 500 €   500 € · $\frac{125}{100}$ = 625 €

12 128 € · $\frac{100}{80}$ = 160 €   102 € · $\frac{100}{85}$ = 120 €   66,50 € · $\frac{100}{70}$ = 95 €

13 a) 65 €   b) 116 kg   c) 160 g
d) 250 €   e) 35 km   f) 275 l

14 a) 105 m   b) 48 €   c) 199,5 l   d) 9,2 kg

15 a) 89,1   b) 147,5   c) 177,75   d) 139,65   e) 27,81

16 Ausgaben: 8,19 €   wöchentliches Taschengeld: 13 €

17 a) 192,50 €   b) 8 %

18
Kapital	7 000 €	15 000 €	4 000 €	250 000 €
Zinssatz	5 %	3 %	12 %	6,5 %
Zinsen	350 €	450 €	480 €	16 250 €

19 Der Wert einer Aktie verändert sich fast täglich. Er hängt von vielen Faktoren ab.

20 Frau Meyer zahlt 2 500 € Zinsen.

Stichwortverzeichnis

Ablaufdiagramm 86
Achsenspiegelung 34
Addition rationaler Zahlen
  136
Addition von Brüchen 65,
  67
Anteil 79, 182
antiproportionale
  Zuordnung 170
Antiproportionalität
  175

Betrag 130
Bewegung 53
Bewegungen, Verketten
  53
Brüche addieren 65, 67
– dividieren 83
–, gleichnamig 65
– multiplizieren 75
– subtrahieren 65, 67
–, ungleichnamig 67

CAESAR 110
Capture-Recapture-
  Methode 119

Darlehen 197
DGS 33
Distributivgesetz 88
Division rationaler Zahlen
  142
Division von Brüchen 83
Drehachse 31
drehsymmetrische Figuren
  28
drehsymmetrische Körper
  31
Drehung 41
Drehzentrum 41
Dreieck, Winkelsumme
  20
Dreisatz 165, 171
Dynamische Geometrie-
  Software 33

empirische Wahrschein-
  lichkeit 104
Ergebnismenge 112
Erhebung, statistische 193
ESCHER 11

Gegenzahl 130
Geradenkreuzung 12
gleichnamige Brüche 65
Graph 150
Grundwert 189

Häufigkeit, relative 104
Hauptnenner 69
Hochpunkt 153

Jahreszinsen 197

Kapital 197
Kehrbruch 82
kgV 69
Klammerregel 87
Koordinatenkreuz 123
Körper, platonische 24 f.

LAPLACE 112
Laplace-Experiment 112

MORSE 110
Morsealphabet 110
Multiplikation rationaler
  Zahlen 142
Multiplikation von
  Brüchen 75

natürliche Zahlen 130
Nebenwinkel 14
negative Zahl 124
Nenner, kleinster
  gemeinsamer 69
Netz 58

parallel 16
Parallelogramm 15
Parkettierung 8
Pflasterung 7
Planfigur 22
platonische Körper 24 f.
Polarkoordinaten 45
Population 193
positive Zahl 130
ppb (parts per billion)
  187
ppm (parts per million)
  187
produktgleich 170
Promille 187

proportionale Zuordnung
  162
Proportionalität 175
Proportionalitätsfaktor
  162
Prozent 182
Prozentsatz 189
Prozentwert 189
Punktspiegelung 44
Punkt-vor-Strich-Regel
  87

quotientengleich 162

rationale Zahlen 130
– addieren 136
– dividieren 142
– multiplizieren 142
– subtrahieren 136
Rechenausdruck 86
Rechenbaum 86
Rechenvorschrift 162
relative Häufigkeit 104

Scheitelwinkel 14
Schrägbild 58
Soma-Würfel 61
Spiegelachse 34
Spiegelebene 31
spiegelsymmetrische
  Figuren 28
– Körper 31
Spiegelzahl 130
statistische Erhebung
  193
Steigung 195
Steigungsdreieck 195
Steigungswinkel 195
Stichprobe 193
Stufenwinkel 14
Subtraktion rationaler
  Zahlen 136
Subtraktion von Brüchen
  65, 67
Summenregel 116

Tageszinsen 197
Tiefpunkt 153

ungleichnamige Brüche
  67

Veränderung 124
Verketten von Bewegungen 53
Verschiebung 47
Verschiebungspfeil 47
Verteilungsgesetz 88
Vieleck, Winkelsumme 24
Vorhersage 105
Vorzeichen 130

Wahrscheinlichkeit 104
–, empirische 104
Wechselwinkel 14
Wertepaar 150
Winkelsumme im Dreieck 20
– im Vieleck 24

Zahl, negative 124
Zahlen, natürliche 130

–, rationale 130
Zahlengerade 124
Zinsen 197
Zinseszins 200
Zinssatz 197
Zufallsexperiment 104
Zuordnung 150
–, antiproportionale 170
–, proportionale 162
Zustand 124